双高建设新形态教材

单片机应用技术基础（C语言）
（第三版）

彭 芬 ● 主 编

杨雁冰 李 琼 熊晓倩 代西凯 ● 副主编

黄艳华 ● 主 审

西安电子科技大学出版社

内 容 简 介

全书共 7 个项目，分别是流水灯系统设计、智慧交通灯系统仿真设计、人机交互系统设计、可调数字钟设计、PC 有线监控器设计、电压检测系统设计和综合设计。每个项目包含 2～4 个任务，每个任务由任务描述、知识准备、任务实施、任务完成评价、任务拓展与思考等模块组成。其中，任务实施模块充分考虑了单片机工程师职业岗位的工作流程，基本涵盖了任务分析—方案制定—准备—硬件设计—软件设计—调试与运行—技术文档撰写等环节。本书将单片机硬件系统、单片机开发环境、C51 程序设计、定时器/计数器、中断系统、人机交互接口、串行口通信技术、A/D 转换与 D/A 转换、存储器扩展、传感器等单片机相关知识有机融入到各项目任务中，项目任务的设置既相对独立又彼此紧密相连，从单一到综合，从简单到复杂，难度循序渐进。通过项目任务的实施，可以帮助读者充分理解单片机应用的开发流程，提升职业素养，习得单片机工程师岗位需要的职业技能。

本书可作为高等职业院校电子信息类、计算机类、机电类专业"单片机技术与应用"等相应课程的教材，也可作为相关行业工程技术人员、社会从业人员的参考书及培训用书。

图书在版编目(CIP)数据

单片机应用技术基础：C 语言 / 彭芬主编. --3 版. --西安：西安电子科技大学出版社，2023.8
(2024.1 重印)
ISBN 978 - 7 - 5606 - 6981 - 6

Ⅰ. ①单… Ⅱ. ①彭… Ⅲ. ①单片微型计算机—C 语言—程序设计 Ⅳ. ①TP368.1 ②TP3162.8

中国国家版本馆 CIP 数据核字(2023)第 151338 号

策　　划　邵汉平
责任编辑　邵汉平
出版发行　西安电子科技大学出版社（西安市太白南路 2 号）
电　　话　(029)88202421　88201467　邮　　编　710071
网　　址　www.xduph.com　　　　　电子邮箱　xdupfxb001@163.com
经　　销　新华书店
印刷单位　陕西天意印务有限责任公司
版　　次　2023 年 8 月第 3 版　2024 年 1 月第 2 次印刷
开　　本　787 毫米×1092 毫米　1/16　印张 17.5
字　　数　414 千字
定　　价　45.00 元
ISBN 978 - 7 - 5606 - 6981 - 6/TP
XDUP 7283003-2

***　如有印装问题可调换　***

前　言

本书目前已是第三版了，此次修订做了较大幅度的修改。修订中，以国家职业标准为依据，以综合职业能力与素养的培养为目标，坚持典型工作任务来源于企业实践的原则，秉承教材内容反映职业工作内容和形式并着眼于职业成长的思想，在"校企合作"基础上，通过深入武汉维众智创科技有限公司、新大陆科技有限公司、浙江瑞亚能源科技有限公司等企业交流与调研，了解单片机工程师职业岗位与职业活动，听取合作企业专家建议与反馈，从企业的需求中分析、筛选、提炼职业成长过程中需要经历的典型工作过程、需要完成的典型工作任务，按照职业成长和认知学习的规律，对实际的工作过程和工作任务进行教学化处理，使其成为适合教学的工作过程和工作任务。

本书以项目为载体、以任务完成为主线。每一个项目先列出项目背景和学习目标，再给出具体任务。每个任务的任务实施过程都对应着单片机工程师职业岗位的工作流程，做到了教学过程与工作过程对接，学习内容与企业需求无缝对接。在任务的设置编排中，将真实案例、设计流程、工作机制、管理评价融于其中，让学生能够在学习中工作，在工作中学习，具有很强的职业性特点。通过完成由易到难的任务，学生的职业技能能够基本养成并逐步提高，一些优秀的学生甚至能够完成从新手、熟手到高手的职业成长轨迹，职业素养、职业技能能够全面得以培养，为踏入社会积累必要的技术与经验。为更好地培养造就具有工匠精神、具备关键能力、兼具创新思维的高素质复合型技能人才，在项目学习目标中明确地将严谨规范、安全操作、团队合作、开拓创新、环保节能等作为素养目标，并在任务完成评价环节中纳入相应素养的养成，以实现育人与育才相统一。

本书配有丰富的信息化教学资源。书中附有微课、课件等资源的二维码，读者可以通过扫描二维码观看相应资源，随扫随学，实现纸质教材+数字资源的完美结合；在"智慧职教"资源平台中，有微课、课件、在线题库等资源，建设了标准化在线课程(网址为 https://www.icve.com.cn/portal_new/courseinfo/courseinfo.html?courseid=dqinaiatxq9mhfsfqjopa)，开设了 MOOC 课(网址为 https://icve-mooc.icve.com.cn /cms/courseDetails/ index.htm? classId= e097d922d6704ed4ad4194cc47d1348b)，可听、可视、可练、可互动，体现了"互联网+"新形态一体化教学理念，既方便开展线上线下混合式教学，也大大方便读者自主学习。我们会持续跟踪行业技术发展趋势，优化教学项目，动态更新教学内容与教学资源，以适应行业发展对人才需求的变化。

本书由校企双元合作教材建设团队共同完成，武汉维众智创科技有限公司提供了案例以及相关项目开发文档，也有技术人员参与教材编写。教材建设团队中有光伏电子工程的设计与实施、物联网技术应用、集成电路开发与应用等多个全国职业技能竞赛赛项的国赛指导教师，因此能够将职业技能竞赛的试题内容、思想理念、所涉及的新产品和新技术、所反映的岗位技能要求等有机融入教材，其中任务"光伏逐日系统设计"来源于全国职业技能竞赛试题，是实现技能竞赛与常规教学相融合的典型。

武汉职业技术学院黄艳华教授担任本书主审，为本书的编写提供了很多宝贵建议；彭芬担任本书主编，总体策划本书的编写思想与大纲，并对全书进行统稿；杨雁冰、李琼、熊晓倩、代西凯担任本书的副主编。彭芬负责编写项目一中的任务 1.1 和任务 1.2，以及项目五、项目六；熊晓倩负责编写项目一中的任务 1.3 以及项目二；杨雁冰负责编写项目三、项目四；李琼负责编写项目七中的任务 7.2；彭芬和武汉维众智创科技有限公司技术部经理代西凯共同编写项目七中的任务 7.1。

在本书编写过程中，我们得到了其他合作企业和技术专家的大力支持，在此一并表示感谢。

编　者

2023 年 2 月

目 录

CONTENTS

项目一 流水灯系统设计 1

项目背景 1

学习目标 1

任务 1.1 初识单片机 2

　　任务描述 2

　　知识准备 2

　　1.1.1 什么是单片机？......................2

　　1.1.2 常见的单片机 3

　　1.1.3 单片机的外形封装 5

　　1.1.4 51 单片机内部结构 6

　　任务实施 8

　　任务拓展与思考 8

任务 1.2 流水灯硬件电路设计 8

　　任务描述 8

　　知识准备 9

　　1.2.1 单片机的引脚及功能 9

　　1.2.2 单片机最小系统 11

　　1.2.3 单片机的并行 I/O 端口 14

　　1.2.4 单片机应用系统 18

　　任务实施 20

　　一、任务分析与方案制定 20

　　二、硬件电路原理图设计 20

　　三、列元器件清单 21

　　四、撰写硬件电路设计文档 21

　　任务完成评价 21

　　任务拓展与思考 22

任务 1.3 流水灯控制软件的设计与调试 ..23

　　任务描述 23

知识准备 23

　　1.3.1 C51 中的数据类型 23

　　1.3.2 常量与变量 28

　　1.3.3 C51 中的运算符 29

　　1.3.4 循环语句 33

任务实施 35

　　一、任务分析与方案制定 35

　　二、工作条件准备 35

　　三、硬件分析 43

　　四、软件设计 44

　　五、调试与运行测试 46

　　六、技术文档撰写 52

　　任务完成评价 52

　　任务拓展与思考 53

项目二 智慧交通灯系统仿真设计 54

项目背景 54

学习目标 54

任务 2.1 交通灯硬件电路仿真设计 55

　　任务描述 55

知识准备 55

　　2.1.1 Proteus 简介 55

　　2.1.2 Proteus 使用 56

任务实施 57

　　一、方案制定 57

　　二、工作条件准备——安装 Proteus ..57

　　三、硬件电路仿真设计与原理图绘制 ..61

任务完成评价 64

任务拓展与思考 66

任务 2.2 交通灯控制软件设计与仿真调试 ... 66

  任务描述 ... 66

  知识准备 ... 66

    2.2.1 switch 语句 ... 66

    2.2.2 库函数 ... 67

    2.2.3 用户自己定义函数 ... 68

    2.2.4 程序编写规范要求 ... 72

  任务实施 ... 72

    一、任务分析与方案制定 ... 72

    二、工作条件准备 ... 72

    三、硬件分析 ... 73

    四、软件设计 ... 73

    五、调试与运行测试 ... 77

    六、技术文档撰写 ... 79

  任务完成评价 ... 80

  任务拓展与思考 ... 81

项目三 人机交互系统设计 ... 82

  项目背景 ... 82

  学习目标 ... 82

  任务 3.1 LED 数码显示系统设计 ... 83

  任务描述 ... 83

  知识准备 ... 83

    3.1.1 数组 ... 83

    3.1.2 LED 数码管的结构及原理 ... 85

    3.1.3 LED 数码管的静态和动态显示 ... 86

  任务实施 ... 87

    一、任务分析与方案制定 ... 87

    二、工作条件准备 ... 87

    三、硬件原理图设计 ... 87

    四、软件设计 ... 88

    五、调试与运行测试 ... 92

    六、技术文档撰写 ... 94

  任务完成评价 ... 94

  任务拓展与思考 ... 95

  任务 3.2 LED 点阵显示系统设计 ... 95

  任务描述 ... 95

  知识准备 ... 96

    3.2.1 LED 点阵简介 ... 96

    3.2.2 LED 点阵显示原理 ... 96

    3.2.3 74HC595 简介 ... 97

  任务实施 ... 98

    一、任务分析与方案制定 ... 98

    二、工作条件准备 ... 98

    三、硬件原理图设计 ... 99

    四、软件设计 ... 99

    五、调试与运行测试 ... 101

    六、技术文档撰写 ... 101

  任务完成评价 ... 101

  任务拓展与思考 ... 103

任务 3.3 LCD 液晶欢迎牌设计 ... 103

  任务描述 ... 103

  知识准备 ... 103

    3.3.1 LCD1602 液晶显示器简介 ... 103

    3.3.2 LCD1602 的基本操作 ... 104

    3.3.3 LCD1602 中的存储器 ... 105

    3.3.4 LCD1602 指令集 ... 107

  任务实施 ... 109

    一、任务分析与方案制定 ... 109

    二、工作条件准备 ... 109

    三、硬件原理图设计 ... 109

    四、软件设计 ... 110

    五、调试与运行测试 ... 114

    六、技术文档撰写 ... 114

  任务完成评价 ... 114

  任务拓展与思考 ... 116

任务 3.4 密码锁设计 ... 116

  任务描述 ... 116

  知识准备 ... 116

    3.4.1 常用按键开关 ... 116

    3.4.2 机械按键的抖动与去抖 ... 116

    3.4.3 矩阵式键盘与识别 ... 117

  任务实施 ... 119

    一、任务分析与方案制定 ... 119

    二、工作条件准备 ... 119

    三、硬件原理图设计 ... 119

    四、软件设计 ... 120

五、调试与运行测试..................124

六、技术文档撰写..................125

任务完成评价..................125

任务拓展与思考..................126

项目四 可调数字钟设计..................127

项目背景..................127

学习目标..................127

任务 4.1 嘀嘀报警器设计..................128

任务描述..................128

知识准备..................128

4.1.1 定时/计数器的结构与工作

原理..................128

4.1.2 定时/计数器的相关特殊功能

寄存器..................129

4.1.3 定时/计数器的工作方式..................130

4.1.4 定时/计数器初始化..................132

任务实施..................133

一、任务分析与方案制定..................133

二、工作条件准备..................133

三、硬件原理图设计..................133

四、软件设计..................134

五、调试与运行测试..................135

六、技术文档撰写..................136

任务完成评价..................136

任务拓展与思考..................137

任务 4.2 可调数字钟设计..................137

任务描述..................137

知识准备..................137

4.2.1 中断系统简介..................137

4.2.2 中断系统的结构..................138

4.2.3 与中断系统有关的特殊功能

寄存器..................139

4.2.4 中断处理过程..................141

4.2.5 中断服务函数编写..................143

任务实施..................143

一、任务分析与方案制定..................143

二、工作条件准备..................144

三、硬件原理图设计..................144

四、软件设计..................144

五、调试与运行测试..................151

六、技术文档撰写..................151

任务完成评价..................151

任务拓展与思考..................152

项目五 PC 有线监控器设计..................153

项目背景..................153

学习目标..................153

任务 5.1 两个单片机之间的点对点通信

设计..................154

任务描述..................154

知识准备..................154

5.1.1 串行通信基础..................154

5.1.2 51 单片机的串行接口..................157

任务实施..................164

一、任务分析与方案制定..................164

二、工作条件准备..................164

三、硬件原理图设计..................164

四、软件设计..................165

五、调试与运行测试..................167

六、技术文档撰写..................169

任务完成评价..................169

任务拓展与思考..................171

任务 5.2 PC 有线监控器设计..................171

任务描述..................171

知识准备..................171

5.2.1 RS-232C 串行通信总线..................171

5.2.2 USB 转串口的应用..................174

5.2.3 虚拟串行口..................175

任务实施..................177

一、任务分析与方案制定..................177

二、工作条件准备..................177

三、硬件原理图设计..................177

四、软件设计..................178

五、调试与运行测试..................180

六、技术文档撰写..................182

任务完成评价..................182

任务拓展与思考..................184

项目六 电压检测系统设计 185

项目背景 185

学习目标 185

任务 6.1 基于 I2C 串行总线的存储器
          读写 186

任务描述 186

知识准备 186

6.1.1 I2C 总线简介 186

6.1.2 总线寻址 189

6.1.3 I2C 数据传输 190

6.1.4 AT24C02 存储器芯片 193

任务实施 194

一、任务分析与方案制定 194

二、工作条件准备 194

三、硬件原理图设计 194

四、软件设计 195

五、调试与运行测试 201

六、技术文档撰写 202

任务完成评价 203

任务拓展与思考 204

任务 6.2 电压检测系统设计 204

任务描述 204

知识准备 204

6.2.1 模数与数模转换 204

6.2.2 模数转换芯片 PCF8591 205

任务实施 208

一、任务分析与方案制定 208

二、工作条件准备 208

三、硬件原理图设计 208

四、软件设计 209

五、调试与运行测试 219

六、技术文档撰写 221

任务完成评价 221

任务拓展与思考 222

项目七 综合设计 223

项目背景 223

学习目标 223

任务 7.1 温度采集系统设计 224

任务描述 224

知识准备 224

7.1.1 DS18B20 温度传感器 224

7.1.2 DS18B20 信号时序与通信协议 ...228

7.1.3 多文件模块化程序 232

7.1.4 头文件编写 232

任务实施 233

一、任务分析与方案制定 233

二、工作条件准备 234

三、硬件原理图设计 234

四、软件设计 235

五、调试与运行测试 248

六、撰写技术开发文档 248

任务完成评价 248

任务拓展与思考 250

任务 7.2 光伏逐日系统设计 250

任务描述 250

知识准备 250

7.2.1 光传感器模块 250

7.2.2 舵机 252

7.2.3 主控芯片 253

7.2.4 I/O 口模式 255

任务实施 256

一、任务分析与方案制定 256

二、工作条件准备 256

三、系统硬件分析 256

四、软件设计 258

五、调试与运行测试 267

六、撰写技术开发文档 267

任务完成评价 267

任务拓展与思考 269

附录 技术文档编写参考格式 270

参考文献 272

项目一　流水灯系统设计

项目背景

在汽车后视镜或转向灯里，在建筑物上，在节日亮化工程景观中，我们经常能看到由多个 LED 灯组成的灯串，它们按顺序依次点亮，反复循环，像流水一样，通常称之为流水灯。流水灯可以起到提醒汽车或者行人及时避让、装点建筑物、渲染节日气氛等作用。在人们的生产生活中会用到流水灯，下面就让我们一起看看如何才能设计出多姿多彩的流水灯吧！

学习目标

知识目标

(1) 熟知单片机的概念；
(2) 了解单片机芯片封装类型；
(3) 熟知单片机型号的含义；
(4) 了解单片机内部的基本组成部分；
(5) 熟知单片机引脚的功能；
(6) 熟知单片机最小系统组成；
(7) 熟知单片机时钟振荡电路和复位电路的作用；
(8) 熟知单片机 I/O 口的功能；
(9) 了解 C51 中扩展的数据类型；
(10) 熟知各位运算符及其含义。

技能目标

(1) 会进行项目任务需求分析，能完成 8 路流水灯控制硬件电路设计；
(2) 会进行项目任务需求分析，能完成 8 路流水灯控制程序软件设计；
(3) 会使用集成开发软件 Keil μVision4 调试软件程序；
(4) 能完成软件、硬件联合调试；
(5) 能编写技术开发文档。

素养目标

(1) 培养严谨的工作作风；
(2) 培养良好的代码编写习惯和规范的代码编写意识；
(3) 培养协同合作的团队精神；
(4) 培养自学能力和钻研精神；
(5) 培养创新意识。

任务 1.1　初识单片机

任务描述

初步认识单片机。

知识准备

1.1.1　什么是单片机？

什么是单片机

单片机就是集成了中央处理器(CPU)、存储器以及各种输入/输出接口等的一块芯片，如图 1.1.1 所示。这样一块芯片具有了计算机的属性，被称为单片微型计算机，简称单片机。由于它的结构和指令功能主要是按照工业控制要求设计的，故又称为微控制器(MCU)。简单讲，单片机就是一块集成芯片，只是它具有一些特殊的功能，这些功能的实现要靠使用者自己编程来完成。单片机具有结构简单、体积小、价格低、控制功能强、可靠性高等优点。

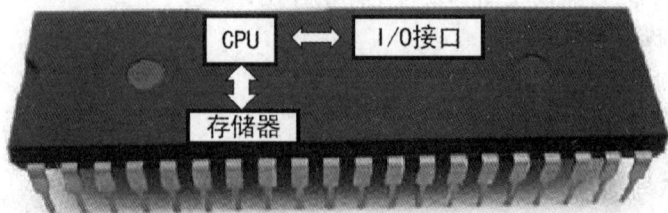

图 1.1.1　单片机示意图

单片机已经深入到我们的生活、工作和学习中，例如，如图 1.1.2 所示的智能小车和额温枪中就有单片机的身影。在学习和工作中接触到的数字万用表，生活中使用的空调、洗衣机等家用电器中也都用到了单片机，可以说凡是与控制或简单计算有关的电子设备都可以用单片机来实现。大家不妨在学习与生活中去寻找一下。

(a) 智能小车

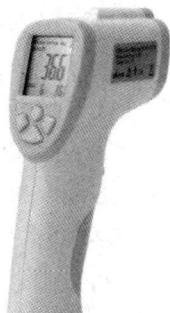

(b) 额温枪

图 1.1.2　生活中的单片机

1.1.2　常见的单片机

　　单片机从 20 世纪 70 年代诞生开始，从当初的 4 位发展到现在的 8 位、32 位，甚至更高，可以说数量繁多而且种类齐全。在不同的领域，主流的单片机也有所不同，设计开发时有很多选择。

51 单片机
芯片含义

1. 常见单片机的种类

　　常见的单片机有 51 系列单片机、AVR 系列单片机、STM32 系列单片机、MSP430 系列单片机等。

　　1) 51 系列单片机

　　51 单片机是对所有兼容 Intel8051 指令系统的单片机的统称，这一系列单片机的始祖是 Intel 的 8051 单片机，后来随着 flash ROM 技术的发展，8051 单片机取得了长足的进展，成为应用最广泛的 8 位单片机之一，它的代表型号就是 Atmel 公司的 AT89 系列。

　　51 单片机具有寄存器少的特点，其外围电路相对简单，使用方便，广泛应用于工业测控系统。目前生产 51 单片机的厂家主要有 Intel、Atmel、西门子、华邦和国产宏晶科技等。

　　STC(宏晶科技)是 8051 单片机全球第一品牌，全球最大的 8051 单片机设计公司。STC 公司的单片机主要是基于 8051 内核，已有 STC89C51 系列、STC90C51 系列、STC11/10XX 系列、STC12 系列以及 STC15 系列单片机，可支持仿真。89 系列是其中最早的单片机，能够和 AT89 系列芯片兼容，为 12T 单片机。90 系列是基于 89 系列的改良型产品系列。10 系列和 11 系列是有着省钱特性的 1T 单片机，有 PWM、4 种工作模式的 I/O 接口、EEPROM 等，但都没有 ADC 性能。12 系列是加强型性能的 1T 单片机，型号后面有 "AD" 的就是有 ADC 性能的单片机。目前 12 系列是主流产品。15 系列是 STC 公司最新推出的产品，其最大的特点是内部集成了高精度的时钟，不需要接外部晶振。

2) AVR 系列单片机

AVR 单片机由 Atmel 公司最初提出，有 8 位的，也有 16 位的。与 51 单片机不一样，AVR 单片机内部指令大大简化，内部结构也进行了精简，因此速度更快，功能更加强大，驱动能力比 51 单片机强，功耗更低，抗干扰能力更强。AVR 单片机主要应用在打印机、空调、电表等控制电路板当中。

3) STM32 系列单片机

STM32 系列单片机是 ST(意法半导体)公司推出的 32 位单片机，以 ARM Cortex®-M0/M0+/M3/M4/M7 为内核。其内部资源(寄存器和外设功能)较 8051、AVR 都要多，基本接近于计算机的 CPU，是性价比高的高性能芯片。到目前为止，已经推出了基础型、增强型、USB 基本型/互补型等一系列芯片，适用于手机、路由器等。

4) MSP430 系列单片机

MSP430 单片机由 TI 德州仪器公司推出，也称为混合信号处理器，是 16 位超低功耗芯片，其内部指令集非常简单，内部集成有丰富的设备，如各种定时器、液晶驱动器、高精度模数转换器、USB 控制器等，具有计算速度快、处理能力强、功耗低等特点。该芯片主要用于智能电子锁、键盘门禁、读取器、电梯轿厢呼叫按钮、无线扬声器、视觉门铃等。

2. 单片机型号的含义

单片机芯片表面往往有一些文字信息，如图 1.1.3 所示，其中包含单片机的型号信息，当然不同的厂家型号信息表示存在着差异。

(a) 单片机芯片 1　　　　　　　　　　　　　　(b) 单片机芯片 2

图 1.1.3　单片机芯片实例

这里以 STC90 系列芯片为例来说明单片机型号的含义，如图 1.1.4 所示。

(1) STC 表示生产厂家。STC 为 STC 公司生产的芯片，AT 为 Atmel 公司生产的芯片。

(2) 90 表示产品系列。90 系列为 12T/6T 的 8051，STC 还有 89 系列、10 系列、12 系列等。

(3) C 表示工作电压。LE\LV 表示工作电压为低电压，工作电压范围为 2.0～3.6 V；C\F 表示工作电压为高电压，工作电压范围为 3.3～5.0 V。

(4) 51 表示芯片内部程序存储空间的大小。51 为 4 KB，52 为 8 KB，53 为 13 KB，54 为 16 KB，58 为 32 KB，516 为 64 KB。程序空间大小决定了一个芯片所能装入执行代码的多少。

(5) RC 表示芯片 RAM 的大小。为 RC 时，表示单片机内部 RAM 为 512 B；为 RD+ 时，表示内部 RAM 为 1280 B；无 RC 和 RD+时，表示内部 RAM 为 256 B。

(6) 40 表示工作频率。40 表示芯片外部晶振最高可接入 40 MHz。

(7) I 表示工作温度范围。如为 I，则是工业级，工作温度范围为-40～85℃；如为 C，则是商业级，工作温度范围为 0～70℃。

(8) PDIP 表示封装类型。一般有 DIP、PLCC、QFP 等封装类型，如 PDIP，表示该芯片为双列直插式封装。

(9) 40 表示引脚数。如 40 表示该芯片有 40 个引脚。

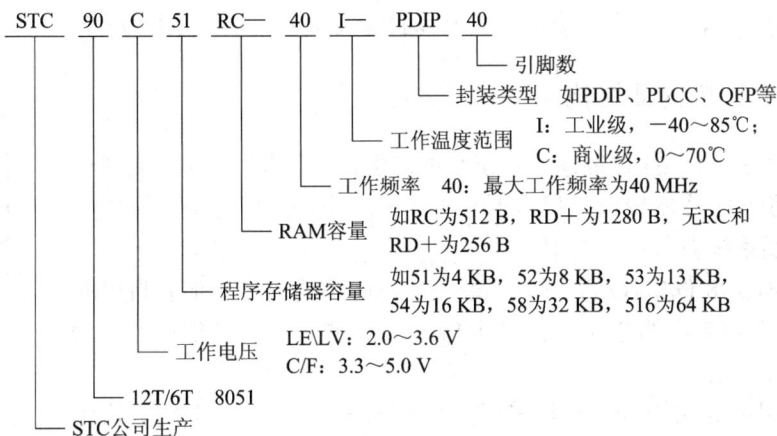

```
STC  90  C  51  RC—  40  I—  PDIP  40
                                    └─ 引脚数
                              └───── 封装类型  如PDIP、PLCC、QFP等
                          └───────── 工作温度范围   I：工业级，-40～85℃；
                                                  C：商业级，0～70℃
                      └───────────── 工作频率  40：最大工作频率为40 MHz
                  └───────────────── RAM容量  如RC为512 B，RD＋为1280 B，无RC和
                                              RD＋为256 B
              └───────────────────── 程序存储器容量  如51为4 KB，52为8 KB，53为13 KB，
                                                    54为16 KB，58为32 KB，516为64 KB
          └─────────────────────────  工作电压  LE\LV：2.0～3.6 V
                                              C/F：3.3～5.0 V
      └───────────────────────────── 12T/6T  8051
  └───────────────────────────────── STC公司生产
```

图 1.1.4　单片机型号的含义

1.1.3　单片机的外形封装

目前单片机芯片的典型外形封装有三种，分别为 DIP、PLCC 和 QFP，如图 1.1.5 所示。同一厂家的同一系列单片机也会生产不同封装形式的产品，以满足不同用户的需要。

(a) DIP 封装　　　　　　(b) PLCC 封装　　　　　　(c) QFP 封装

图 1.1.5　单片机芯片封装形式

1. DIP 封装

DIP 封装为双列直插封装，是一种传统的封装形式。芯片外形为长方形，在其两侧有两排平行的金属引脚。引脚间距大，占用电路板面积大，最大引脚数难以提高，但便于自制电路板，坏了也方便维修。

2. PLCC 封装

PLCC 封装为带引线的塑料封装，是表面贴装型封装形式之一。芯片外形呈正方形，四周都有引脚，引线从四边引出，整体外形尺寸比 DIP 封装小得多，具有整体尺寸小、可靠性

高的优点。PLCC 封装适合 SMT 表面贴装技术，由于封装引脚在芯片底部向内弯曲，所以在芯片俯视图中看不到芯片的引脚，需要特殊的焊接设备，而且调试时拆芯片比较麻烦。

3. QFP 封装

QFP 封装为四边(方形)扁平封装，也是表面贴装型封装形式之一。芯片外形呈正方形，四周均有引脚，且引脚之间距离很小，引脚也很细，所占面积更小，成本低，常用于管脚比较多的单片机芯片，现在为主流形式。很多的嵌入式系统中都会采用 QFP 封装形式的芯片。

1.1.4　51 单片机内部结构

即便如今 32 位、64 位高速单片机相继问世，8 位单片机因其内部结构简单、体积小、成本较低，仍占据相当的市场份额，广泛地应用于一些简单的控制系统中。

MCS-51 单片机
内部结构

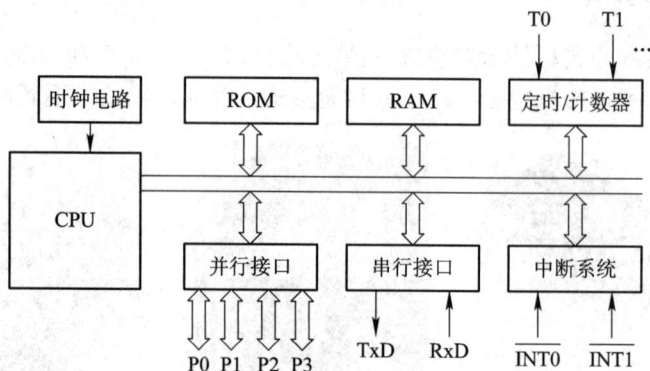

51 单片机是 8 位单片机，采用 Intel 的 8051 作为内核。但它目前并不限于 Intel 公司生产的芯片，而是以 51 为内核扩展出的其他厂商所发行的兼容芯片为主。

8051 单片机发展至今，有很多厂家基于 8051 内核开发不同的芯片。不同厂家、不同系列、不同型号的单片机，内部结构不尽相同，这里仅以标准 8051 为例介绍其基本内部组成。标准 8051 的基本内部结构如图 1.1.6 所示，主要包含中央处理器(CPU)、存储器、并行接口、中断系统、定时/计数器、串行接口和时钟电路。

图 1.1.6　标准 8051 的基本内部结构

1. 中央处理器(CPU)

CPU 是单片机芯片中最复杂、最核心的智能部件，实现运算和控制功能。它分为运算器和控制器两部分。运算器主要实现算术运算和逻辑运算，能完成字节和位的运算；字节运算以可进行 8 位算术运算和逻辑运算的 ALU 为核心，位运算以可进行位运算的布尔处理器为核心。控制器是单片机的神经中枢，主要实现程序译码以及完成输入/输出逻辑等。

8051 的 CPU 包含 8 位的 CPU 和 1 位的 CPU，不仅可以进行字节数据处理，还可以进行位数据处理。

2. 存储器

单片机内部存储器包含程序存储器和数据存储器两大部分。

1) 程序存储器(ROM)

8051 内部程序存储器用来存放程序或程序运行过程中不会改变的原始数据，其容量大小和芯片型号有关。

2) 数据存储器(RAM)

8051 内部数据存储器供用户暂存中间数据使用，其容量大小和芯片型号有关。单片机的特殊功能寄存器一般在这个区域。标准 8051 特殊功能寄存器(SFR)如表 1.1.1 所示，每一个 SFR 都有字节地址，并定义了名称，也有一部分 SFR 不仅具有字节地址，还具有位地址。表中带"*"的 SFR 表示该 SFR 具有位地址，是可以进行位寻址的。特殊功能寄存器专用于控制、管理单片机内部算术逻辑部件、并行 I/O 接口、中断系统、定时/计数器、串行接口等功能模块的工作。

表 1.1.1　标准 8051 特殊功能寄存器一览表

寄存器符号	名　　称	字节地址	位地址							
			高位							低位
* ACC	累加器	0XE0	E7	E6	E5	E4	E3	E2	E1	E0
* B	B 寄存器	0XF0	F7	F6	F5	F4	F3	F2	F1	F0
* PSW	程序状态字寄存器	0XD0	D7	D6	D5	D4	D3	D2	D1	D0
			CY	AC	F0	RS1	RS0	OV	F1	P
SP	堆栈指针	0X81								
DPTR	数据指针(DPH、DPL)									
DPL	数据指针低字节	0X82								
DPH	数据指针高字节	0X83								
* P0	P0 口锁存器	0X80	87	86	85	84	83	82	81	80
			P0.7	P0.6	P0.5	P0.4	P0.3	P0.2	P0.1	P0.0
* P1	P1 口锁存器	0X90	97	96	95	94	93	92	91	90
			P1.7	P1.6	P1.5	P1.4	P1.3	P1.2	P1.1	P1.0
* P2	P2 口锁存器	0XA0	A7	A6	A5	A4	A3	A2	A1	A0
			P2.7	P2.6	P2.5	P2.4	P2.3	P2.2	P2.1	P2.0
* P3	P3 口锁存器	0XB0	B7	B6	B5	B4	B3	B2	B1	B0
			P3.7	P3.6	P3.5	P3.4	P3.3	P3.2	P3.1	P3.0
* IP	中断优先级控制寄存器	0XB8	BF	BE	BD	BC	BB	BA	B9	B8
* IE	中断允许控制寄存器	0XA8	AF	AE	AD	AC	AB	AA	A9	A8
TMOD	定时/计数器方式控制寄存器	0X89								
* TCON	定时/计数器控制寄存器	0X88	8F	8E	8D	8C	8B	8A	89	88
TH0	定时/计数器 0 高字节	0X8C								
TL0	定时/计数器 0 低字节	0X8A								
TH1	定时/计数器 1 高字节	0X8D								
TL1	定时/计数器 1 低字节	0X8B								
* SCON	串行控制寄存器	0X98	9F	9E	9D	9C	9B	9A	99	98
SBUF	串行数据缓冲器	0X99								
PCON	电源控制寄存器	0X87								

3. 并行接口

标准 8051 内部有 4 个 8 位并行 I/O 接口(P0、P1、P2、P3)，可以实现数据的并行输入输出。现在很多单片机芯片配备了更多的 I/O 接口。

4. 中断系统

标准 8051 内部有中断系统，共有 5 个中断源，其中有 2 个用于外部中断，2 个用于定时/计数器中断，1 个用于串行口中断，全部中断分为高级和低级两个优先级别。现在很多单片机芯片在中断源个数和中断优先级数上有了扩展。

5. 定时/计数器

标准 8051 内部有 2 个 16 位的定时/计数器(T0 和 T1)。目前很多单片机芯片在其内部有 3 个及以上的定时/计数器，使用更加灵活和方便。

6. 串行接口

8051 内部含有全双工串行通信接口，以实现单片机和其他设备之间的串行数据传送。

7. 时钟电路

8051 内部有时钟电路，可为单片机产生时钟脉冲信号。部分芯片需要外接石英晶体和微调电容。目前也有部分芯片已经做到可以不需要外部晶振。

任务实施

认真学习本任务的"知识准备"内容，初步认识单片机。

任务拓展与思考

1. 找一找单片机在生活中应用的实例，并和大家一起分享。
2. 找一款单片机芯片，并试着回答以下问题：
(1) 该单片机是什么型号的？单片机型号有什么含义？
(2) 该单片机引脚数是多少？引脚功能如何？
(3) 该单片机的价格是多少？

任务 1.2　流水灯硬件电路设计

任务描述

完成 8 路 LED 流水灯硬件电路设计。

知识准备

1.2.1　单片机的引脚及功能

图 1.2.1 所示为两款单片机芯片引脚图，其中 STC90 系列芯片与 STC89 系列芯片在引脚上略有区别，但指令代码完全可以兼容传统的 8051 芯片。这里以双列直插式封装的 STC90C51 芯片为例来进行介绍，芯片共有 40 个引脚，各引脚的功能如表 1.2.1 所示。

51 单片机的
外形与引脚

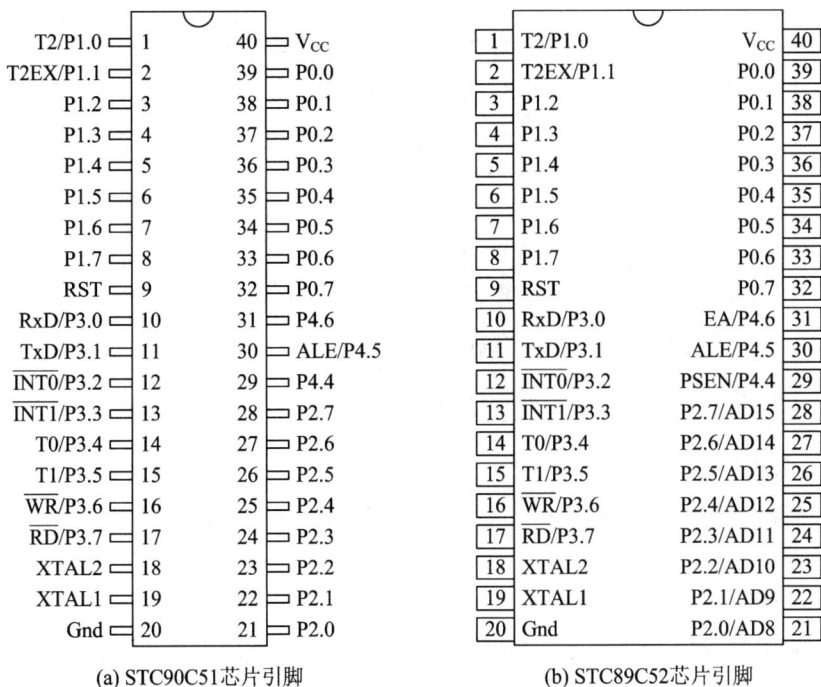

```
(a) STC90C51芯片引脚

T2/P1.0    ⊏ 1        40 ⊐ Vcc
T2EX/P1.1  ⊏ 2        39 ⊐ P0.0
P1.2       ⊏ 3        38 ⊐ P0.1
P1.3       ⊏ 4        37 ⊐ P0.2
P1.4       ⊏ 5        36 ⊐ P0.3
P1.5       ⊏ 6        35 ⊐ P0.4
P1.6       ⊏ 7        34 ⊐ P0.5
P1.7       ⊏ 8        33 ⊐ P0.6
RST        ⊏ 9        32 ⊐ P0.7
RxD/P3.0   ⊏ 10       31 ⊐ P4.6
TxD/P3.1   ⊏ 11       30 ⊐ ALE/P4.5
INT0/P3.2  ⊏ 12       29 ⊐ P4.4
INT1/P3.3  ⊏ 13       28 ⊐ P2.7
T0/P3.4    ⊏ 14       27 ⊐ P2.6
T1/P3.5    ⊏ 15       26 ⊐ P2.5
WR/P3.6    ⊏ 16       25 ⊐ P2.4
RD/P3.7    ⊏ 17       24 ⊐ P2.3
XTAL2      ⊏ 18       23 ⊐ P2.2
XTAL1      ⊏ 19       22 ⊐ P2.1
Gnd        ⊏ 20       21 ⊐ P2.0
```

```
(b) STC89C52芯片引脚

1  ⊏ T2/P1.0        Vcc      ⊐ 40
2  ⊏ T2EX/P1.1      P0.0     ⊐ 39
3  ⊏ P1.2           P0.1     ⊐ 38
4  ⊏ P1.3           P0.2     ⊐ 37
5  ⊏ P1.4           P0.3     ⊐ 36
6  ⊏ P1.5           P0.4     ⊐ 35
7  ⊏ P1.6           P0.5     ⊐ 34
8  ⊏ P1.7           P0.6     ⊐ 33
9  ⊏ RST            P0.7     ⊐ 32
10 ⊏ RxD/P3.0       EA/P4.6  ⊐ 31
11 ⊏ TxD/P3.1       ALE/P4.5 ⊐ 30
12 ⊏ INT0/P3.2      PSEN/P4.4 ⊐ 29
13 ⊏ INT1/P3.3      P2.7/AD15 ⊐ 28
14 ⊏ T0/P3.4        P2.6/AD14 ⊐ 27
15 ⊏ T1/P3.5        P2.5/AD13 ⊐ 26
16 ⊏ WR/P3.6        P2.4/AD12 ⊐ 25
17 ⊏ RD/P3.7        P2.3/AD11 ⊐ 24
18 ⊏ XTAL2          P2.2/AD10 ⊐ 23
19 ⊏ XTAL1          P2.1/AD9  ⊐ 22
20 ⊏ Gnd            P2.0/AD8  ⊐ 21
```

图 1.2.1　单片机芯片引脚

表 1.2.1　STC90C51 的引脚及其功能

引脚号	引脚名称	引脚功能说明
40	V_{CC}	+5 V 电源
20	Gnd	地线
18,19	XTAL2，XTAL1	时钟信号引脚
9	RST	复位信号引脚
30	ALE/P4.5	地址锁存控制信号，或作为标准 I/O 引脚 P4.5 使用
31	P4.6	标准 I/O 引脚

引脚号	引脚名称	引脚功能说明
29	P4.4	标准 I/O 引脚
39～32	P0.0～P0.7	既可以作为 I/O 口使用，也可作为地址/数据复用总线使用
1	T2/P1.0	标准 I/O 引脚，或定时/计数器 2 的外部输入引脚
2	T2EX/P1.1	标准 I/O 引脚，或定时/计数器 2 捕捉/重装方式的触发控制信号引脚
3～8	P1.2～P1.7	标准 I/O 引脚
21～28	P2.0～P2.7	既可以作为 I/O 口使用，也可以作为高 8 位地址总线使用
10	RxD/P3.0	标准 I/O 引脚，或串口数据接收端
11	TxD/P3.1	标准 I/O 引脚，或串口数据发送端
12	$\overline{INT0}$/P3.2	标准 I/O 引脚，或外部中断 0 输入引脚
13	$\overline{INT1}$/P3.3	标准 I/O 引脚，或外部中断 1 输入引脚
14	T0/P3.4	标准 I/O 引脚，或定时/计数器 0 的输入引脚
15	T1/P3.5	标准 I/O 引脚，或定时/计数器 1 的输入引脚
16	$\overline{WR}$/P3.6	标准 I/O 引脚，外部数据存储器写信号引脚
17	$\overline{RD}$/P3.7	标准 I/O 引脚，外部数据存储器读信号引脚

1. 电源引脚

电源引脚用于接入单片机的工作电源。V_{CC}(40 脚)：接 5 V±10%电源；Gnd(20 脚)：接地。

2. 时钟信号引脚

时钟信号引脚 XTAL1(19 脚)、XTAL2(18 脚)既可以利用内部时钟振荡电路，也可以通过外接振荡电路来给单片机提供时钟控制信号。

3. 复位信号引脚

RST(9 脚)为复位信号引脚，在单片机运行时，只要在此引脚加上一段时间的高电平将使单片机复位。

4. 控制信号引脚

ALE 为地址锁存控制信号引脚(30 脚)。当系统外部扩展存储器电路时，ALE 端输出脉冲的下降沿用于锁存 16 位地址的低 8 位地址，以实现低 8 位地址和数据的隔离。简单地讲，在系统扩展时，若 ALE = 1，则 P0 被当成地址总线；若 ALE = 0，则 P0 被当作数据总线。

在不扩展存储器时，该引脚可作为标准 I/O 引脚 P4.5 使用。

5. I/O 引脚

传统 8051 有 4 个 I/O 口，包括 P0 口、P1 口、P2 口、P3 口，而 STC90C51 多了 P4 口。

其中，P0～P3 口都对应 8 个引脚，P0 口为 P0.0～P0.7，P1 口为 P1.0～P1.7，P2 口为 P2.0～P2.7，P3 口为 P3.0～P3.7；P4 口有 3 个引脚，为 P4.4～P4.6。所有的 I/O 引脚都可以用来连接单片机和外部设备，实现数据的输入/输出。

由于工艺及标准化等原因，芯片的引脚数目是有限的。为了满足实际需要，有些信号引脚(如 P3 口的 8 个引脚及 P1.0、P1.1 等)被赋予了双重功能，除了作输入/输出口线使用之外，还具有第二功能。

1.2.2　单片机最小系统

单片机最小系统电路是指单片机工作不可或缺的最基本的连接电路。单片机最小系统电路组成如图 1.2.2 所示，一般包括四部分，分别是单片机芯片本身、电源电路、时钟振荡电路和复位电路。

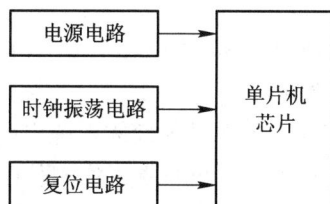

图 1.2.2　单片机最小系统电路组成

1. 电源电路

要让单片机工作就得让它"吃饭"，也就是给它提供合适的电源，一般将第 40 脚(V_{CC})接电源，第 20 脚(Gnd)接地即可。

目前主流单片机的电源分为 5 V 和 3.3 V 两种。如果单片机需要 5 V 的供电电源，可以采用外接独立电源的方式，也可以采用 USB 接口给它供电的方式。USB 接口输出的就是 5 V 直流电，就像利用 USB 接口给手机等电子产品供电一样。很多开发板都是采用这种方法供电的，因为这种方法比较简单、方便，不必额外加入一部分电源电路。不过它适合单片机固定在某一个地方的情形。如果单片机应用系统本身需要运动，还是采用外接独立电源的方式更好，比如智能小车上的单片机主控板就是采用外接独立电源方式。

2. 时钟振荡电路

单片机本身就如同一个复杂的同步时序电路，必须在脉冲信号的统一指挥下才能有序工作(即保证同步工作)，这样为单片机提供时钟节拍信号的时钟电路就必不可少。

单片机的时钟振荡电路有两种连接方式，分别是内部时钟方式和外部时钟方式。

1) 内部时钟方式

8051 单片机内部集成有时钟电路，利用这部分电路，再外接部分元件组成完整的时钟振荡电路的方式是内部时钟方式，如图 1.2.3 所示。图中，XTAL1、XTAL2 外接无源晶振以及电容 $C1$、$C2$，和单片机内部时钟电路连接在一起构成并联谐振的自激振荡器，输出时钟振荡信号。

　　时钟振荡信号的频率主要取决于所接晶振的固有频率。芯片生产厂家一般都规定了芯片的晶振频率范围，用户可以自行选择相应的外部晶振。电容 $C1$、$C2$ 的作用是帮助晶振起振，并维持振荡信号的稳定。当采用石英晶振时，电容一般在 20～40 pF 之间选择；当采用陶瓷谐振器件时，电容要适当地增大一些，在 30～50 pF 之间选择。两个电容通常采用瓷片电容，电容的大小对振荡频率有微小的影响，可起到频率微调作用。

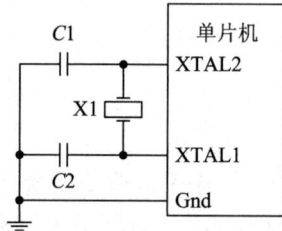

图 1.2.3　内部时钟方式

2) 外部时钟方式

　　当用户选择有源晶振时，则使用外部时钟方式，如图 1.2.4 所示。此时，有源晶振产生的振荡信号直接输入到 XTAL2 端口。

　　时钟脉冲是单片机的基本信号，不管是内部的振荡电路产生的时钟脉冲，还是外部的时钟电路产生的时钟脉冲，都是整个单片机系统工作的基础。

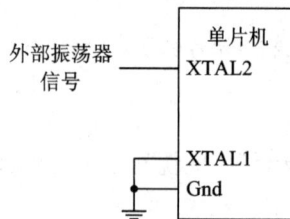

图 1.2.4　外部时钟方式

3. 复位电路

　　单片机在工作时难免出现故障或者程序跑飞的情况，这时需要对单片机进行复位。使单片机内各寄存器的值变为初始状态的操作称为复位。对于高电平有效复位的单片机芯片来说，只要在单片机的 RST 引脚上加上一定时长的高电平就可以实现复位，一般需要靠外部电路来实现。

1) 复位方式

　　按照采用外部电路的不同，复位方式分为上电复位、手动复位和混合复位三种。

　　(1) 上电复位。图 1.2.5(a)所示为上电复位方式。单片机接通电源时产生复位信号，在单片机上电的瞬间，电容两端电压不能突变，所以在 RST 引脚出现高电平，从而使单片机复位，确定单片机的初始工作状态；其后电容会逐步充电，电容两端电压会升高，直至升至 5 V，这样一段时间后 RST 引脚信号会变为低电平，系统就可以正常工作了。调整电阻 $R1$ 和电容 $C1$ 的值可以改变充电时间，适当设置它们的值，即可实现有效复位。上电复位的缺点是每次复位时都必须断开电源。

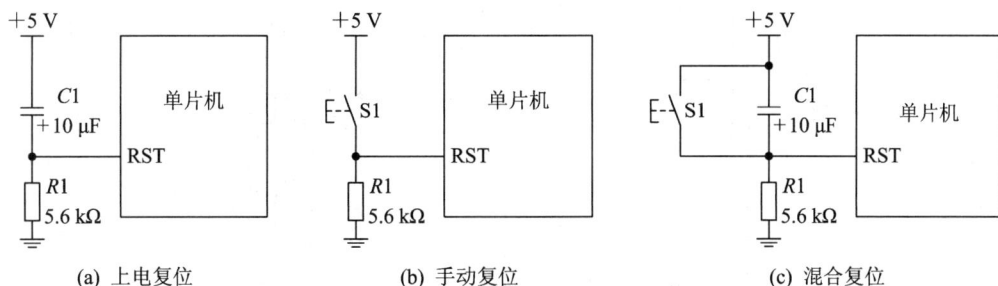

(a) 上电复位　　　　　　　(b) 手动复位　　　　　　　(c) 混合复位

图 1.2.5　复位电路

(2) 手动复位。图 1.2.5(b)所示为手动复位方式。手动按键产生复位信号，当按键按下时 RST 引脚接高电平，从而使单片机复位。按键松开后，单片机恢复正常状态。通常在单片机工作出现了混乱或"死机"时，使用手动复位实现单片机的"重启"。

(3) 混合复位。图 1.2.5(c)所示为混合复位方式。混合复位是将上电复位和手动复位结合到一起构成的，通常使用的复位方式就是这种。

2) 复位

对于单片机而言，复位是一项很重要的归零调整操作。当系统复位时，CPU 内部寄存器将回归初始状态，程序将重新开始执行。各特殊功能寄存器初始状态如表 1.2.2 所示。

表 1.2.2　单片机各特殊功能寄存器初始状态表

寄存器	复位时的状态	寄存器	复位时的状态
PC	0X0000	TCON	0X00
A	0X00	TMOD	0X00
B	0X00	TH0	0X00
PSW	0X00	TL0	0X00
SP	0X07	TH1	0X00
DPTR	0X0000	TL1	0X00
P0～P3	0XFF	SCON	0X00
IP	xxx00000B	PCON	0xxx0000B
IE	0xx00000B	SBUF	未定

4. 单片机最小系统实例

图 1.2.6 所示电路为单片机的最小系统实例，其中时钟振荡电路采用内部时钟方式，复位电路采用混合复位方式。

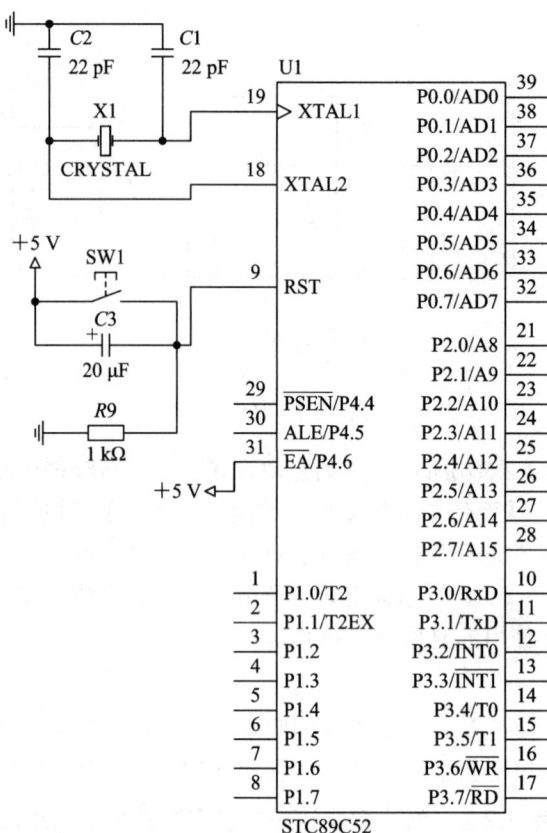

图 1.2.6　单片机最小系统实例

1.2.3　单片机的并行 I/O 端口

单片机应用系统的外部设备都是通过 I/O 端口与单片机进行连接的，单片机对外部设备的控制也都是通过对 I/O 端口的控制来实现的。即无论单片机对外界进行何种控制，或接受外部的何种控制，都是通过 I/O 端口进行的。I/O 端口操作是单片机实践中最基本最重要的操作。

并行 I/O 口 P0 的结构与功能

51 单片机每个 I/O 端口内部结构都存在差异，各有各的特点。标准 8051 单片机有 4 个 I/O 端口，通常称为 P0～P3 口。其中，P1 口、P2 口和 P3 口为准双向口；P0 口作为通用 I/O 口使用时，也是一个 8 位准双向口，上电复位后处于开漏输出模式。

准双向口即可用作输出端口，也可用作输入端口，不需要重新配置端口状态。通常当引脚输出为 1(高电平)时，驱动能力很弱；当引脚输出为 0(低电平)时，驱动能力很强，可吸收相当大的电流。

1. P0 口

1) P0 口的结构组成

P0 口有 8 根口线，各根口线内部具有完全相同但又相互独立的逻辑电路结构。逻辑电路由一个转换开关、一个 D 锁存器、两个输入缓冲器、一个非门、一个与门和两个场效应管组成的输出驱动电路等组成，如图 1.2.7 所示。

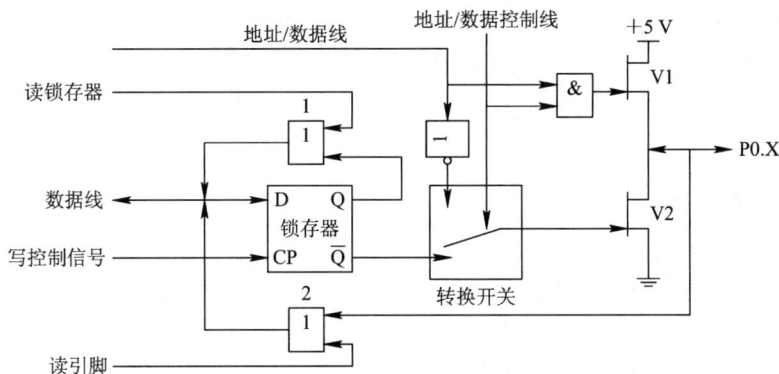

图 1.2.7   P0 口内部结构

2) P0 口功能与使用方法

P0 口有两大功能,分别是作为 I/O 端口使用和作为地址/数据复用口使用。两大功能的切换通过地址/数据控制信号转换开关来实现。

(1) 作为 I/O 端口使用。当地址/数据控制信号为 0 时,转换开关切换至下方,P0 口作为 I/O 端口使用。可以分为作为输入口和输出口两种情况。

① 作为输出口使用。

此时数据经由数据线向引脚输出。当写控制信号 CP 有效时,数据线上的信号送到锁存器的输入端 D,锁存器的反向输出 $\overline{Q}$ 端送信号到转换开关,经由 V2,最后到输出端 P0.X。地址/数据控制信号同时和与门的一个输入端相连接,此时与门输出也是 0(低电平),V1 管截止。所以作为输出口时,P0 口是漏极开路输出(开漏输出),当驱动上接电流负载时,需要外接上拉电阻。上拉电阻可将不确定的信号通过一个电阻钳位在高电平。上拉电阻的阻值通常在 3.3 kΩ 到 10 kΩ 之间选取。

② 作为输入口使用。此时内部数据线输入的工作过程又分为两种情况,一种是读引脚,另一种是读锁存器。

读引脚也就是直接读取外部引脚上的数据,最终送往数据线方向。如果 D 锁存器中原本存储的是 "0",则从 $\overline{Q}$ 端输出 "1",V2 将导通,V2 的漏极将被钳制为 0,此时不能正确地读到引脚上的信号。

为了能正确读到引脚上的信号,采取的办法就是先向锁存器中写 "1",这样 $\overline{Q}$ 端输出为 "0",V2 将截止,引脚信号不会受电路影响,能正确读到引脚信号。

P0 口作为 I/O 口使用时为准双向口,也就是不是真正的双向口。准双向口就是作输入端口时要有向锁存器写 "1" 的这个准备动作,真正的双向口不需要任何预操作,可直接写入读出。其实 P1、P2、P3 口也一样是准双向口,都有类似的操作。

读锁存器即直接读取锁存器输出端 Q 的状态。一般情况下从锁存器和从引脚上读来的信号是一致的。

(2) 作为地址/数据复用口使用。当地址/数据控制信号为 1 时,转换开关切换至上方,P0 口作为地址/数据复用口使用。在输出 "地址/数据" 信息时,由 V1 和 V2 两个场效应管形成推拉式结构,V1、V2 管是交替导通的,负载能力很强,可以直接与外设存储器相连,无须增加总线驱动器。

由此看来，P0 口有两种功能：①可作为普通 I/O 口使用，作为输出口使用时，需要外接 3.3～10 kΩ 的上拉电阻；作为输入口使用时，读引脚应先向锁存器中写 1。②可作为低 8 位地址总线和数据总线分时复用，此时不用外加上拉电阻。

2. P1 口

1) P1 口的结构组成

P1 口内部由一个 D 锁存器、两个输入缓冲器、一个输出驱动电路等组成，如图 1.2.8 所示。输出驱动部分由一个场效应管和一个上拉电阻组成。P1 端口与 P0 端口的主要差别之一在于 P1 端口在输出驱动部分用内部上拉电阻代替了 P0 端口的场效应管。

并行 I/O 口 P1 的结构与功能

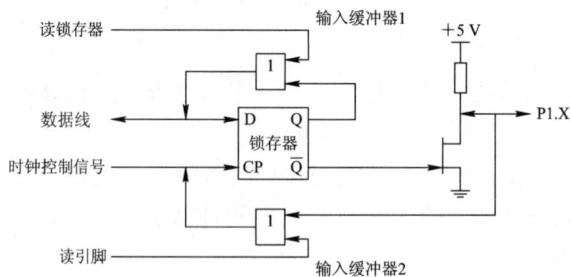

图 1.2.8　P1 口的内部结构

2) P1 口的功能与使用方法

P1 口的结构最简单，用途也单一，仅作为通用 I/O 口使用，分为作为普通输出口使用和作为普通输入口使用两种情况。

作为普通输出口使用时，由于内部已经集成了上拉电阻，不需要再外接上拉电阻。P1 口为准双向口，作为普通输入口使用时，和 P0 口一样，在读外部引脚状态前，要先往锁存器中写"1"，才能读到外部引脚正确的状态。

3. P2 口

1) P2 口的结构组成

P2 口内部由一个 D 锁存器、转换开关、两个输入缓冲器、一个非门和一个输出驱动电路等组成，如图 1.2.9 所示。P2 口输出端结构类似 P1 口，内部也集成了上拉电阻，但是多了一个转换开关。

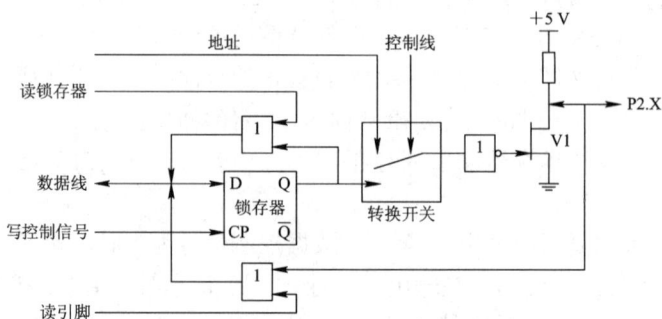

图 1.2.9　P2 口的内部结构

2) P2 口的功能与使用方法

P2 口具有两个功能，既可以作为地址总线(高 8 位地址)使用，也可以作为通用 I/O 口使用。作为通用 I/O 口使用时，使用方法和 P1 口类似。

4. P3 口

1) P3 口的结构组成

P3 口内部由一个 D 锁存器、三个输入缓冲器、一个与非门和一个输出驱动电路等组成，如图 1.2.10 所示。P3 口输出端结构类似 P1 口，内部也集成了上拉电阻，区别仅在于 P3 口的各端口线有两种功能选择。

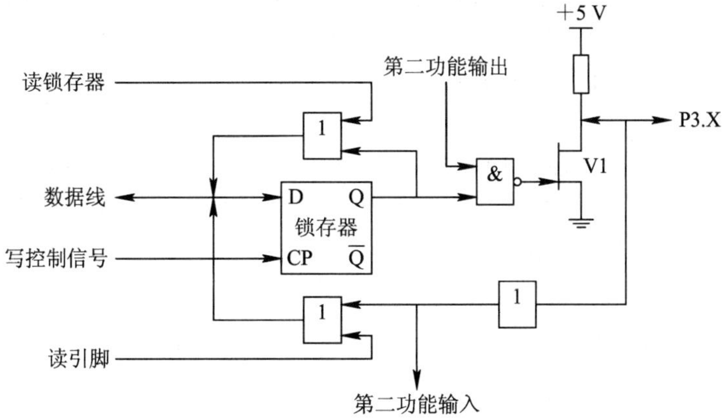

图 1.2.10　P3 口的内部结构

2) P3 口的功能与使用方法

P3 口可以作为通用 I/O 口使用，也可以作为第二功能端口使用。作为通用 I/O 口使用时，使用方法和 P1 口类似。P3 口的第二功能如表 1.2.3 所示。

当某个 P3 口线作为第二功能端口使用时，就不能作为 I/O 口使用，但是不会影响 P3 口的其他口线，也就是说其他 P3 线仍然可以作为 I/O 口使用。

表 1.2.3　P3 口的第二功能

端　　口	第　二　功　能
P3.0	RxD——串行输入(数据接收)口
P3.1	TxD——串行输出(数据发送)口
P3.2	$\overline{INT0}$——外部中断 0 输入线
P3.3	$\overline{INT1}$——外部中断 1 输入线
P3.4	T0——定时器 T0 外部输入
P3.5	T1——定时器 T1 外部输入
P3.6	$\overline{WR}$——外部数据存储器写选通信号输出
P3.7	$\overline{RD}$——外部数据存储器读选通信号输入

5. 单片机 I/O 口的驱动能力与使用

这里以单片机控制发光二极管(LED)为例来简要说明单片机 I/O 口的驱动能力与使用。

硬件上，除了需要单片机最小系统以外，最主要的元件就是 LED 了。

一般 LED 的工作电流在十几毫安至几十毫安，低工作电流 LED 的工作电流可在 2 mA 以下(亮度与普通发光管相同)。实际的工作电流太小时，LED 就不能正常发光，从视觉上几乎看不到它点亮；工作电流太大则会把 LED 烧坏。

单片机芯片引脚可以用程序来控制输出高、低电平，从而控制 LED 的亮灭。但是程序控制不了单片机的 I/O 口输出电流。现在的单片机芯片引脚具备一定的外部驱动能力，可以采用单片机的输出引脚直接驱动 LED。

通常单片机芯片引脚输出为 1(高电平)时，驱动能力往往很弱；输出为 0(低电平)时，驱动能力很强，可吸收相当大的电流。比如，STC90C51 单片机芯片 P0 口的灌电流最大可达 12 mA，其他 I/O 口的灌电流最大可达 6 mA；STC90LE51 单片机芯片 P0 口的灌电流最大可达 8 mA，其他 I/O 口的灌电流最大可达 4 mA。而它们的拉电流往往只有 0.1～0.4 mA。

图 1.2.11 所示为单片机控制 LED 时可能的硬件连接方式，其中图(a)为高电平输出驱动方式，图(b)为低电平输出驱动方式。要想 LED 获得较大的工作电流，通常只能选择低电平输出驱动方式，也就是采用图(b)所示方式。

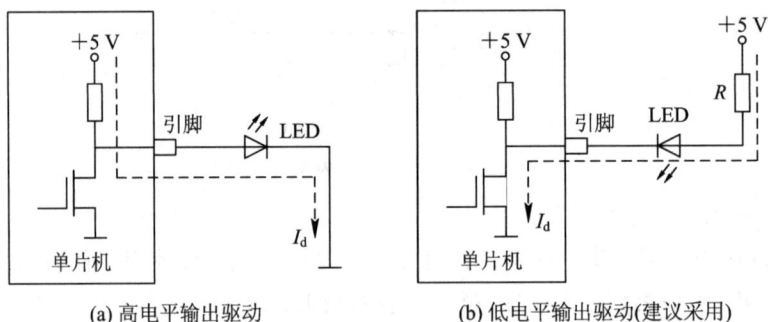

(a) 高电平输出驱动　　　　　　　　(b) 低电平输出驱动(建议采用)

图 1.2.11　发光二极管与单片机 I/O 口的硬件连接

外接的 LED 电路也必须使用电阻进行限流，否则会损坏单片机的输出引脚，或者烧坏 LED 本身。限流电路可以进行大致的估算：

$$R = (5-U_d)/I_d$$

式中，U_d 为 LED 的正向压降。

若限制工作电流 I_d 为 10 mA，LED 的正向电压 U_d 为 2 V，则限流电阻值为

$$R = (5-2)V/10\ mA = 300\ (\Omega)$$

当然实际采用的限流电阻会根据实际选用的单片机芯片以及 LED 器件的不同而有所不同。

1.2.4　单片机应用系统

1. 单片机硬件系统

单片机硬件系统组成如图 1.2.12 所示，主要由单片机最小系统、输入控制电路、输出显示电路以及其他外围电路组成。单片机最小系统在前面已经介绍过，这里只介绍单片机硬件系统中的其他三个部分。

单片机开发
硬件实训平台

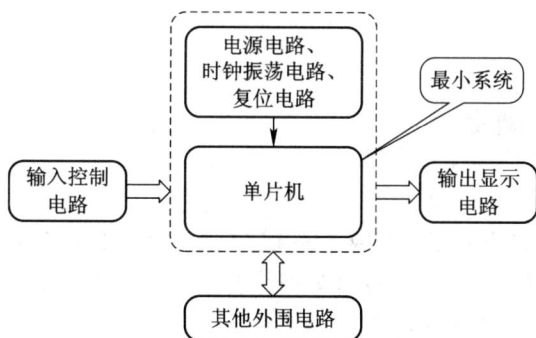

图 1.2.12　单片机硬件系统基本组成

1) 输入控制电路

输入控制是指在一定要求下,采取何种形式的控制方法来实现单片机不同功能的转换,以及控制指令以何种方式传送到单片机。常用的输入设备有独立按键、矩阵按键等。

2) 输出显示电路

单片机系统往往将数据按照一定的格式显示给人看,以实现人机交互。常用的输出显示设备有 LED 数码管、LED 点阵显示屏和液晶显示屏等。

3) 其他外围电路

单片机只是控制器件,对应一定的设计要求,需要加入特定功能的器件,常用的外围器件有传感器、电机、A/D 转换电路、D/A 转换电路等。

2. 单片机应用系统

一个实际的单片机应用系统由软件系统和硬件系统两部分组成,如图 1.2.13 所示,二者相互依赖,缺一不可。硬件系统是应用系统的基础,单片机硬件系统是以单片机芯片为核心,配以相关的外围设备及接口电路构成的;软件系统在硬件系统的基础之上,对其资源进行合理调配和使用,控制其按照一定的要求完成各种运算或动作,从而实现应用所要求完成的任务。

单片机应用
系统组成

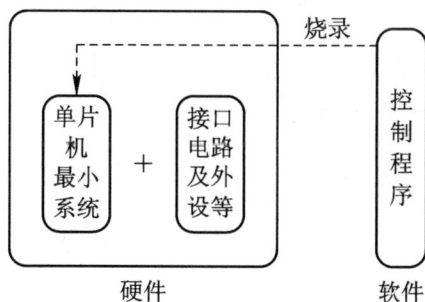

图 1.2.13　单片机应用系统组成

任务实施

一、任务分析与方案制定

1. 任务分析

根据任务描述，本次任务需要完成 8 路 LED 流水灯控制硬件电路设计，需要考虑采用什么样的主控芯片、主控芯片和 LED 灯如何进行连接、相关器件的参数如何选择等问题，才能最后设计出满足要求的硬件电路。

2. 方案制定建议

本次设计建议采用单片机作为主控芯片；LED 灯为输出显示器件，与单片机 I/O 口接口时建议采用低电平驱动方式，这样能获取较大的驱动电流。

二、硬件电路原理图设计

请参照表 1.2.4 的步骤提示完成硬件电路原理图设计。

表 1.2.4　硬件电路原理图设计步骤

步　骤	内　容	备　注
硬件设计方案		
选择主控芯片		
画出最小系统		
画出 LED 灯显示电路		
画出完整的 8 路 LED 流水灯控制硬件电路原理图		

三、列元器件清单

根据所画原理图，列出需要的元器件清单，如表 1.2.5 所示。

表 1.2.5　8 路 LED 流水灯控制电路所需要的元器件清单

序号	元器件名称	数量	型号或参数

四、撰写硬件电路设计文档

以小组为单位，完成 8 路 LED 流水灯控制硬件电路设计的文档撰写。在设计文档中应说明整个电路主要由哪些单元电路组成，各单元电路如何构成，各单元电路之间如何进行接口设计，以及各单元电路元器件型号参数选择等。

✔ 任务完成评价

采用表 1.2.6 所示的评价表对任务完成情况进行评价，主要考核任务完成的效果以及完成过程中的职业素养、职业能力等。

表 1.2.6　工作任务完成情况评价表

评价项	评价指标	分值	评价等级 优	评价等级 及格	评价等级 不及格	占比/% 自评 20	占比/% 互评 30	占比/% 教师评价 50	考核得分	备注
过程中的职业素养评价（20分）	工作态度	5分	按时到课，态度认真	按时到课，无迟到早退现象	缺勤					
	环境维护	5分	操作台面整洁，工作环境很干净	操作台面较整洁，工作环境干净	操作台面零乱，卫生差					
	沟通合作	5分	主动与组员沟通，主导合作共同完成任务	能与组员沟通，合作共同完成任务	不与所在组成员配合					

评价项	评价指标	分值	评价等级			占比/%			考核得分	备注
			优	及格	不及格	自评	互评	教师评价		
						20	30	50		
	自主学习	5分	非常自主地查阅芯片、器件资料	能查阅芯片、器件资料	无主动学习意识					
过程中的职业能力评价（40分）	单片机最小系统设计	20分	最小系统组成完整，各部分电路设计合理	最小系统组成完整，部分电路设计需改善	最小系统组成不完整，电路设计不合理					
	LED灯显示单元设计	10分	LED灯显示电路结构设计合理，相关元器件参数选取合适	LED灯显示电路结构设计合理，相关元器件参数选取需改善	LED灯显示电路结构设计不合理，相关元器件参数选取不适合					
	与主控芯片接口设计	10分	接口设计很合理	接口设计合理	接口设计不合理					
任务完成效果评价（40分）	元器件清单	10分	元器件类型、数量、型号参数完整无误	元器件类型、数量无误	所列元器件不完整					
	电路原理图	20分	电路原理图设计正确，布局美观	电路原理图设计正确	电路原理图设计有明显错误					
	硬件电路设计文档编写	10分	充分表达设计思想，易于客户和软件设计人员看懂	能表达出设计思想，客户软件设计人员可以看懂	设计思想表达不清楚，不易看懂					

任务拓展与思考

1. 尝试设计一个汽车尾灯控制电路。
2. 尝试设计一个"心"形图案显示控制电路。
3. 使用面包板完成LED灯硬件电路搭建。

任务 1.3 流水灯控制软件的设计与调试

任务描述

根据流水灯硬件电路，编写流水灯驱动程序，让 8 位 LED 灯一次一个依次点亮，并连接硬件电路进行调试。

知识准备

1.3.1 C51 中的数据类型

C51 的数据类型

数据的格式通常称为数据类型。C51 的数据类型也分为基本数据类型和组合数据类型，与标准 C 中的数据类型基本相同。另外，C51 中还有专门针对 MCS-51 单片机的特殊功能寄存器型和位类型。具体情况如表 1.3.1 所示。

表 1.3.1 Keil C51 编译器能够识别的基本数据类型

数据类型	长度	取值范围
unsigned char	1 字节	0～255
char	1 字节	−128～+127
unsigned int	2 字节	0～65535
int	2 字节	−32768～+32767
unsigned short	2 字节	0～65535
short	2 字节	−32768～+32767
unsigned long	4 字节	0～4294967295
long	4 字节	−2147483648～+2147483637
float	4 字节	±1.175494E−38～±3.402823E+38
double	4 字节	±1.175494E−38～±3.402823E+38
*	1～3 字节	对象的地址
bit	1 位	0 或 1
sbit	1 位	0 或 1
sfr	1 字节	0～255
sfr16	2 字节	0～65535

在 C51 语言程序中，有可能会出现在运算中数据类型不一致的情况。C51 允许任何标准数据类型的隐式转换，隐式转换的优先级顺序如下：

bit->char->int->long->float

signed->unsigned

也就是说，当 char 型与 int 型在进行运算时，自动选择把 char 型扩展为 int 型，然后与 int 型进行运算，运算结果为 int 型。C51 除支持隐式类型转换外，还可以通过强制类型转换符"()"对数据类型进行人为的强制转换。

C51 编译器除了能支持以上这些基本数据类型，还能支持一些复杂的组合型数据类型，如数组类型、指针类型、结构类型和联合类型等。

由表 1.3.1 可见，C51 还扩展了 4 种数据类型，需要注意的是，这 4 种数据类型是不能用指针来对它们进行存取的。下面分别进行介绍。

1. bit

51 系列单片机具有很强的位处理能力，相应的，C51 提供了 bit 类型。bit 类型是用来定义位变量的，用 bit 类型定义的变量其值只能是 1(true)或者 0(false)，它可用在变量声明、参数列表和函数返回值中。

C51 语言使用关键字 bit 来定义位变量的一般格式为

bit   bit_name;

例如：

bit   ov_flag;   //将 ov_flag 定义为位变量

C51 语言的函数可以包含类型为"bit"的参数，也可将其作为返回值。例如：

bit   fun(bit w0，bit w1) //位变量 w0、w1 作为函数 fun 的参数

{

    …

    return w1;   //返回位变量 w1 的数值

}

位变量不能用来定义指针和数组。例如：

bit *ptr;   //错误，bit 不能用来定义指针

bit ware[3];   //错误，bit 不能用来定义数组

2. sbit

sbit 用来声明可位寻址的特殊功能寄存器和可位寻址的目标。

判断该特殊功能寄存器是否可位寻址的方法：根据该特殊功能寄存器的字节地址来判断，如果字节地址的低 4 位为 0 或 8，那么该特殊功能寄存器可位寻址。例如，中断允许寄存器 IE，它的字节地址为 0XA8，那么 IE 可位寻址；定时器工作方式寄存器 TMOD，它的字节地址为 0X89，那么 TMOD 不可位寻址。

用 sbit 在位可寻址区定义变量的方式如下：

sbit 位变量名 = 位变量地址值；

sbit 位变量名 = 特殊功能寄存器名称^位变量地址值；

例如：

```
char    t1;                    //定义 t1 为一个 8 位的位可寻址变量
sbit button = t1^7;            //为 t1 的第 7 位命名为 button
sbit led = P0^1;               //定义特殊功能寄存器 P0 的第 1 位为 led
```

值得注意的是，bit 和 sbit 都用来定义一个二进制位，目标都在位可寻址区，但是二者又根本不同：bit 定义会在位可寻址区分配一个二进制位，是真正意义上的变量定义；sbit 是在基目标的基础上声明一个二进制位，方便访问其中的某个二进制数，并不会分配空间。

3. sfr

sfr 也是 C51 扩充的数据类型，占用一个内存单元，值域为 0~255，利用它可以访问 51 单片机内部的所有特殊功能寄存器。

定义方法如下：

sfr 特殊功能寄存器名 = 地址常数；

例如：

sfr   P1 = 0X90；

这句是定义 P1 口在片内的寄存器，在后面的语句中可用 P1 = 0XFF(对 P1 口的所有引脚置高电平)之类的语句来操作特殊功能寄存器。

注意：在关键字 sfr 之后必须跟一个标识符作为寄存器名，名字可以任意选取，但应符合一般习惯；后面必须是常数，不允许有带运算符的表达式，而且该常数必须在特殊功能寄存器的地址范围之内(0X80~0XFF)。

4. sfr16

在新一代的 8051 单片机中，特殊功能寄存器经常组合成 16 位来使用。采用关键字 sfr16 可以定义这种 16 位的特殊功能寄存器。sfr16 也是 C51 扩充的数据类型，占用 2 个内存单元，值域为 0~65535。

例如，对于 8052 单片机的定时器 T2，可采用如下的方法来定义：

sfr16 T2 = 0XCC；   //定义 8052 定时器 2，其地址为 T2L = 0XCC，T2H=0XCD

这里 T2 为特殊功能寄存器，赋值运算符右侧是它的低字节地址，其高字节地址必须在物理上直接位于低字节地址之后。这种定义方法适用于所有新一代单片机中新增加的特殊功能寄存器。

下面是 reg51.h 头文件的内容：

```
/*--------------------------------------------------------------------
REG51.H

Header file for generic 80C51 and 80C31 microcontroller.
Copyright (c) 1988-2002 Keil Elektronik GmbH and Keil Software, Inc.
All rights reserved.
--------------------------------------------------------------------*/

#ifndef __REG51_H__
#define __REG51_H__
```

```
/*   BYTE Register   */
sfr P0     = 0X80;
sfr P1     = 0X90;
sfr P2     = 0XA0;
sfr P3     = 0XB0;
sfr PSW    = 0XD0;
sfr ACC    = 0XE0;
sfr B      = 0XF0;
sfr SP     = 0X81;
sfr DPL    = 0X82;
sfr DPH    = 0X83;
sfr PCON = 0X87;
sfr TCON = 0X88;
sfr TMOD = 0X89;
sfr TL0    = 0X8A;
sfr TL1    = 0X8B;
sfr TH0    = 0X8C;
sfr TH1    = 0X8D;
sfr IE     = 0XA8;
sfr IP     = 0XB8;
sfr SCON = 0X98;
sfr SBUF = 0X99;

/*   BIT Register   */
/*   PSW   */
sbit CY    = 0XD7;
sbit AC    = 0XD6;
sbit F0    = 0XD5;
sbit RS1 = 0XD4;
sbit RS0 = 0XD3;
sbit OV    = 0XD2;
sbit P     = 0XD0;

/*   TCON   */
sbit TF1 = 0X8F;
sbit TR1 = 0X8E;
sbit TF0 = 0X8D;
sbit TR0 = 0X8C;
sbit IE1 = 0X8B;
```

```
sbit IT1   = 0X8A;
sbit IE0   = 0X89;
sbit IT0   = 0X88;

/*   IE    */
sbit EA    = 0XAF;
sbit ES    = 0XAC;
sbit ET1   = 0XAB;
sbit EX1   = 0XAA;
sbit ET0   = 0XA9;
sbit EX0   = 0XA8;

/*   IP    */
sbit PS    = 0XBC;
sbit PT1   = 0XBB;
sbit PX1   = 0XBA;
sbit PT0   = 0XB9;
sbit PX0   = 0XB8;

/*   P3    */
sbit RD    = 0XB7;
sbit WR    = 0XB6;
sbit T1    = 0XB5;
sbit T0    = 0XB4;
sbit INT1  = 0XB3;
sbit INT0  = 0XB2;
sbit TxD   = 0XB1;
sbit RxD   = 0XB0;

/*   SCON  */
sbit SM0   = 0X9F;
sbit SM1   = 0X9E;
sbit SM2   = 0X9D;
sbit REN   = 0X9C;
sbit TB8   = 0X9B;
sbit RB8   = 0X9A;
sbit TI    = 0X99;
sbit RI    = 0X98;

#endif
```

从上面代码中可以看出，该头文件中使用前面介绍的 sfr 和 sbit 两个关键字定义了单片机内部所有的功能寄存器，在程序中可以直接操作它们。

1.3.2 常量与变量

1. 常量

在程序运行过程中，其值不能被改变的量称为常量。根据数据类型来划分，常量分为整型常量、浮点型常量、字符型常量、字符串常量和符号常量。

常量

1) 整型常量

整型常量可以是长整型、短整型、有符号整型、无符号整型，其取值范围取决于类型。可以指定一个整型常量为十进制、八进制、十六进制，如-34、0177 和 0X23DE。

常量的前面有符号 0X，表示该常量为十六进制数。如果前面只有一个 0，则该常量为八进制数。有时我们也在常量后面加上 L 或 U 来表示该常量为长整型或无符号整型，后缀不分大小写，如 1234l、0X23DEL 和 5000U。

2) 浮点型常量

一个浮点型常量由整数和小数两部分构成，中间用十进制的小数点隔开。有些浮点数非常大或者非常小，用普通方法不容易表示，这时可以用指数方法表示，如 3.1415 是小数形式，3.1415E+10 是指数形式。绝对值小于 1 的浮点数，其小数点前面的零可以省略，如 0.22 可以写成 .22。

3) 字符型常量

字符型常量所表示的值是字符型变量所能包含的值，我们可以用 ASCII 表达式来表示一个字符型常量，或者用转义字符来表示一个字符型常量。例如：

'a'   '\n'   '\x2f'   '\013'

单引号内加反斜杠表示转义字符，\x 表示字符为 ASCII 码的十六进制数形式，\0 表示字符为 ASCII 码的八进制数形式。

4) 字符串常量

字符串常量就是一串字符，用双引号括起来表示。字符串中字符的个数称为字符的长度，长度为 0 的字符串称为空串。C 语言中存储字符串常量时，系统会在字符串的末尾自动加一个 "\0" 作为字符串结束的标志。

5) 符号常量

前面提到的都是字面常量(又称直接常量)，在程序中直接使用字面常量的做法会使程序难以阅读且难以修改。可以使用符号常量，即给字面常量取一个有意义的名字，如下面程序段中的 "PI"：

```
#include<stdio.h>
#define PI 3.1415926
int main()
{
  int r;
```

```
    printf("请输入 r：");
    scanf("%d",&r);
    if(r>0)
        printf("面积是：%f\n",PI*r*r);
    else
        printf("输入的 r 不合法！\n");
    return 0;
}
```

本例中#define 称为宏定义。对宏的处理，在编译过程中称为"预处理"。也就是说，在正式编译前，编译器必须先将代码出现的宏用其相应的宏值替换，这个过程有点类似于文字处理软件中的查找替换。完成预处理后，所有原来的"PI"都成了立即数 3.1415926。在上面的语句中，程序中凡是用到 3.1415926 的地方都可以用 PI 这个宏名称来取代。作为一种建议和大家的习惯，宏名称常用大写字母。

2. 变量

变量代表内存中具有特定属性的一个存储单元，用来存放数据，该数据就是变量的值。在程序运行期间，这些值是可以改变的。变量名实际上是以一个名字对应代表一个地址，在对程序编译连接时，由编译系统给每一个变量名分配对应的内存地址。从变量中取值，实际上是通过变量名找到相应的内存地址，从该存储单元中读取数据。

变量及定义

C 语言规定变量名只能由字母、数字和下划线三种字符组成，且第一个字符不能为数字。变量必须先定义后使用。C 语言区分大小写，也就是说 ABC 和 abc 是两个不同的变量。

1.3.3　C51 中的运算符

运算符就是完成某种特定运算的符号。运算符按其表达式中与运算对象的关系可分为单目运算符、双目运算符和三目运算符。单目是指只有一个运算对象，双目有两个运算对象，三目有三个运算对象。C 语言的内部运算符很丰富，运算符代表计算机执行的某种操作。下面介绍几种常用的运算符。

1. 赋值运算符

赋值运算符"＝"在 C51 中的功能是将一个数据的值赋给一个变量，如 x=1。利用赋值运算符将一个变量与一个表达式连接起来的式子称为赋值表达式。在赋值表达式的后面加一个分号"；"就构成了赋值语句。赋值语句的格式如下：

变量=表达式；

执行语句时先计算出右边表达式的值，然后赋给左边的变量。例如：

x = 2 + 3;　　　　　//将 2 + 3 的值赋给变量 x

x = y = 2;　　　　　//将常数 2 同时赋给变量 x 和 y

在 C51 中，允许在一个语句中同时给多个变量赋值，赋值顺序自右向左。

2. 算术运算符

C51 中支持的算术运算符如表 1.3.2 所示。

表 1.3.2　算术运算符

符号	名称
+	加或取正值运算符
−	减或取负值运算符
*	乘运算符
/	除运算符
%	取余运算符

算术运算符

加、减、乘运算相对比较简单，而对于除运算，如果相除的两个数为浮点数，则运算的结果也为浮点数；如果相除的两个数为整数，则运算的结果也为整数，即为整除。如 25.0/20.0 的结果为 1.25，而 25/20 的结果为 1。

对于取余运算，要求参加运算的两个数必须为整数，运算结果为它们的余数。例如，5%3 的结果为 2。

3. 关系运算符

C51 中有 6 种关系运算符，如表 1.3.3 所示。

表 1.3.3　关系运算符

符号	名称
>	大于
<	小于
>=	大于等于
<=	小于等于
==	等于
!=	不等于

关系运算符与逻辑运算符

关系运算符用于比较两个数的大小。用关系运算符将两个表达式连接起来形成的式子称为关系表达式。关系表达式通常用来作为判别条件构造分支或循环程序。关系表达式的一般形式如下：

表达式 1　关系运算符　表达式 2

关系运算的结果为逻辑量，成立为真(1)，不成立为假(0)。其结果可以作为一个逻辑量参与逻辑运算。例如，5>3 的结果为真(1)，而 10==100 的结果为假(0)。

注意：关系运算符等于 "==" 与赋值运算符 "=" 之间的区分。

4. 逻辑运算符

C51 中有 3 种逻辑运算符，如表 1.3.4 所示。

表 1.3.4　逻辑运算符

符号	名称
‖	逻辑或
&&	逻辑与
!	逻辑非

　　关系运算符用于反映两个表达式之间的大小关系，逻辑运算符则用于求条件式的逻辑值。用逻辑运算符将关系表达式或逻辑量连接起来的式子就是逻辑表达式。

　　逻辑与表达式的一般形式如下：

　　条件式 1&&条件式 2

表示当条件式 1 与条件式 2 都为真时结果为真(非 0 值)，否则为假(0 值)。

　　逻辑或表达式的一般形式如下：

　　条件式 1‖条件式 2

表示当条件式 1 与条件式 2 都为假时结果为假(0 值)，否则为真(非 0 值)。

　　逻辑非表达式的一般形式如下：

　　! 条件式

表示当条件式原来为真(非 0 值)时，逻辑非后结果为假(0 值)；当条件式原来为假(0 值)时，逻辑非后结果为真(非 0 值)。

　　例如，若 a=8，b=3，c=0，则! a 为假，a && b 为真，b && c 为假。

5. 位运算符

　　在对单片机进行编程的过程中，对位的操作是经常遇到的。C51 对位的操控能力非常强大。C51 语言能对运算对象按位进行操作。位运算是按位对变量进行运算，但并不改变参与运算的变量的值。如果要求按位改变变量的值，则要利用相应的赋值运算。C51 中的位运算符只能对整数进行操作，不能对浮点数进行操作。C51 中的位运算符如表 1.3.5 所示。

表 1.3.5　位运算符

符号	名称
&	按位与
		按位或
^	按位异或
~	按位取反
<<	左移
>>	右移

1) 按位与运算

按位与运算的表达式如下：

条件式 1& 条件式 2

参加运算的两个数据，按二进制位进行"与"运算。例如：

a = 5 & 3;　　//a= 0101 & 0011 = 0001 =1

在实际的应用中，与操作经常被用于实现特定的功能，如下：

(1) 清零。按位与通常被用来使变量中的某一位清零。例如：

a=0XFE;　　　　//a 为 11111110B

a=a & 0X55;　　　　//使变量 a 的第 1 位、第 3 位、第 5 位、第 7 位清零，即 a 为 01010100B

(2) 检测位。要知道一个变量中某一位是 0 还是 1，可以使用按位与操作来实现。例如：

a=0Xf5;　　　　//a 为 11110101B

re=a & 0X08;　　　　//检测 a 的第三位是否为 0，如果为 0，则 re=0

(3) 保留变量的某一位。要屏蔽某一个变量的其他位，而保留某些位，也可以使用按位与操作来实现。例如：

a=0X55;　　　　//a 为 01010101B

a=a&0X0F;　　　　//将高 4 位清零，而保留低 4 位，a 为 0X05

2) 按位或运算

参与或运算的两个位，只要有一个为 1，则结果为 1。例如：

a=0X30|0X0F;　　//(00110000)|(00001111)：(00111111)：0X3F

按位或运算最普遍的应用就是对一个变量的某些位置 1。例如：

a=0X00;　　　　//a 为 00000000B

a=a|0X7F;　　　　//将 a 的低 7 位置为 1，a 为 0X7F

3) 按位异或运算

异或运算符"^"又被称为 XOR 运算符。当参与运算的两个位相同(0 与 0，或 1 与 1)时结果为 0，不同时为 1。即相同为 0，不同为 1。例如：

a=0X55^0X3F;　　//(01010101)^(00111111)=(01101010)，a 为 0X6A

按位异或运算主要有以下几种应用：

(1) 翻转某一位。当一个位与 1 作异或运算时，结果就为此位翻转后的值。例如：

a=0X35;　　　　//a 为 00110101B

a=a^0X0F;　　　　//a 的结果为 00111010B(a 的低 4 位翻转)

(2) 保留原值。当一个位与 0 作异或运算时，结果就为此位的值。例如：

a=0XFF;　　　　//a 为 11111111B

a=a^0X0F;　　　　//a 的结果为 11110000B (高 4 位不变，低 4 位翻转)

4) 按位取反运算

与其他运算符不同，按位取反运算符为单目运算符，即它的操作数只有一个。它的功能就是对操作数按位取反。例如：

a=0XFF;　　　　//a 为 11111111B

a=~a;　　　　//a 的结果为 00000000B

5) 左移运算

左移运算符用来将一个数的各位全部向左移若干位。如 a=a<<2 表示将 a 的各位左移 2 位，右边补 0。如果 a 为 0X22(00100010B，十进制值为 34)，左移 2 位得 10001000B(十进制值为 136)。高位左移后移出丢弃。

位运算符一(左移右移流水灯)

从上例可以看到，a 被左移 2 位后，由 34 变为了 136，是原来的 4 倍。而如果左移 1 位，为 01000100B，即十进制的 68，是原来的 2 倍。很显然，左移 N 位，就等于乘以 2N。但这一结论只适用于左移时被溢出的高位中不包含 1 的情况。在做乘以 2N 这种操作时，如果使用左移，将比用乘法快得多。因此，在程序中恰当地使用左移，可以提高程序的运行效率。

6) 右移运算

右移与左移类似，只是位移的方向不同。如 a=a>>1 表示将 a 的各位向右移动 1 位。与左移相对应的，右移一位就相当于除以 2，右移 N 位，就相当于除以 2N。

1.3.4　循环语句

在许多实际问题中，需要进行有规律的重复操作，如求累加和、数据块的搬移等。而计算机的基本特征之一就是具有重复执行一组语句的能力，即循环能力。利用这种循环能力，程序员只要编写一个包含重复执行语句的简短程序，就能执行所需的成千上万次的重复操作。几乎所有的应用程序都包含循环结构。

作为构成循环结构的循环语句，一般是由循环体及循环条件两部分组成的。被重复执行的语句称为循环体，能否继续重复执行下去则取决于循环条件。C 语言中用来实现循环的语句有两种：while 语句和 for 语句。

1. while 语句

while 语句的一般形式为

while(表达式)

语句块；

其中，表达式是循环条件，语句块是循环体。

while 语句的含义是：计算表达式的值，当值为真(非 0)时，执行循环语句。其执行过程如图 1.3.1 所示。

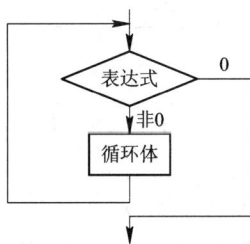

图 1.3.1　while 语句流程图

例：延时函数。

```
void DelayMS(unsigned int x)
{
    unsigned char i;
    while(x--)
    {
        ;
```

```
    }
}
```

在延时函数中，while 语句中的条件表达式 x--不为零时，一直循环执行 while 语句中的循环体(空语句)，用来消耗时间，以达到延时的目的，直到 x 的值为零时停止循环。此处 x 的值由主函数调用该延时函数时给出，可以灵活控制延时时间。

2. for 语句

在 C 语言中，for 语句使用最为灵活。一般形式为

for(表达式 1；表达式 2；表达式 3)
{
    循环体语句；
}

反复循环
for 语句

其中，表达式 1 常用于初始化循环变量；表达式 2 一般为循环条件，判断循环什么时候终止；表达式 3 常用于循环变量值的调整。

for 语句的执行过程如图 1.3.2 表示，具体步骤如下：

(1) 首先执行初始化操作；

(2) 进行条件表达式计算，若为真，则进行第(3)步，否则执行第(6)步；

(3) 执行循环体语句；

(4) 进行变量值修改计算；

(5) 重复执行步骤(2)到步骤(4)；

(6) 结束循环。

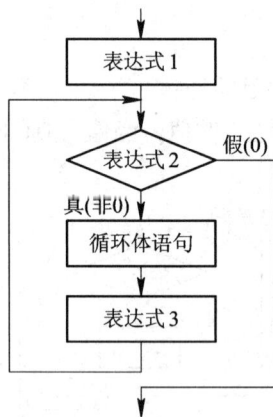

图 1.3.2   for 语句流程图

注意：

(1) for 循环中的表达式 1(循环变量赋初值)、表达式 2(循环条件)、表达式 3(循环变量修改)都是可选项，即可以缺省，但"；"不能省略。

(2) 若省略了表达式 2(循环条件)，则表示循环条件总是为真。

(3) 3 个表达式都省略，相当于 while(1)。

(4) 表达式 2 一般是关系表达式或逻辑表达式，但也可以是数值表达式或字符表达式，只要其值非 0，就执行循环体。

任务实施

一、任务分析与方案制定

1. 任务分析

根据任务描述，本次任务需求为：用单片机控制 8 个发光二极管依次点亮。

2. 方案制定

本任务采用逐级递进的方式对流水灯程序进行编写。采用由易到难的方式便于初学者理解程序的编写思路。

二、工作条件准备

为了顺利实施本次任务，硬件方面需要准备计算机 1 台、硬件开发板 1 块，同时需要安装相应的软件，分别是 Keil μVision4 开发软件、STC-ISP 下载软件、通用串口 CH340 驱动软件。

Keil 软件是目前最流行的单片机开发软件，它提供包括 C 编译器、宏汇编、连接器、库管理和一个功能强大的仿真调试器等在内的完整开发方案，通过一个集成开发环境将这些部分组合在一起。通过 Keil 软件可将编写的源程序变为单片机可以执行的机器码程序。它的界面和常用的微软 VC++的界面相似，界面友好，易学易用，在调试程序、软件仿真方面也有很强大的功能。因此，很多开发 51 应用的工程师或普通的单片机爱好者都十分喜欢它。

1. 集成开发环境 Keil μVision4 的安装

打开 Keil μVision4 的存放文件夹，双击运行文件 C51V900.exe，如图 1.3.3 所示。

单片机集成开发
软件 Keil μVision
安装与使用

图 1.3.3　Keil 源文件图标

打开 C51V900.exe 安装程序，点击"Next"按钮，如图 1.3.4 所示。

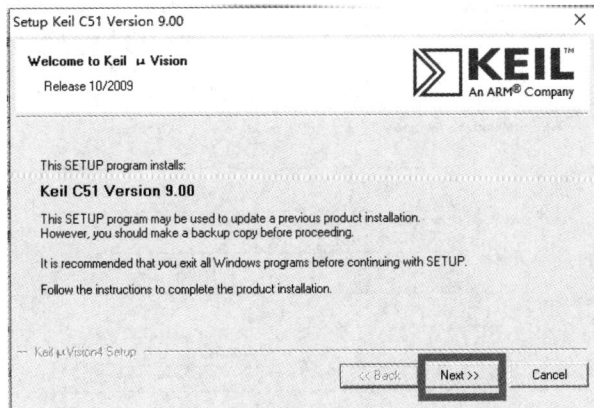

图 1.3.4　Keil 安装(一)

选中"I agree to all the terms of ……"，点击"Next"按钮，如图 1.3.5 所示。

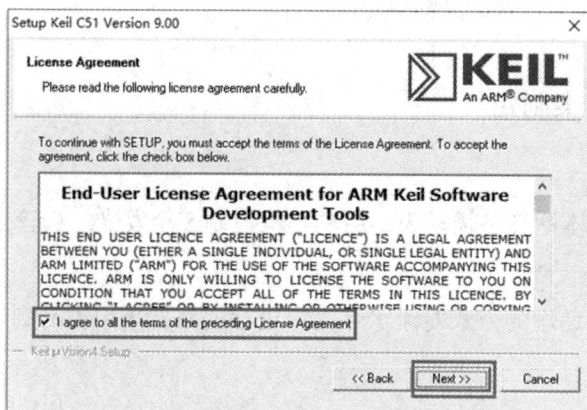

图 1.3.5　Keil 安装(二)

设置安装目录，根据自己的情况选中安装目录，重新设置点击"Browse"按钮。这里默认选择 C 盘，设置好安装目录后，点击"Next"按钮，如图 1.3.6 所示。

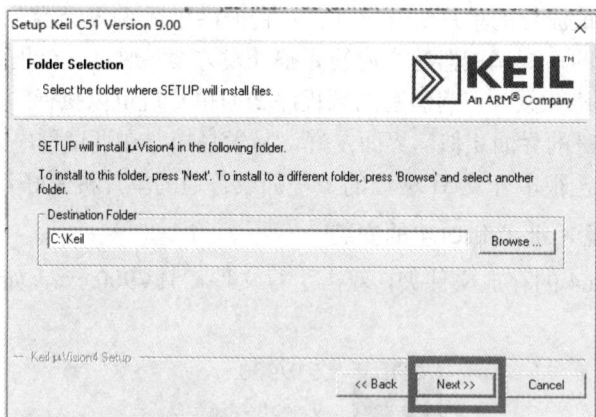

图 1.3.6　Keil 安装(三)

输入相关信息，输入完毕后点击"Next"按钮，如图 1.3.7 所示。

图 1.3.7　Keil 安装(四)

开始安装，安装过程中的界面如图 1.3.8 所示。

图 1.3.8 Keil 安装(五)

安装完成，点击"Finish"按钮即可，如图 1.3.9 所示。

图 1.3.9 Keil 安装(六)

2. Keil μVision4 软件的使用

运行 Keil 软件，出现如图 1.3.10 所示的画面。

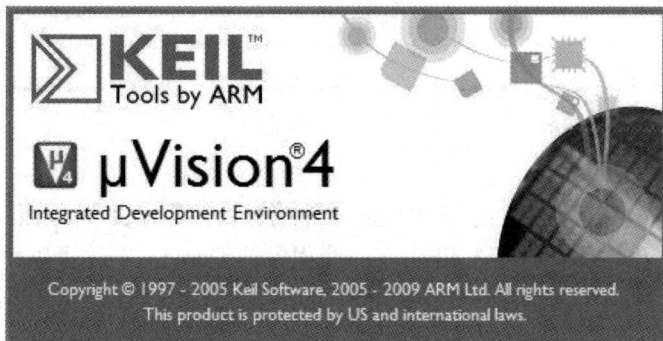

图 1.3.10 启动 Keil 软件时的画面

1) 新建项目

点击"Project"菜单，选择弹出的下拉式菜单中的"New μVision Project"，如图 1.3.11 所示。接着弹出一个标准 Windows 对话窗口，如图 1.3.12 所示，在"文件名"文本框中输入第一个 C 程序项目名称，这里用"111"，当然，只要符合 Windows 文件规则的文件名都行。保存后的文件扩展名为 uvproj，这是 Keil μVision4 项目文件扩展名，以后可以直接点击此文件打开先前做的项目。

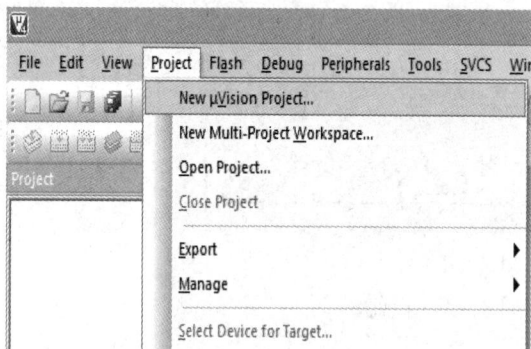

图 1.3.11　Project 菜单

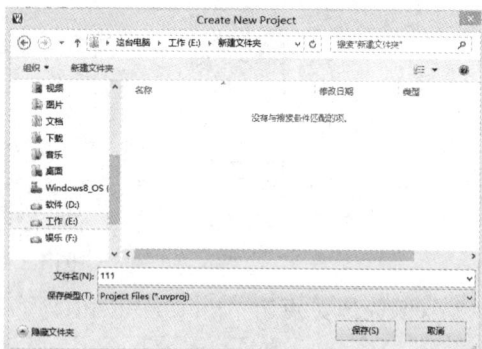

图 1.3.12　文件窗口

选择要用的单片机芯片，这里选择常用的 Atmel 公司的 AT89C51，如图 1.3.13 所示。完成上面步骤后，即可进行程序的编写。

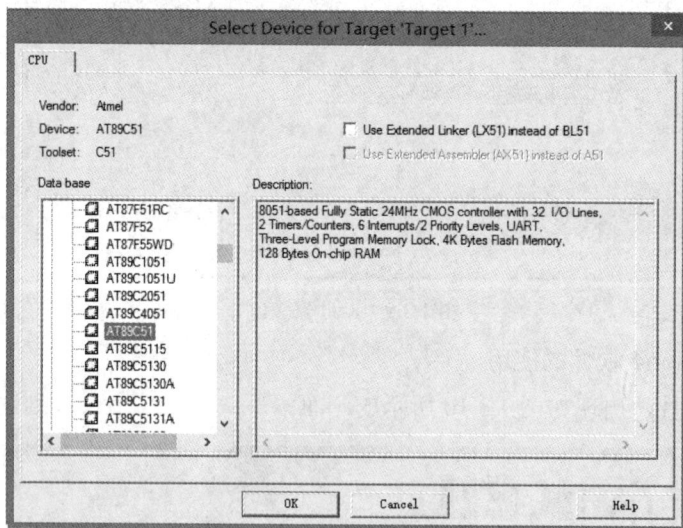

图 1.3.13　选取芯片

2) 创建程序文件

创建程序文件即在项目中创建新的程序文件或加入旧程序文件。如果没有已有的程序，那么就要新建一个程序文件。在 Keil 中有一些程序的 Demo，在这里以一个 C 程序为例介绍如何新建一个 C 程序以及如何将之添加到项目中。点击图 1.3.14 中标号 1 处的新建文件快捷按钮，在标号 2 处将出现一个新的文字编辑窗口，这个操作也可以通过菜单 File→New 或快捷键 Ctrl+N 来实现。在文字编辑窗口输入图中的 C 语言程序，并保存该文件。注意必须加上扩展名".c"。

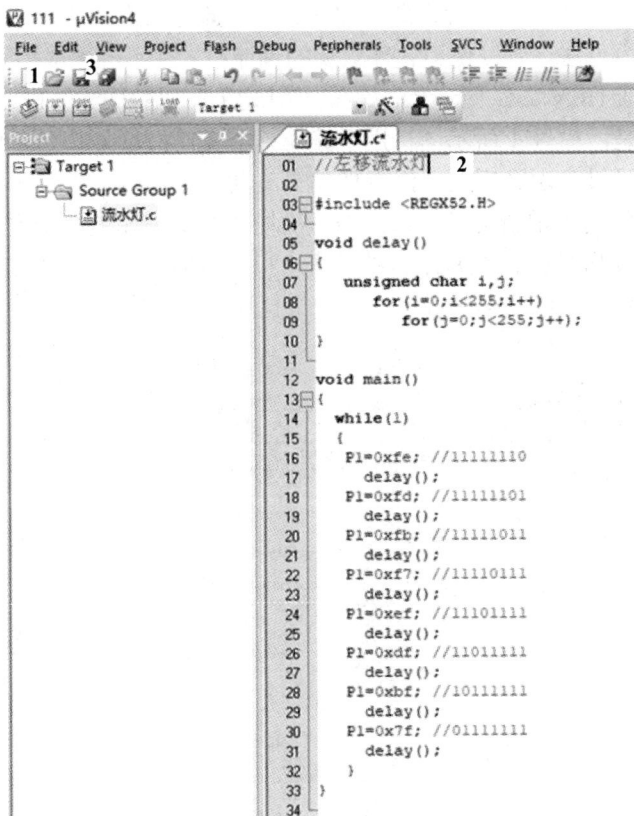

图 1.3.14　新建程序文件

图 1.3.14 中的程序就是流水灯的程序代码，先不管程序的语法和意思，先看看如何把它加入项目中和如何编译调试运行。

注意：在输入源程序时，可以利用开发系统提供的程序编译器编辑扩展名为.c 的源程序，也可以将在 Windows 或 DOS 环境下编辑的源程序复制过来。在编制源程序时，可在每条语句后加上必要的中英文注释，但必须用注释符"//"或"/**/"同语句间隔开。编写程序要在西文状态下编辑，如果在中文状态下编辑源程序，编译时会带来不必要的麻烦。

3) 保存程序文件

点击图 1.3.14 中标号 3 处的图标保存新建的程序，也可以用菜单 File→Save 或快捷键 Ctrl+S 进行保存。因是新文件，所以保存时会弹出类似图 1.3.12 的文件操作窗口，这里把第一个程序命名为"流水灯.c"，保存在项目所在的目录中，这时程序语句有了不同的颜色，说明 Keil 的 C 语法检查生效了。在图 1.3.14 中屏幕左边的 Source Group1 文件夹图标上右击，将弹出菜单，可以通过菜单执行在项目中增加/减少文件等操作。点击"Add File to Group 'Source Group 1'"，将弹出文件窗口，选择刚刚保存的 C 语言文件，按"Add"按钮，关闭文件窗，程序文件就加到项目中了。这时在 Source Group1 文件夹图标左边出现了一个小"+"号，说明文件组中有了文件，点击"+"号可以展开查看。

4) 编译程序

在将 C 程序文件添加到项目后，即可编译运行。此处只介绍用作学习新建程序项目和编译运行仿真的基本方法，所以使用软件默认的编译设置，不会生成用于芯片烧写的 HEX 文件，如何设置生成 HEX 文件见后文。如图 1.3.15 所示，图中标号 1、2、3 处的图标都是编译按钮，不同的是，标号 1 所示图标用于编译单个文件；标号 2 所示图标用于编译当前项目，如果先前编译过一次之后文件没有做编辑改动，这时再点击该图标是不会重新编译的；标号 3 所示图标用于重新编译，每点击一次均会再次编译链接一次，不管程序是否有改动。标号 4 所示窗口可以看到编译的错误信息和使用的系统资源情况等，程序出错时的提示也会在该窗口列出，修改程序等工作可以根据这些提示来进行。

图 1.3.15　编译程序

5) 生成 HEX 文件

HEX 文件是 Intel 公司提出的按地址排列的数据信息，数据宽度为字节，所有数据使用十六进制数字表示。HEX 文件，常用来保存单片机或其他处理器的目标程序代码。它保存物理程序存储区中的目标代码映像。一般的编程器都支持这种格式。先打开刚创建的名为"111"的项目，打开它的所在目录，找到 111.uvproj 文件就可以打开了。然后右击图 1.3.16 中的"Target 1"项目文件夹，弹出项目功能菜单，选择"Options for Target 'Target1'"，将弹出项目选项设置窗口，同样先选中项目文件夹图标，这时在 Project 菜单中也有一样的菜单可选。打开项目选项窗口，转到 Output 选项页，如图 1.3.17 所示，图中标号 1 所示为选择编译输出的路径；标号 2 所示为设置编译输出生成的文件名；标号 3 所示是决定是否要创建 HEX 文件的选项，选中它就可以输出 HEX 文件到指定的路径中。再将它重新编译一次，很快在编译信息窗口中就显示 HEX 文件创建到指定的路径中了，如图 1.3.18 所示。

这样就可以用编程器所附带的软件去读取并烧录到芯片了，最后再用实验板看结果。

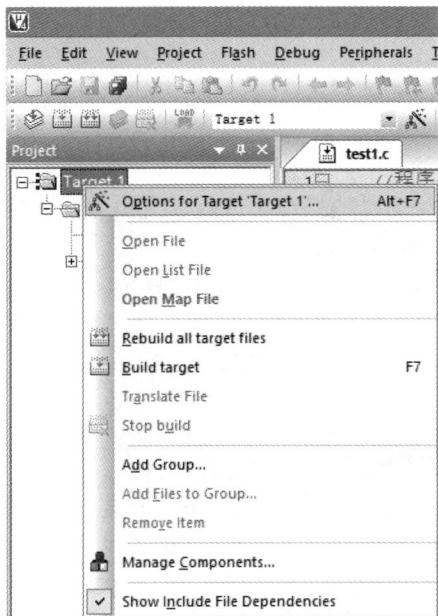

图 1.3.16 项目功能菜单

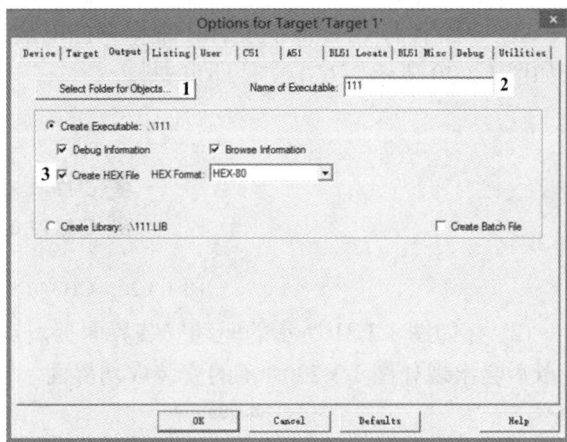

图 1.3.17 项目选项窗口

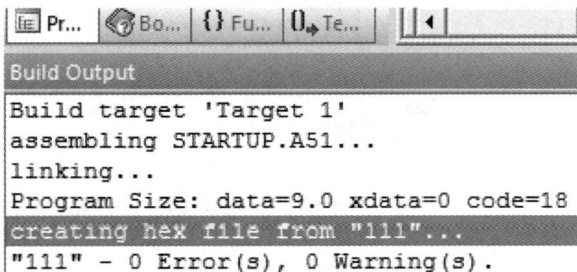

图 1.3.18 编译信息窗口

以上初步学习了一些 Keil μVision4 的项目文件创建、编译、运行等基本操作方法，其中提到 些功能的快捷键的使用，在实际的开发应用中，快捷键的运用可以大大提高工作效率，建议大家多使用。还有就是对上面所讲的操作方法大家可以举一反三用于类似的操作中。

3. STC-ISP 简介

单片机的下载软件有很多，如 STC-ISP、Easy51Pro、ATMELISP 等，这些软件都是针对不同型号、不同品牌的单片机来下载烧录文件的，其中以 STC-ISP 的使用最为广泛，本书就以 STC-ISP 为例来进行介绍。STC-ISP

驱动软件和下载软件

是一款单片机下载编程烧录软件，是针对 STC 系列单片机设计的，可下载 STC89、12C2052 和 12C5410 等系列的 STC 单片机程序，使用简便，现已被广泛使用。

　　大家从网上下载的 STC-ISP 大多是绿色版，解压就可以直接使用。STC-ISP 图标如图 1.3.19 所示。

图 1.3.19　STC-ISP 软件图标

4. 串口驱动软件的安装

　　常规串口驱动软件 CH340 的安装步骤如下：

　　(1) 下载含有 CH340 的文件，根据自己电脑的情况选择安装 64 位或 32 位。源文件图标如图 1.3.20 所示。双击文件即可安装。

图 1.3.20　CH340 源文件图标

　　(2) 在如图 1.3.21 所示的驱动安装界面上，点击"安装"，就会自动进行安装。安装完成以后会出现如图 1.3.22 所示的安装成功界面。

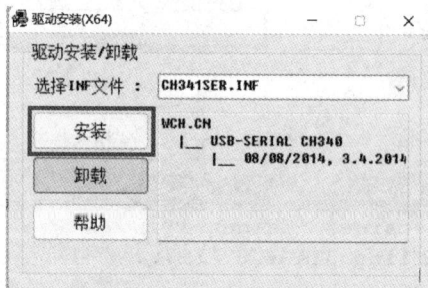

图 1.3.21　驱动安装界面

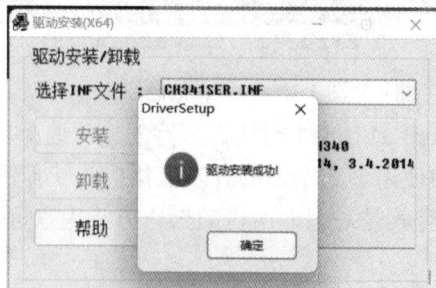

图 1.3.22　安装成功界面

　　安装成功以后，连接硬件设备，可在设备管理器中显示串口号，如图 1.3.23 所示。

图 1.3.23　设备管理器中串口驱动安装成功显示结果

三、硬件分析

本任务中，硬件包括 STC89C52 单片机芯片、8 个 LED、时钟电路、电源和复位电路几个部分。如图 1.3.24 所示，用单片机的 P1 口连接 8 个 LED，LED 正极连接 5 V 电源，负极连接 P1 端口，也就是说要点亮一个 LED，P1 口的相应引脚必须输出低电平信号。那么，要点亮哪个 LED 只需给连接该 LED 的引脚赋值为 0 即可；熄灭 LED 则正好相反，赋值为 1 即可。

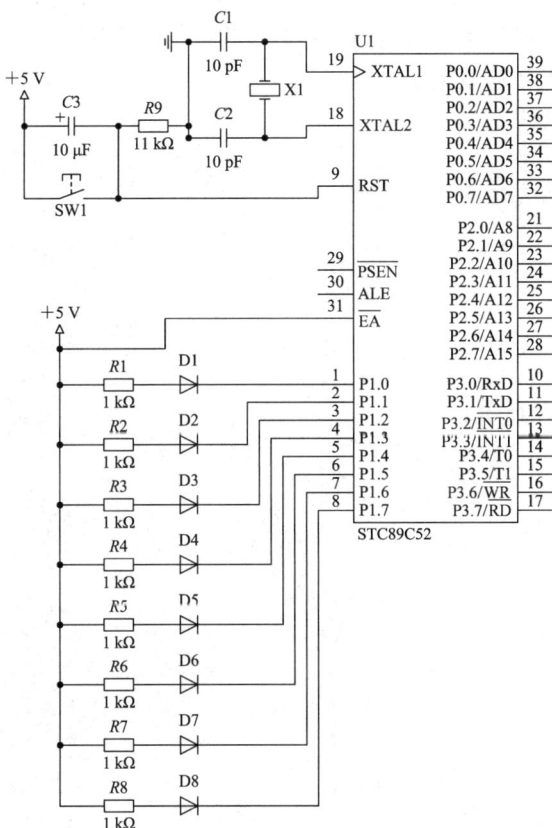

图 1.3.24　流水灯电路

四、软件设计

通过分析电路，我们发现要实现流水灯效果，只需依次给 P1 口每一位赋 0 值，同时关闭上一刻点亮的灯即可。P1 口数值编码如表 1.3.6 所示。

表 1.3.6　P1 口数值编码

时刻序号	P1.7	P1.6	P1.5	P1.4	P1.3	P1.2	P1.1	P1.0
时刻 1	1	1	1	1	1	1	1	0
时刻 2	1	1	1	1	1	1	0	1
时刻 3	1	1	1	1	1	0	1	1
时刻 4	1	1	1	1	0	1	1	1
时刻 5	1	1	1	0	1	1	1	1
时刻 6	1	1	0	1	1	1	1	1
时刻 7	1	0	1	1	1	1	1	1
时刻 8	0	1	1	1	1	1	1	1

在时刻 1 给 P1.0 赋值为 0，并延时一段时间，来到时刻 2，给 P1.1 赋 0 值，同时给 P1.0 赋 1 值，延时，每个时刻按上表依次类推，直到 8 个时刻全部走完一遍流程。

根据以上分析，可得到每个时刻给 P1 端口的赋值(不同的 0、1 代码组合)，按顺序排列起来，就能实现流水灯的效果了。

由此，编写如下代码：

```c
#include <REGX51.H>

void delay()
{
    unsigned char i,j;
        for(i=0;i<255;i++)
            for(j=0;j<255;j++);
}

void main()
{
  while(1)
  {
  P1=0XFE; //11111110
     delay();
  P1=0XFD; //11111101
     delay();
  P1=0XFB; //11111011
```

```
    delay();
    P1=0XF7; //11110111
    delay();
    P1=0XEF; //11101111
    delay();
    P1=0XDF; //11011111
    delay();
    P1=0XBF; //10111111
    delay();
    P1=0X7F; //01111111
    delay();
    }
}
```

这段代码的重复度非常高，会影响执行效率。分析表 1.3.6 中的编码可发现，这些编码是有规律的，从一个时刻到下一个时刻，编码中的 0 就往左边移动一位，最左边的数移出 P1.7，最右边补入一个 1 进入 P1.0。因此，可以使用左移指令(<<)来优化程序代码。

```
#include <REGX51.H>

void delay(unsigned int i)
{
    unsigned char i_1=0,i_2=250;
    for(i_1=0;i_1<i;i_1++)
        while(i_2--);
}

void main()
{
    unsigned char k;
    while(1)
    {
    P1=0XFE;
        for(k=0;k<8;k++)
    {
        delay(200);
        P1=(P1<<1)+1;
    }
    }
}
```

五、调试与运行测试

1. 调试方法与技巧

单片机控制系统的调试分为硬件调试、软件调试和系统的现场综合调试三个部分。

1) 硬件调试

准备好调试所用的仪器后，即可进入硬件调试过程。

(1) 静态调试。静态调试是用户系统未工作前的硬件检查过程。静态调试的步骤包括：

① 硬件电路安装完毕后，检查焊接印制电路板连线。仔细核对印制电路板上的焊接元件，找出安装连接错误，并及时更正。

② 使用万用表检查硬件的通断状态及电路值是否符合要求，重点检查电源有无短路现象。

③ 把系统电源加至给定电压并连接到系统板上。打开电源，检查上电端的额定电压值。在断电状态下将每个芯片逐个插入印制板相应的位置，观察各组芯片的插接方向。每放入1组芯片，加额定电压，观察电源是否有异常。电路中所需芯片安装完毕后，如正常工作，可进入下一步调试。

④ 整体调试。开发系统与应用系统板完成搭接后，要检查接线是否正确，如果通过整体检查且正常无误，即完成静态调试工作，可继续进行动态调试。

(2) 动态调试。动态调试即联机仿真调试，指在调试中对系统样机的各种硬件故障进行排查。各元件内部存在的故障和部件之间连接的逻辑错误只能通过动态调试找出。首先把应用系统分成不同小组，进行分组调试；然后编制小组测试程序，将程序下载到相应小组中，运行测试程序；最后，各小组电路调试正常后加入系统，若出现故障，及时协调各个电路的通信问题，使所有电路接入系统后各部分仍能正常运行。

2) 软件调试

软件设计与调试的基本任务是通过对应用系统软件的汇编、连接、运行来找出程序中的错误，并及时改正。软件调试的方法一般是：先独立调试，后联机调试；先单步调试，后运行调试。

(1) 先独立调试，后联机调试。单片机应用系统中软件与硬件应相辅相成，共同完成工作要求。软件依附于硬件，应对各软件分组调试，将无关硬件的程序模块单独调试运行，相关硬件的程序模块仿真调试运行。各程序模块都独立调试完成后，可将应用系统、开发系统与主机连接起来进行系统联调。各程序在独立调试中，可排除内部的语法错误和逻辑错误，减少联机调试时的错误，提高联机调试的工作效率。

(2) 先单步调试，后运行调试。调试过程中，找出程序与硬件电路故障的有效方法是采用单步运行方式调试。调试程序时，观察指令是否正常运行，硬件工作过程中的计算运行指令是否正常工作，及时找出故障并排除。为了提高调试速度，一般采用全速判点运行方式将错误定位在一个较小的范围内，然后针对错误的程序段，采用单步运行方式找出错误位置，这样可以提高调试的效率。单步调试成功后，再进行系统的连续不间断的运行调试，从而找出单步运行中未发现的设计问题。

3) 系统的现场综合调试

单片机应用系统经硬件和软件调试后，还应在工作现场开展实时监控运行调试，对系统软件和硬件进行检查，测试其各项规定指标，以保证系统达到相关的设计要求。但是，在某些特殊工作环境中，单片机应用系统的运行会发生变化，比如，在各种干扰较严重的情况下，无法预测单片机应用系统在现场运行时会出现的问题，这时必须通过现场调试找出问题，并加以解决。

2. 调试中易出现的问题

(1) 工程文件未添加 C 源文件。如图 1.3.25 所示，这时系统不会提示有错误，只提示有警告。在标准 C 的编写中编译有警告时，学生通常被告知可以不用理会，但是在 C51 中，如果系统提示警告，需要开发者关注警告信息，辨别是否处理。

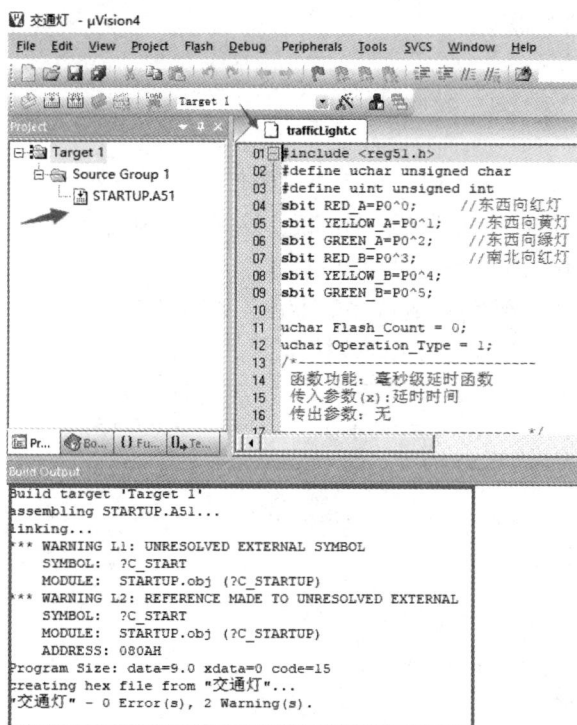

图 1.3.25 工程文件未添加 C 源文件图示

(2) 在程序编写时，将 P 口写成小写，系统提示端口未定义，如图 1.3.26 所示。

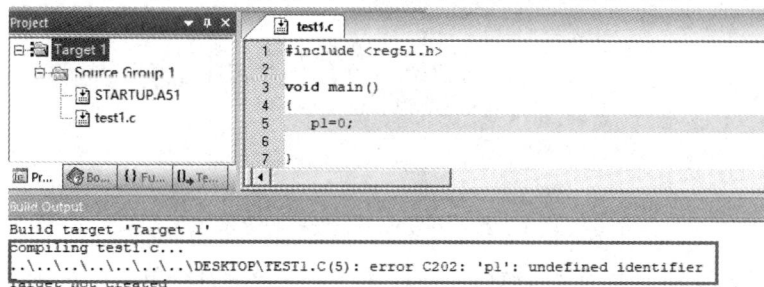

图 1.3.26 P 口编写未注意大小写的错误提示

出现该错误的原因在于，程序编写时在头文件"reg51.h"中对 P1 端口的定义是大写，如图 1.3.27 所示，而程序编写中错误地写成了小写，C 语言环境中，大小写被认为是两个不同的变量，因此编译时系统会提示"p1 变量没有定义"。

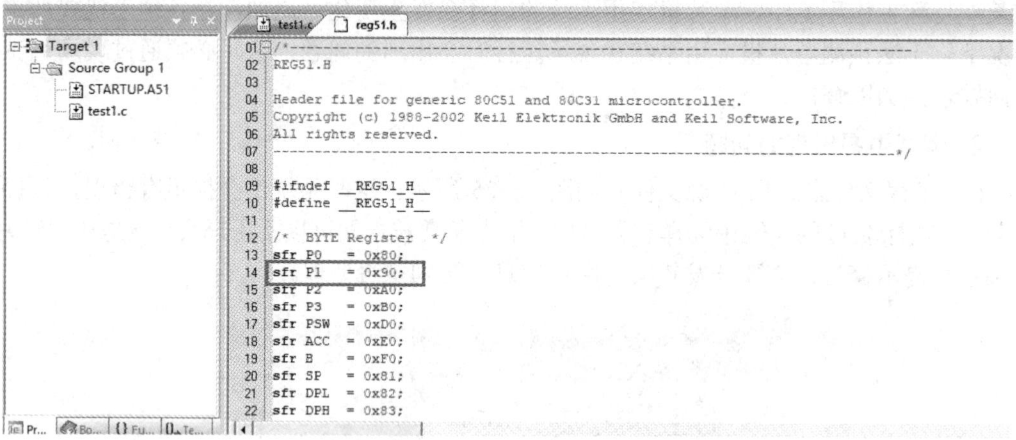

图 1.3.27　reg51 头文件中对 P 口的定义

（3）硬件连接时，杜邦线松脱或连接错误。这时烧录软件 STC-ISP 下载界面显示操作成功，但是开发板上不显示程序现象。

（4）连接开发板时，下载线松脱或接触不良。如图 1.3.28 所示，烧录软件提示"设备打开失败！请检查设备是否与电脑正确连接"。

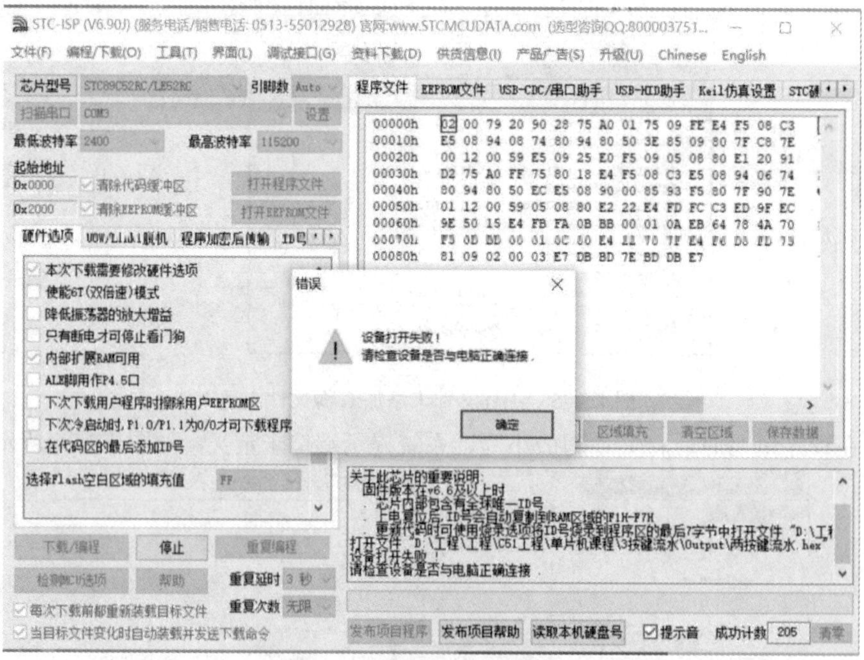

图 1.3.28　开发板下载线松脱提示

（5）如图 1.3.29 所示，当烧录软件一直提示"正在检测目标单片机"，此时应检查开发板上的晶振是否松脱，或者单片机芯片是否插紧。

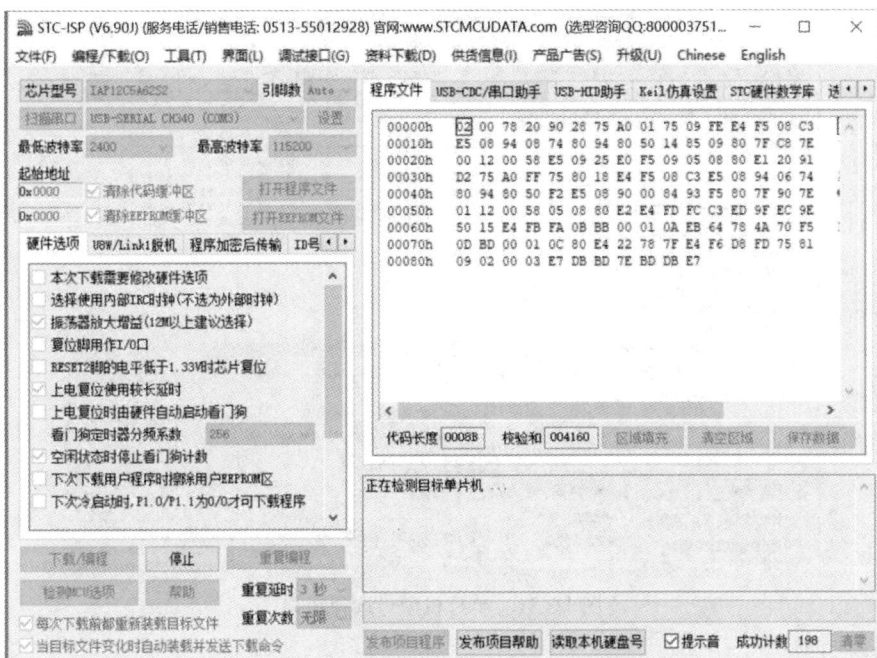

图 1.3.29　烧录软件提示"正在检测目标单片机"

(6) 烧录程序时，没有选择对应的 HEX 文件，烧录软件会提示"请先打开一个目标文件！"，如图 1.3.30 所示。

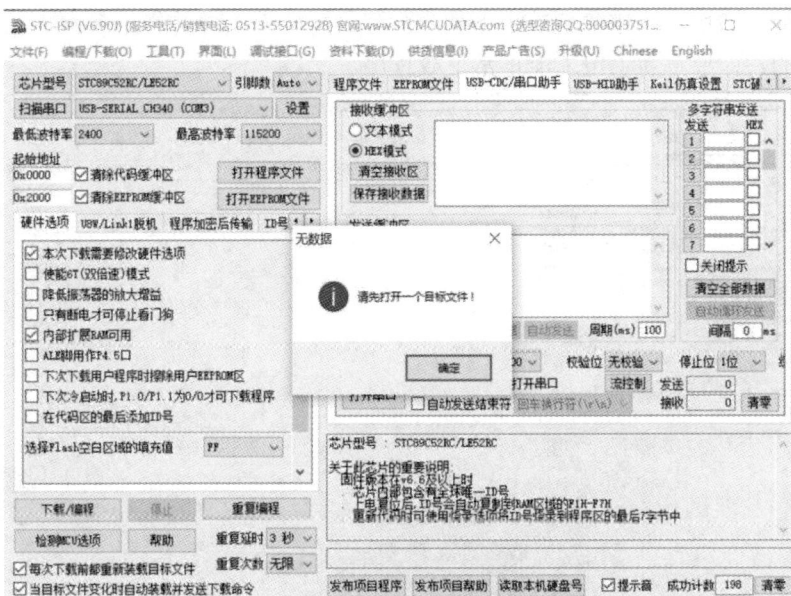

图 1.3.30　下载程序时没有选择 HEX 文件

(7) 使用烧录软件时，选错芯片型号。如图 1.3.31 所示，使用的单片机芯片为 STC89C516，而烧录软件中，选择的单片机型号为 STC89C52，这时烧录软件会提示"单片机型号选择错误"。

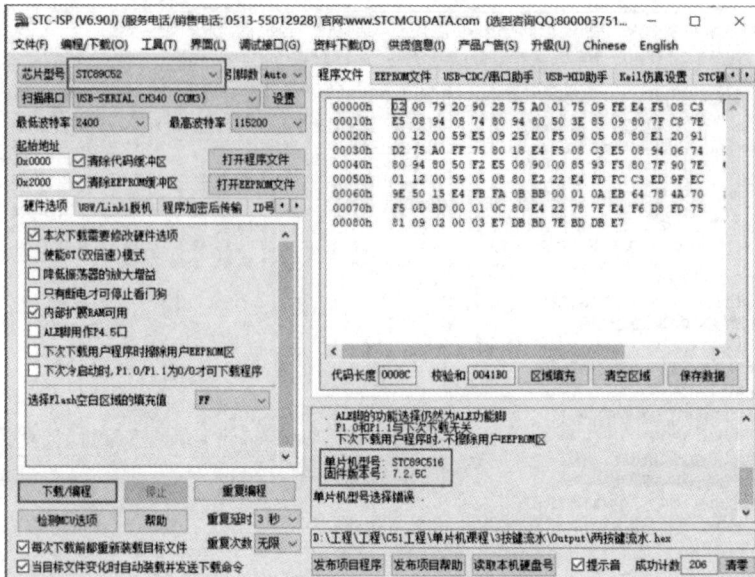

图 1.3.31　单片机型号选择错误

3. 软件调试

在集成开发环境 Keil μVision4 中按照调试流程进行调试，直至没有错误和警告，生成 HEX 文件。

4. 程序下载与联合调试

使用之前，请用户一定先把整个下载步骤仔细看一遍，单片机下载程序是必须有个冷启动的过程的，即要重新上电才能正常下载程序。

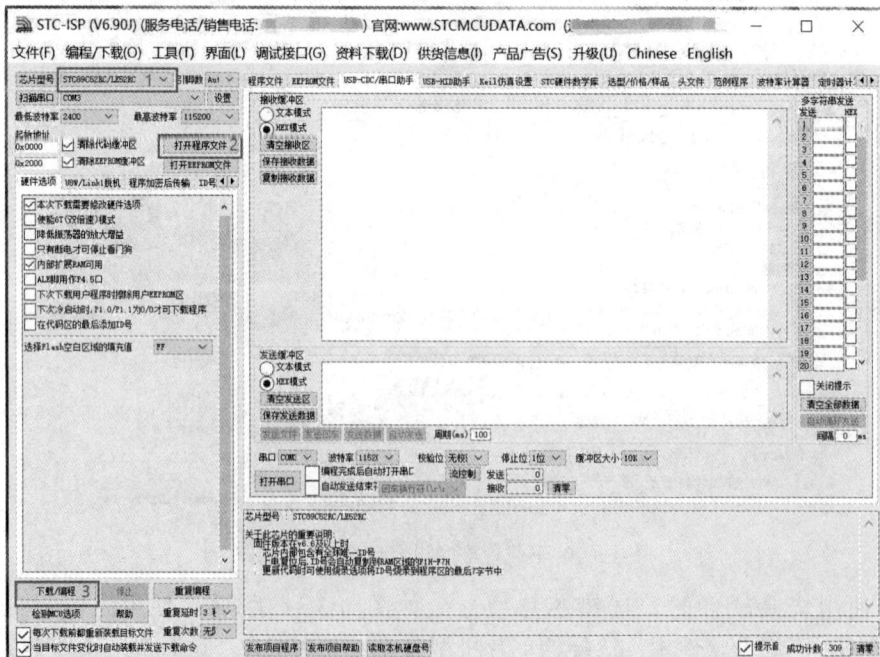

图 1.3.32　下载软件界面图

使用步骤：

(1) 连接好电源线与串口线。

(2) 检查电源板上电源指示灯是否亮起，如果没亮，则检查 USB 电源线；如果已亮，则关掉电源继续后面的步骤。

(3) 启动软件，出现如图 1.3.32 所示的软件界面。

(4) 点击图 1.3.32 中标号 1 处的下三角,选择单片机型号(应与开发板单片机型号对应),这里选择 STC89C52 型号单片机。

(5) 选择好计算机串口。

(6) 点击图 1.3.32 标号 2 处的"打开程序文件"按钮，出现如图 1.3.33 所示对话框，选择用 Keil 编译好的 HEX 文件。

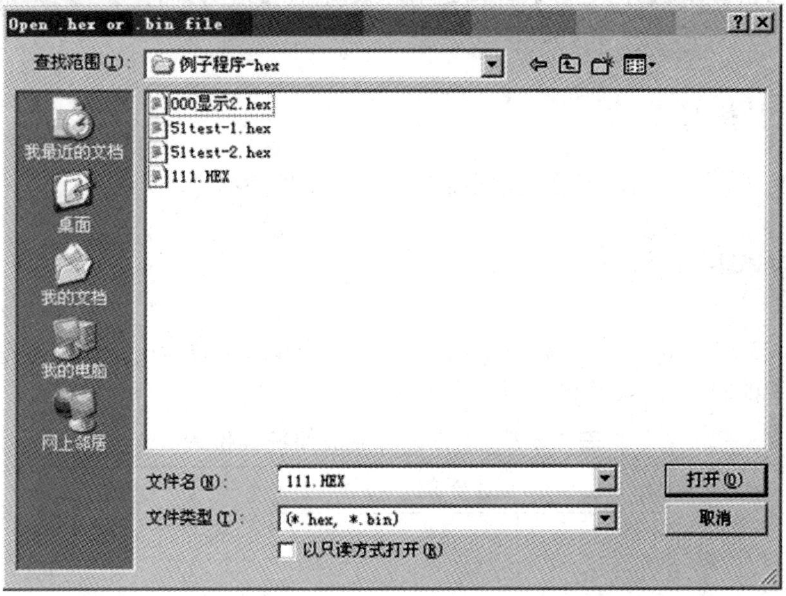

图 1.3.33 选择 HEX 文件

(7) 点击图 1.3.32 中标号 3 处的"下载/编程"按钮。

注意：在点击下载的时候要按下"冷启动"按键，使单片机上电。

如果正常，会看到下载程序进度条闪过的过程，最后白色方框内会出现"已加密"字样。

注意：整个过程中，不要用手或者导体接触单片机集成电路的引脚或者电路！这样很可能会永久性地损坏单片机实验板、集成电路或者电脑主机。

将流水灯程序生成对应的 HEX 文件并加载到单片机芯片上，观察运行效果，关注程序实现的功能是否与任务要求一致。如果不一致，则需要回到前面的步骤，继续进行软件功能调试，直到符合任务要求为止。

5. 运行测试

上电运行，可以观测到 LED 灯呈流水点亮的效果，运行效果如图 1.3.34 所示。

图 1.3.34　流水灯硬件运行效果

六、技术文档撰写

以小组为单位，参考附录完成本小组技术开发文档的撰写。

任务完成评价

采用表 1.3.7 所示的评价表对任务完成情况进行评价，主要考核工作任务完成的效果以及完成过程中的职业素养、职业能力以及创新意识等。

表 1.3.7　工作任务完成情况评价表

评价项	评价指标	分值	评价等级			占比/%			考核得分	备注
			优	及格	不及格	自评	互评	教师评价		
						20	30	50		
过程中的职业素养评价(20分)	工作态度	5分	按时到岗，态度认真	按时到岗	不到岗					
	沟通合作	5分	主动与组员沟通，主导合作共同完成任务	能与组员沟通，合作共同完成任务	不与所在组成员配合					
	环境维护	5分	操作台面整洁，工作环境很干净	操作台面整洁，工作环境干净	操作台面零乱，卫生差					
	软件编写规范	5分	格式统一，命名规范，可读性强，注释有效简洁	格式不够规范，但具有可读性	格式凌乱，可读性差，无注释					

评价项	评价指标	分值	评价等级			占比/%			考核得分	备注
			优	及格	不及格	自评	互评	教师评价		
						20	30	50		
过程中的职业能力评价 (40分)	方案制定	15分	制定的方案吻合流水灯要求	方案制定较为合理	方案制定不合理，不能满足要求					
	软件设计	15分	能运用多种思路完成软件程序设计	完成了软件程序编写	未完成软件程序编写					
	软硬件调试	10分	快速找到问题并排除，完成调试	能找到问题并排除，完成调试	找不到故障问题，调试不成功					
任务完成结果评价 (40分)	功能实现	30分	能按要求完成流水灯显示效果	能完成流水灯显示效果	不能完成显示效果					
	技术文档编写	10分	充分表达设计思想，易于客户看懂	能表达出设计思想，客户可以看懂	设计思想表达不清楚，不易看懂					
加分项	创新与拓展	10分	软件设计思想、方法创新或功能有拓展							

❓ 任务拓展与思考

试编写程序实现两边开花的流水灯效果，显示效果如表 1.3.8 所示。

表 1.3.8 两边开花流水灯时序表

时刻序号	P1.7	P1.6	P1.5	P1.4	P1.3	P1.2	P1.1	P1.0
时刻1	1	1	1	0	0	1	1	1
时刻2	1	1	0	1	1	0	1	1
时刻3	1	0	1	1	1	1	0	1
时刻4	0	1	1	1	1	1	1	0

项目二 智慧交通灯系统仿真设计

项目背景

随着世界范围内城市化和信息化进程的加快，城市交通管理越来越成为一个全球化的问题。城市交通基础设施供给滞后于不断增长的需求，道路堵塞日趋加重，交通事故频发，环境污染加剧等问题普遍存在。

随着我国经济的稳步发展，人民的生活水平日渐提高，越来越多的汽车进入寻常百姓的家庭，再加上政府大力发展的公交车、出租车、网约车，车辆越来越多。

近几年来，世界主要大城市为缓解城市交通拥堵，都在不断采取新技术，提高科学管理水平，如从点控、线控到区域控制，直到现在的智能交通系统(ITS)。智能交通系统把电子、通信、声像、计算机及 GPS 等高新技术融入其中，使交通走向越来越"智能化"的系统管理之路。

十字路口交通灯设计是整个交通管理中的一个重要方面。对十字路口的交通管理可以简化为在时间上对南北和东西方向通行时间进行切换，用红灯表示禁止通行，绿灯表示通行，黄灯表示警告或谨慎行驶。

学习目标

知识目标

(1) 熟知 I/O 控制灯点亮的工作原理；
(2) 了解一般单片机 C 程序的编写结构；
(3) 掌握头文件、宏定义的作用；
(4) 熟知全局变量和局部变量的差异；
(5) 掌握子函数的使用方法。

技能目标

(1) 会用仿真软件 Proteus 绘制电路图；
(2) 会修改仿真电路图中的各元件参数。

素养目标

(1) 培养良好的代码编写习惯和规范的代码编写意识；

(2) 培养协同合作的团队精神；

(3) 培养自学能力和独立解决问题的能力；

(4) 培养创新意识。

任务 2.1 交通灯硬件电路仿真设计

任务描述

根据实际交通灯情况，绘制交通灯仿真电路。十字路口交通灯模型如图 2.1.1 所示。

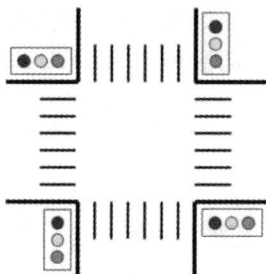

图 2.1.1 十字路口交通灯模型

知识准备

2.1.1 Proteus 简介

Proteus ISIS 是英国 Labcenter 公司开发的电路分析与实物仿真软件。它运行于 Windows 操作系统，可以仿真、分析(SPICE)各种模拟器件和集成电路。该软件的特点是：

(1) 实现了单片机仿真和 SPICE 电路仿真相结合。具有模拟电路仿真，数字电路仿真，单片机及其外围电路组成的系统仿真，RS-232 动态仿真，I^2C 调试器、SPI 调试器、键盘和 LCD 系统仿真的功能；有各种虚拟仪器，如示波器、逻辑分析仪、信号发生器等。

(2) 支持主流单片机系统的仿真，目前支持的单片机类型有 68000 系列、8051 系列、AVR 系列、PIC12 系列、PIC16 系列、PIC18 系列、Z80 系列、HC11 系列以及各种外围芯片。

(3) 提供软件调试功能。在硬件仿真系统中具有全速、单步、设置断点等调试功能，同时可以观察各个变量、寄存器等的当前状态，在该软件仿真系统中也具有这些功能；同时支持第三方的软件编译和调试环境，如 Keil C51 等软件。

(4) 具有强大的原理图绘制功能。

总之，该软件是一款集单片机和 SPICE 分析于一身的仿真软件，功能极其强大。

2.1.2 Proteus 使用

1. 工作界面介绍

Proteus ISIS 的工作界面是标准的 Windows 界面，如图 2.1.2 所示，包括标题栏、主菜单、标准工具栏、绘图工具栏、状态栏、对象选择按钮、预览对象方位控制按钮、仿真进程控制按钮、预览窗口、对象选择器窗口、图形编辑窗口。

1）图形编辑窗口

在图形编辑窗口内完成电路原理图的编辑和绘制。ISIS 中坐标系统的基本单位是 10 nm，主要是为了和 Proteus ARES 保持一致。坐标原点默认在图形编辑区的中间，图形的坐标值能够显示在屏幕右下角的状态栏中。

2）预览窗口

该窗口通常显示整个电路图的缩略图。在预览窗口上点击鼠标左键，将会有一个矩形蓝绿框标示出在编辑窗口中显示的区域。其他情况下，预览窗口显示将要放置的对象的预览。

3）对象选择器窗口

通过对象选择按钮从元件库中选择对象，并置入对象选择器窗口，供今后绘图时使用。显示对象的类型包括设备、终端、管脚、图形符号、标注和图形。

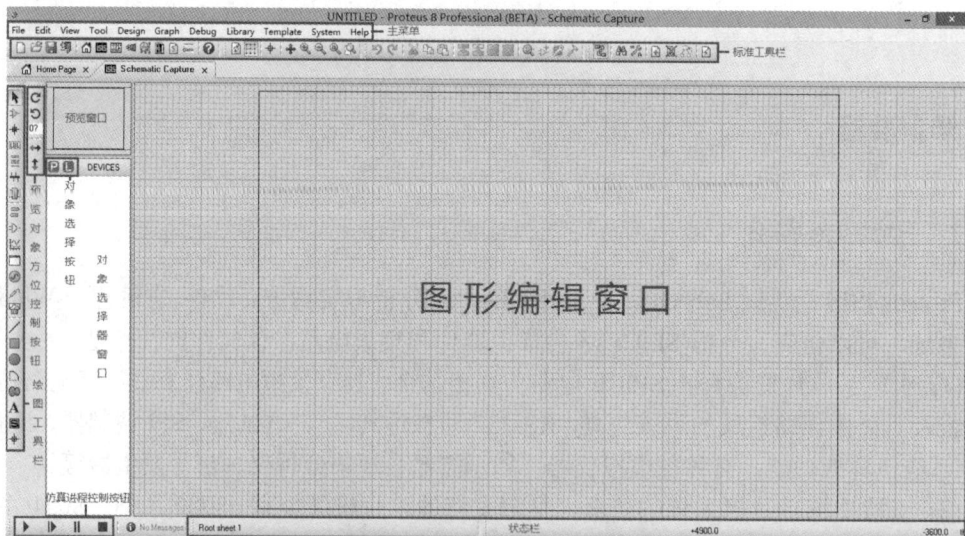

图 2.1.2　Proteus ISIS 的工作界面

2. 图形编辑的基本操作

1）对象放置

首先，根据对象的类别在工具箱选择相应模式的图标，如果对象类型是元件、端点、管脚、图形、符号或标记，从选择器里选择你想要的对象的名字。如果对象是有方向的，将会在预览窗口显示出来，可以通过预览对象方位按钮对对象进行调整。最后，指向编辑窗口并点击鼠标左键放置对象。

2) 选中对象

用鼠标指向对象并点击右键可以选中该对象。该操作选中对象并使其高亮显示，然后可以进行编辑。选中对象时该对象上的所有连线同时被选中。要选中一组对象，可以通过依次右击选中每个对象的方式，也可以通过右键拖出一个选择框的方式，但只有完全位于选择框内的对象才可以被选中。在空白处点击鼠标右键可以取消所有对象的选择。

3) 删除对象

用鼠标指向选中的对象并点击右键可以删除该对象，同时删除该对象的所有连线。

4) 调整对象的朝向

许多类型的对象可以调整朝向为 0、90、270、360，或通过 x 轴、y 轴镜像。用鼠标左键点击 Rotation 图标可以使对象逆时针旋转，用鼠标右键点击 Rotation 图标可以使对象顺时针旋转。用鼠标左键点击 Mirror 图标可以使对象按 x 轴镜像，用鼠标右键点击 Mirror 图标可以使对象按 y 轴镜像。

5) 编辑对象

许多对象具有图形或文本属性，这些属性可以通过一个对话框进行编辑，这是很常见的操作，有多种实现方式。用鼠标左键双击对象，即出现属性编辑对话框，修改参数等操作在其中完成。

6) 画线

Proteus 没有画线的图标按钮，这是因为 ISIS 可以智能地自动检测想要画的线，这就省去了选择画线模式的麻烦。在两个对象间连线时，只需左击第一个对象连接点，让 ISIS 自动定出走线路径，然后左击另一个连接点。如果想自己决定走线路径，只需在想要拐点处点击鼠标左键就可以让一个连接点精确地连到一根线。在元件和终端的管脚末端都有连接点。一个圆点从中心出发有四个连接点，可以连四根线。在画线过程的任何一个阶段，都可以按 ESC 来放弃画线。

任务实施

一、方案制定

十字路口四个方向交通灯控制硬件电路拟采用仿真设计的方法实现。

二、工作条件准备——安装 Proteus

首先在网上下载一个安装包，这里下载的是 8.6 版本，如图 2.1.3 所示。

Proteus 8.6 SP2 Professional.zip　　2022/5/22 13:12　　360压缩 ZIP 文件　　254,677 KB

图 2.1.3　Proteus 8.6 安装源文件

选中该安装包压缩文件，进行解压。可以看到有几个文件，选中 Proteus_8.6_SP2_Pro.exe，点击右键，出现如图 2.1.4 所示的界面，点击"以管理员身份运行"。

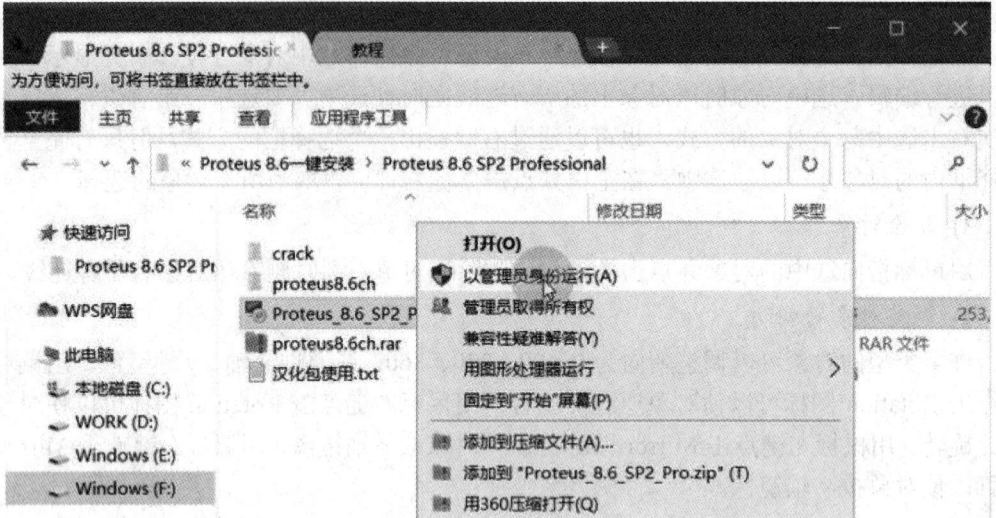

图 2.1.4　安装源文件

可以看到如图 2.1.5 所示的安装路径选择界面，可以点击"Browse"按钮，根据自己的需求选择安装路径，安装路径中不要出现中文，以免使用时出现故障。这里选用默认路径，点击"Next"。

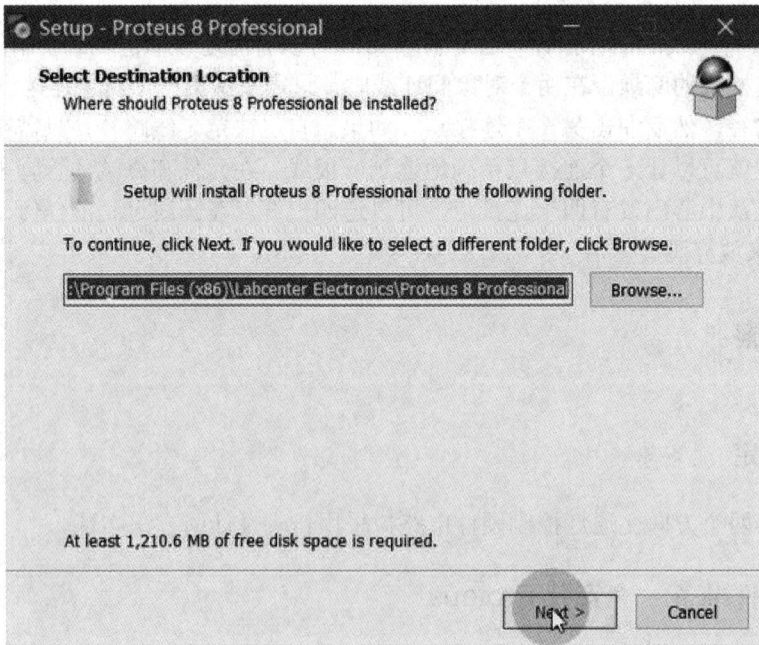

图 2.1.5　安装路径选择界面

进入如图 2.1.6 所示界面，可以进行开始菜单设置，即该文件在开始菜单中以"Proteus 8 Professional"文件夹显示，点击"Browse"按钮，根据自己的需求更改文件夹名，这里我们选择默认，继续点击"Next"按钮。

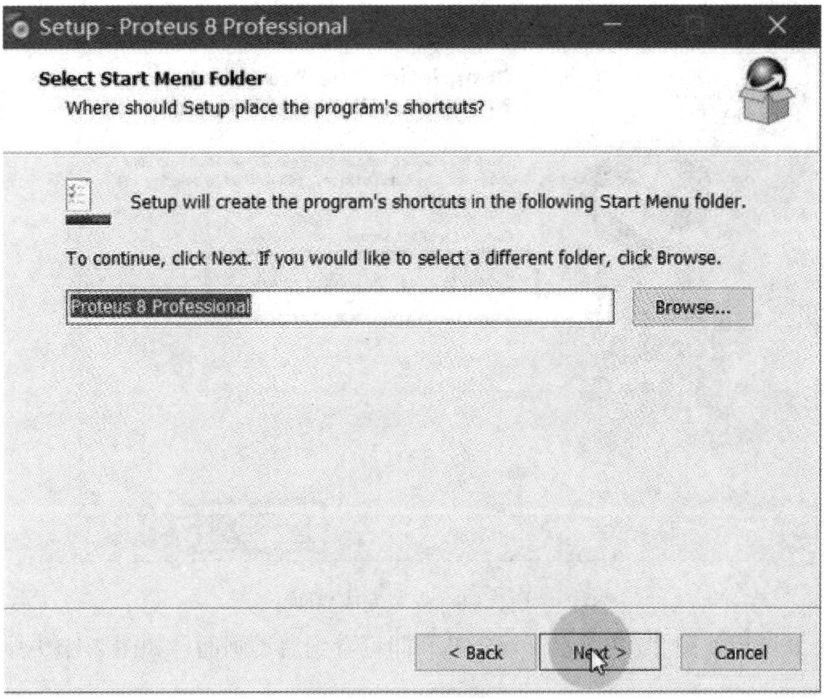

图 2.1.6　开始菜单设置界面

软件开始安装，大概等待 3～5 分钟，安装过程界面如图 2.1.7 所示。

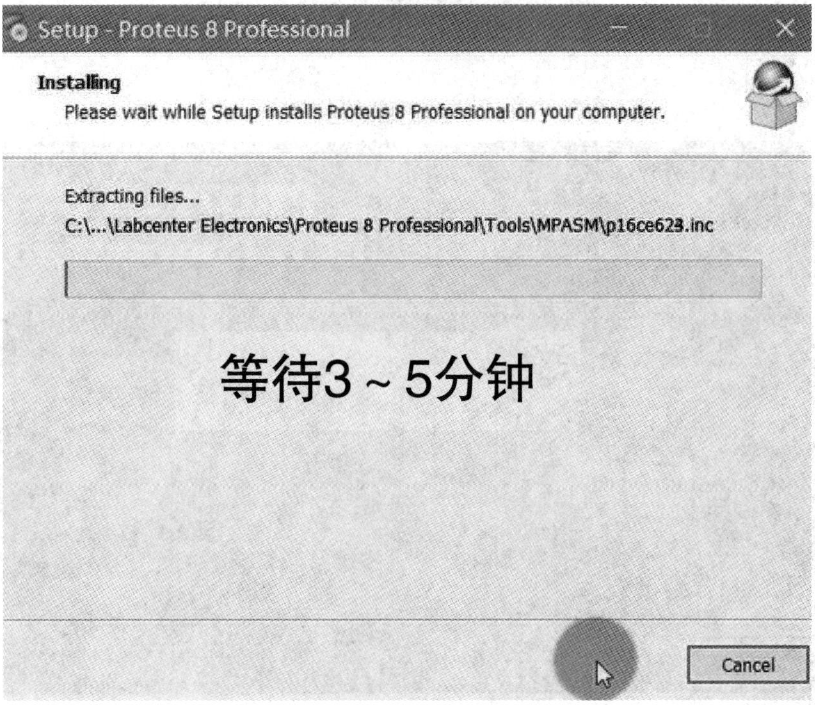

图 2.1.7　Proteus 安装过程界面

安装完成之后，出现如图 2.1.8 所示的界面，取消勾选，然后点击"Finish"按钮。

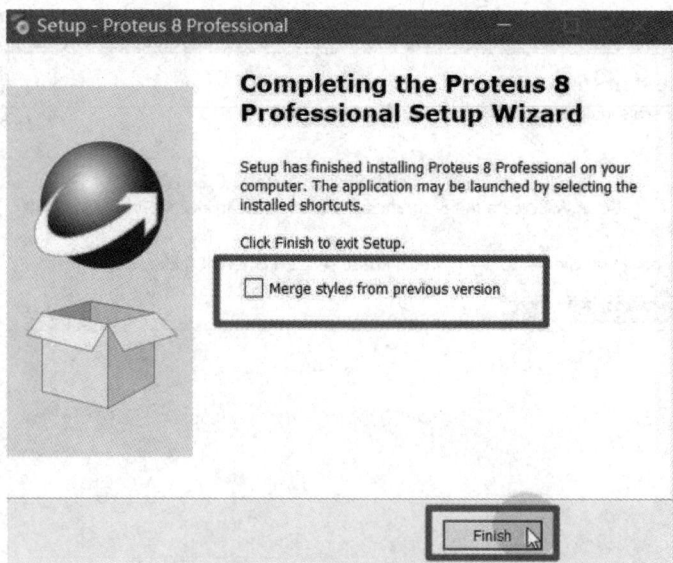

图 2.1.8　安装完成界面

Proteus 8 图标如图 2.1.9 所示，双击打开即可看到启动画面，如图 2.1.10 所示。

图 2.1.9　Proteus 8 图标

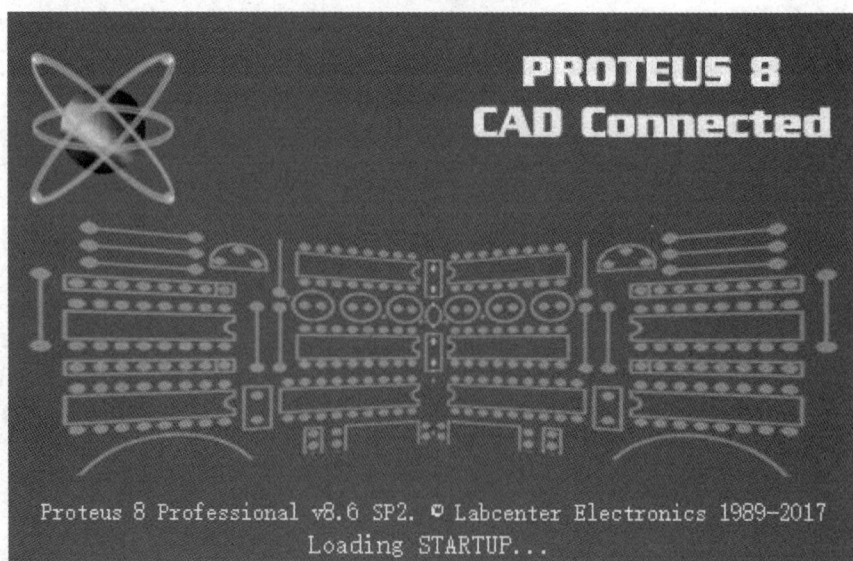

图 2.1.10　Proteus 8 启动画面

三、硬件电路仿真设计与原理图绘制

1. 硬件设计

十字路口四个方向交通灯控制硬件电路主要由东西向和南北向4组红、绿、黄色LED灯组成。

对南北和东西向的交通灯进行端口分配，具体如下：P0.0、P0.1、P0.2分配给东西向的红、黄、绿灯，P0.3、P0.4、P0.5分配给南北向的红、黄、绿灯。

智慧交通灯系统的电路如图2.1.11所示(注：从此任务开始，所有任务实施中的电路均用Proteus绘制)。电路的核心是单片机AT89C51，电阻起限流作用。

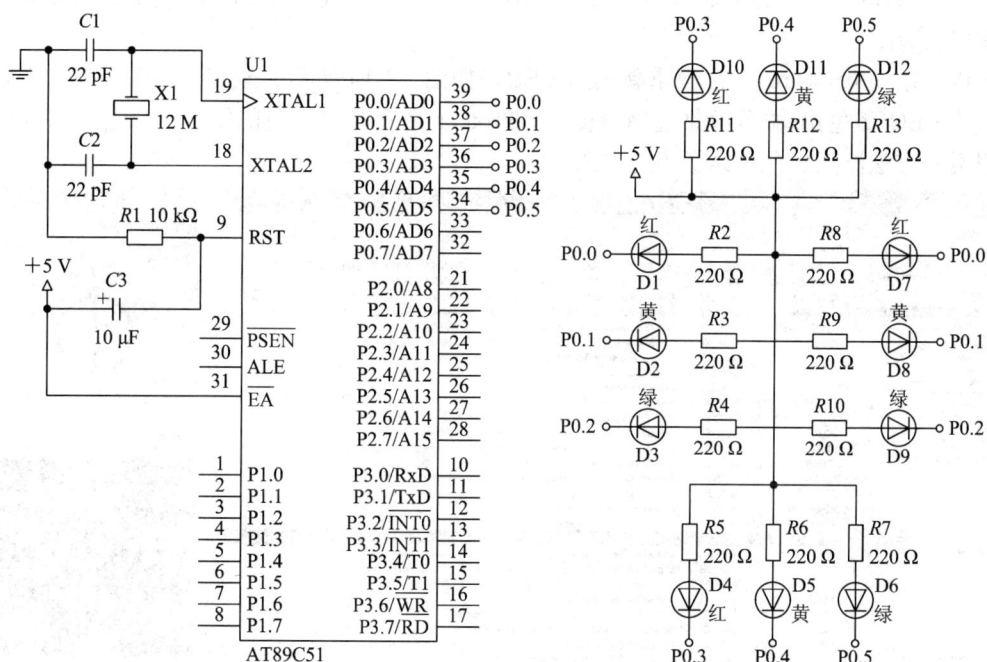

图2.1.11　智慧交通灯系统电路

2. 原理图绘制

1) 放置元件

首先将所需元器件加入对象选择器窗口，单击对象选择器按钮P，如图2.1.12所示。

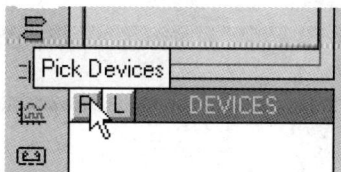

图2.1.12　对象选择器按钮

弹出"Pick Devices"页面如图2.1.13所示，在"Keywords"栏中输入需要查找的器件对应的信息，如 AT89C51，系统在对象库中进行搜索查找，并将搜索结果显示在

"Results"中。

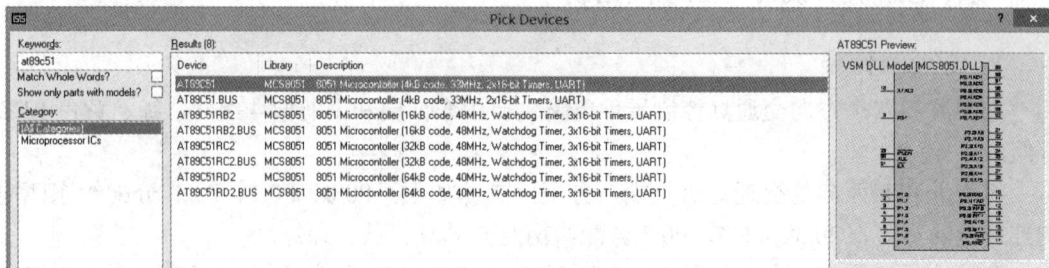

图 2.1.13　查找 AT89C51

在"Results"栏的列表项中，双击"AT89C51"，则可将"AT89C51"添加至对象选择器窗口。

接着在"Keywords"栏中重新输入 LED，如图 2.1.14 所示。双击"LED-YELLOW"，则可将 LED(黄色)添加至对象选择器窗口。Proteus 还有其他颜色的发光二极管可供选择，按照类似方法添加红色和绿色发光二极管。

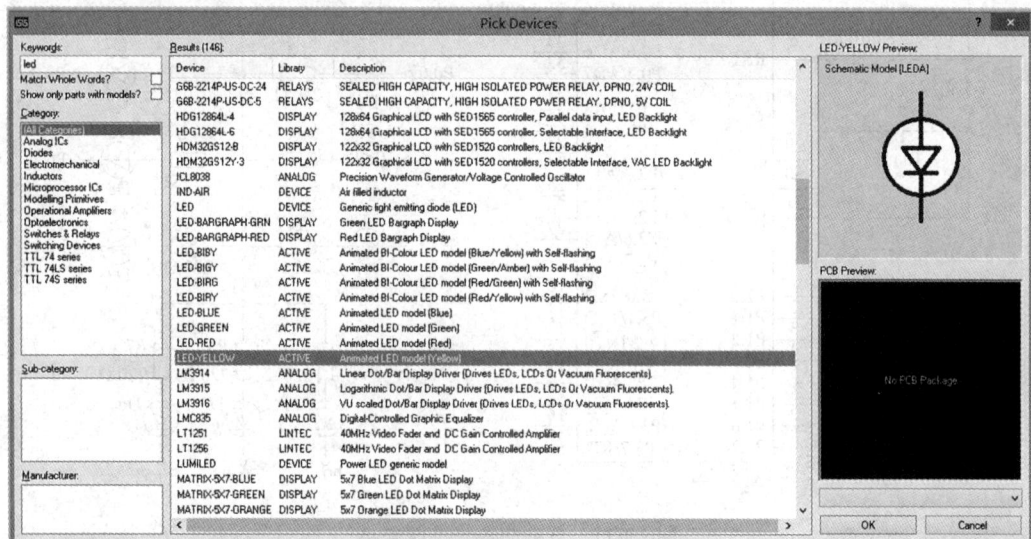

图 2.1.14　查找 LED 发光二极管

然后，在"Keywords"栏中重新输入 RES，如图 2.1.15 所示。在"Results"栏中获得与 RES 完全匹配的搜索结果。双击"RES"，则可将"RES"(电阻)添加至对象选择器窗口。单击"OK"按钮，结束对象选择。

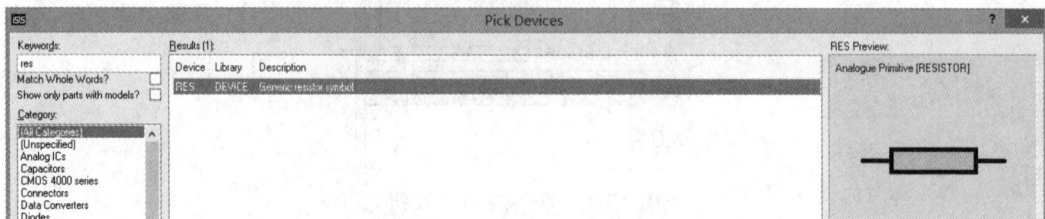

图 2.1.15　查找电阻元件

在对象选择器窗口中，选中 LED，将鼠标置于图形编辑窗口欲放该对象的位置，单击鼠标左键，该对象被完成放置。同理，将 AT89C51、电源和 RES 放置到图形编辑窗口中，如图 2.1.16 所示。

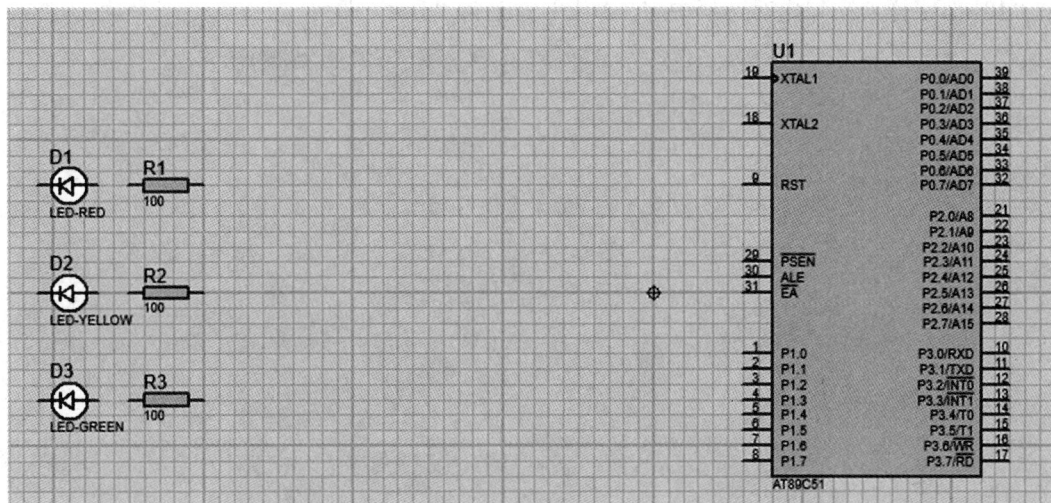

图 2.1.16　放置元件

画出交通灯中的其中一组，可以选中并复制这一组(红、黄、绿)以后按需要进行翻转。点击鼠标右键会看到镜像翻转和旋转的操作菜单，我们可以复制 3 组进行翻转，以提高绘图速度，如图 2.1.17 所示。

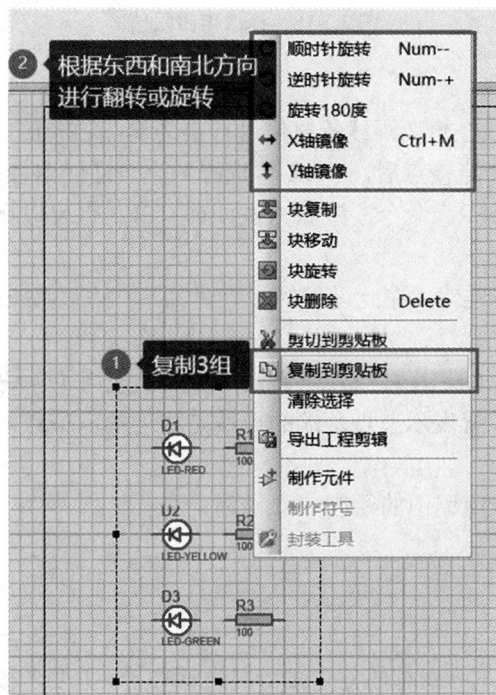

图 2.1.17　翻转或旋转操作

2) 修改元件参数

放置电阻的同时，需要注意修改电阻的参数。由于系统默认电阻值为 10 kΩ，阻值过大，会导致 LED 无法发光，这里修改电阻值至 100 Ω。修改方法如图 2.1.18 所示，选中电阻双击 "10k" 字样，在弹出对话框中将 "10k" 修改为 "100" 即可。

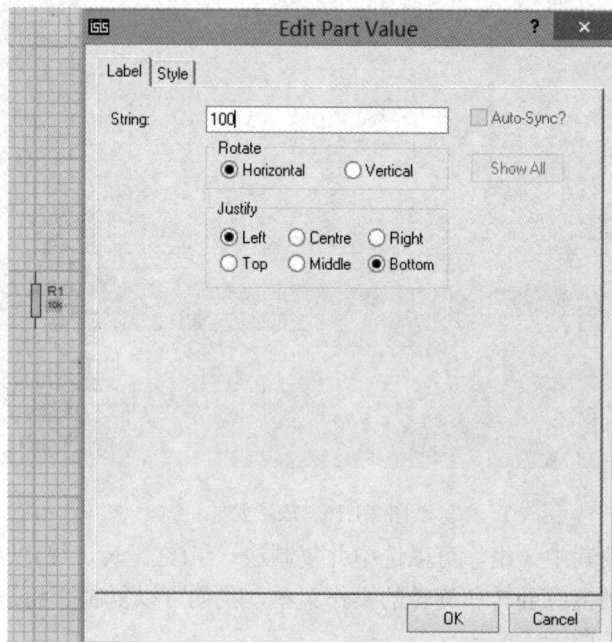

图 2.1.18　修改电阻阻值

3) 元器件之间的连线

Proteus 的智能化可以在想要画线的时候进行自动检测。Proteus 具有线路自动路径功能(简称 WAR)，当选中两个连接点后，WAR 将选择一个合适的路径进行连线。WAR 可通过使用标准工具栏里的 "WAR" 命令按钮 来关闭或打开，也可以在菜单栏的 "Tools" 下找到这个图标。

同理，可以完成其他连线。在此过程的任何时刻，都可以按 ESC 键或者单击鼠标的右键来放弃画线。

电路中交通灯与单片机芯片看似并未连接，实际上采用了 ○━ (终端节点)来连接，只要保证两端节点名一致，就表示节点两端的导线是相连的。节点名可以自己编辑，最好能帮助自己理解电路含义。

至此，便完成了整个电路图的绘制。

✔ **任务完成评价**

采用表 2.1.1 所示的评价表对任务完成情况进行评价，主要考核工作任务完成的效果以及完成过程中的职业素养、职业能力以及创新意识等。

表 2.1.1 工作任务完成情况评价表

评价项	评价指标	分值	评价等级			占比/%			考核得分	备注
			优	及格	不及格	自评	互评	教师评价		
						20	30	50		
过程中的职业素养评价(20分)	工作态度	5分	按时到岗,态度认真	按时到岗	不到岗					
	沟通合作	5分	主动与组员沟通,主导合作共同完成任务	能与组员沟通,合作共同完成任务	不与所在组成员配合					
	环境维护	5分	操作台面整洁,工作环境很干净	操作台面整洁,工作环境干净	操作台面零乱,卫生差					
	仿真软件使用规范	5分	格式规范,参数设置符合要求	界面不够规范,但能够完成功能	界面凌乱,参数设置不符合要求,甚至导致系统报错					
过程中的职业能力评价(40分)	方案制定	20分	按任务要求制定合理方案	按任务要求制定方案	方案制定不合理,不能满足要求					
	仿真电路设计	20分	交通灯与主控芯片布局合理,界面清楚美观,完成原理图绘制	完成交通灯电路与主控芯片接口设计,完成原理图绘制	交通灯与主控芯片接口设计不合理,布局混乱					
任务完成结果评价(40分)	功能实现	30分	能按要求完成电路图绘制	能完成电路图绘制	不能完成电路图绘制					
	技术文档编写	10分	充分表达设计思想,易于客户看懂	能表达出设计思想,客户可以看懂	设计思想表达不清楚,不易看懂					
加分项	创新与拓展	10分	绘图软件使用有创新或能提高效率							

任务拓展与思考

智能交通灯系统升级：要求在十字路口四个方向红、黄、绿灯控制基础上，能实现交通灯红绿灯倒计时；请完成智能交通灯升级系统硬件电路设计，并利用 Proteus 仿真软件完成电路原理图绘制。

任务 2.2　交通灯控制软件设计与仿真调试

任务描述

利用 8051 单片机的 P1 口，模拟交通灯运行。说明：东西向绿灯亮若干秒，黄灯闪烁 5 次后红灯亮；东西向红灯亮的同时，南北向由红灯变为绿灯若干秒，然后南北向黄灯闪烁 5 次后变为红灯，东西向变为绿灯，如此重复运行。

知识准备

2.2.1　switch 语句

C 语言虽然没有限制 if-else 能够处理的分支数量，但当分支过多时，用 if- else 处理会不太方便，而且容易出现配对出错的情况。C 语言还提供了另外一种多分支选择的语句——switch 语句，它的基本语法格式如下：

```
switch(表达式)
{
case 常量表达式 1：语句组 1；break；
case 常量表达式 2：语句组 2；break；
case 常量表达式 3：语句组 3；break；
……
case 常量表达式 n：语句组 n；break；
default：语句组 n+1；　break；
}
```

做出选择 if
语句

多选一 switch
语句

表达式是选择条件，可以是单个变量也可以是组合的表达式，其最终的结果必须是整数值；{}内的所有内容是 switch 语句的主体，内含多个 case 分支，常量表达式的值必须是常量；case 分支根据常量表达式的值选择入口；break 语句用于退出 switch 语句，如果不用 break 语句，则程序会依次往下执行。其执行过程如图 2.2.1 所示。

图 2.2.1　switch 语句流程图

注：

(1) switch()后面圆括号中的表达式要求结果是整数(整型变量)，各个 case 的判断值要求是整型常量。

(2) 各个 case 和 default 及其下面的语句组的顺序是任意的，但各个 case 后面的判断值必须是不同的值。

(3) 多个分支语句组的 break 语句起着退出 switch-case 结构的作用，若无此语句，程序将顺序执行下一个 case 语句组。

(4) 当表达式的结果值与所有 case 的判断值都不一致时，程序执行 default 部分的语句组。所以 default 部分不是必需的。

2.2.2　库函数

库函数也称标准库函数，是系统提供的已设计好的函数，用户不必自己定义这些函数就可以直接调用。Keil C51 编译器提供了 100 多个标准库函数供用户使用。标准库函数中的每个函数都在相应的头文件".h"中有原型声明，因此如果程序中使用了哪个库函数，在程序开头必须包含相应的".h"头文件。如 C51 中常用的头文件为：

#include <reg51.h>　　MCS51 寄存器符号定义；

#include <absacc.h>　　绝对地址访问；

#include <ctype.h>　　字符函数；

#include <string.h>　　字符串处理；

C51 程序的
基本结构

任务：C51 库函数
及库函数使用

#include <intrins.h>　指示编译器产生嵌入式固有代码的程序原型，如空函数_NOP()_；

#include <math.h>　数学函数；

#include <stdio.h>　输入输出函数。

标准库函数的类型选择考虑到了 8051 系列单片机的结构特性，因此和 ANSI C 语言中的参数与格式有所不同。在 C51 标准函数中，尽可能使用最小的数据类型以最大程度地发挥程序的性能及减小程序的长度。如果用 bit 足以引出结果，就不要采用较大的数据类型，如 char、int 或 long 等，也可以进一步采用 unsigned 类型来提高程序性能。

2.2.3　用户自己定义函数

1. 函数定义

用户定义的函数是用户根据自己的需要编写的用来解决具体问题的函数，用户定义的函数必须先定义之后才能被调用。

用户自定义函数

函数定义的一般格式为

类型说明符　　函数名(形式参数表)

{

　　　局部变量定义；

　　　函数体语句；

}

其中，"类型说明符"说明函数返回值的类型。返回值是指通过函数调用使主调函数能得到的一个确定的值。如果被调用函数有返回值，可以通过 return 语句返回给主调函数；如果不要返回值，则可在函数名称左边指定为 void，或根本不指定。

"函数名"是函数的名字，是唯一标识一个函数的名字，它的命名规则同变量完全一样。在一个程序中，不同函数的名字不能相同。

从函数的形式上划分，函数有无参函数和有参函数两种形式。对有参函数来说，"形式参数表"给出函数被调用时传入该函数里要处理的数据的形式参数，可以传入多个参数，形式参数的类型必须说明；对无参函数来说，不要传入参数，则可在小括号内选择为 void，或直接为空。

"局部变量定义"是对在函数内部使用的局部变量进行定义。

"函数体语句"是为完成该函数的特定功能而设置的各种语句。

return 语句为返回语句，表示从被调函数返回主调函数继续执行。返回语句用于结束函数的执行，返回到调用函数时的位置，返回时可附带一个返回值，由 return 后面的参数指定。

return 语句有两种格式：

return　表达式；

return；

带有表达式的，返回时先计算表达式，再返回表达式的值；不带表达式的，返回的值不确定。

例如，非 void 型：

```
int    f1()
{
        int j=1;
        return j;
}
```

void 型：

```
void f2()
{
        int j=1;
        return;    //这一行也可以省略
}
```

2. 函数调用

C51 程序中的函数是可以互相调用的。所谓函数调用，就是在一个函数体中引用另一个已经定义的函数，前者称为主调函数，后者称为被调用函数。C51 程序中主调函数通过函数调用来使用函数。

函数调用的一般格式为

函数名(实际参数表)

其中，"函数名"指出被调用的函数；"实际参数表"中可以包含多个实际参数，各个参数之间用逗号隔开。实际参数的作用是将它的值传给被调用函数中的形式参数。

函数调用中的实际参数必须与函数定义中的参数在个数、类型及顺序上严格保持一致，以便将实际参数的值正确地传递给形式参数，否则在函数调用时会产生错误。

如果调用的是无参函数，则可以没有实际参数，但圆括号不能省略。

在 C 语言中可以采用三种方式完成函数的调用：

1) 函数语句

在主调函数中将函数调用作为一条语句。例如：

display();

这时不要求被调用函数返回一个确定的值，只要求函数完成一定的操作。

2) 函数表达式

在主调函数中将函数调用作为一个运算对象直接出现在表达式中，这种表达式称为函数表达式。这时要求被调用函数返回一个确定的值以参加表达式的计算。例如：

x=jianpanzhi( );

3) 函数参数

在主调函数中将函数调用作为另一个函数调用的实际参数。例如：

M=max(a, max(a, b));

其中，函数调用 max(a, b)放在另一个函数调用 max(a, max(a, b))的实际参数表中，以其返回值作为另一个函数调用的实际参数。这种在调用一个函数的过程中又调用另外一个函数的方式，称为嵌套函数调用。

3. 函数声明

C 语言编译系统是由上往下编译的。一般被调函数放在主调函数后面的话，前面就该有声明，不然 C 语言由上往下的编译系统将无法识别。正如变量必须先声明后使用一样，函数也必须在被调用之前先进行声明，否则无法调用。函数的声明可以与定义分离。要注意的是：一个函数只能被定义一次，但可以被声明多次。

函数声明格式为

类型说明符　函数名(形式参数表);

函数声明由函数返回值数据类型、函数名和形式参数表组成。这三个元素被称为函数原型，函数原型描述了函数的接口。定义函数的程序员提供函数原型，使用函数的程序员就只需要编辑函数原型即可。

注意函数声明是一个语句，后面不可漏分号。例如：

```c
#include <reg51.h>
void delay(unsigned int i);          //延时函数声明
void main()
{
while(1)
{
     delay(200);                     //延时函数调用
     P1=~P1;
  }
  }
void delay(unsigned int i)           //延时函数定义
{
     unsigned int m, n;
     for(m=0; m<i; m++)
        for(n=0; n<500; n++);
  }
```

函数的声明与函数的定义在形式上十分相似，但是二者有着本质上的不同。声明是不开辟内存的，仅仅告诉编译器，要声明的部分存在，要预留点空间；定义则需要开辟内存。

函数的定义是一个完整的函数单元，包含函数类型、函数名、形参及形参类型、函数体等。在程序中，函数的定义只能有一次；函数首部与花括号间不加分号。

函数声明只是对编译系统的一个说明，函数声明是对定义的函数的返回值类型的说明，以通知系统在本函数中所调用的函数是什么类型；不包含函数体；调用几次该函数就应在各个主调函数中做相应声明；函数声明是一个说明语句，必须以分号结束。

4. 函数应用举例

1) 无参函数的应用

使用无参延时函数，实现 P1 口最低位对应的发光管 1 s 闪烁一次。

程序如下：

```
#include <reg51.h>        //51 单机寄存器符号定义头文件
sbit P1_0=P1^0;           //声明单片机 P1 口的最低位
void delay( );            //声明无参延时函数
void main( )              //主函数
{
    while(1)              //无限循环
    {
        P1_0=0;           //点亮最低位对应的发光二极管
        delay( );         //作为函数语句调用无参延时函数
        P1_0=l;           //熄灭最低位对应的发光二极管
        delay( );         //作为函数语句调用无参延时函数
    }
}
void delay( )             //无参函数定义，实现延时大约 500 ms
{
    unsigned int m, n;    //函数局部变量定义
    for(m=0; m<500; m++)
    for(=0; n<110; n++);
}
```

2) 有参函数的应用

上述例子还可以改成有参函数的形式。

　程序如下：

```
#include <reg51.h>        //51 单机寄存器符号定义头文件
sbit P1_0=P1^0;           //声明单片机 P1 口的最低位
void delay(int x);        //声明有参延时函数
void main( )              //主函数
{
    while(1)              //无限循环
    {
        P1_0=0;           //点亮最低位对应的发光二极管
        delay(500);       //作为函数语句调用有参延时函数
        P1_0=l;           //熄灭最低位对应的发光二极管
        delay(500);       //作为函数语句调用有参延时函数
    }
}
void delay(int x)         //无参函数定义，实现延时大约 500 ms
{
    unsigned int m, n;    //函数局部变量定义
```

```
    for(m=0; m<x; m++)
    for(=0; n<110; n++);
}
```

2.2.4　程序编写规范要求

1. 函数编写的基本要求

(1) 正确性：程序要实现设计要求的功能。

(2) 稳定性和安全性：程序运行稳定、可靠、安全。

(3) 可测试性：程序便于测试和评价。

(4) 规范性和可读性：程序书写风格、命名规则等符合规范。

(5) 扩展性：代码为下一次升级扩展留有空间和接口。

(6) 全局效率：软件系统的整体效率高。

(7) 局部效率：某个模块或子函数的本身效率高。

2. 函数编写原则

(1) 单个函数的规模尽量限制在 200 行以内(不包括空行和注释)。

(2) 分析模块的功能及性能要求，据此来进行模块的函数划分与组织。一个函数最好仅完成一个功能；为简单功能编写函数，明确函数功能，精确(而不是近似)地实现函数设计；函数的功能应该是可以预测的，也就是只要输入的数据相同，就应产生同样的输出。

(3) 函数名应准确描述函数的功能，避免使用无意义或含义不清的动词作为函数名。

(4) 函数的返回值要清楚明了，尤其是出错返回值的意义要准确无误。不要把与函数返回值类型不同的变量，以编译系统默认的转换方式或强制的转换方式作为返回值返回。

(5) 尽量不要将函数的参数作为工作变量。

任务实施

一、任务分析与方案制定

任务：交通灯

1. 任务分析

根据任务描述，本次任务有以下需求：

(1) 需要显示设备，硬件上需要有 LED，红、黄、绿三色各 4 个。

(2) 灯的点亮和熄灭要按照要求的时序进行。

2. 方案制定

本次任务采用仿真方式完成。

二、工作条件准备

硬件：计算机 1 台。

软件：Keil μVision4 开发环境，Proteus 仿真软件。

三、硬件分析

智慧交通灯系统的电路如图 2.2.2 所示。电路的核心是单片机 AT89C51，它的 P0.0、P0.1、P0.2 分配给东西向的红、黄、绿灯，P0.3、P0.4、P0.5 分配给南北向的红、黄、绿灯，电阻起限流作用。

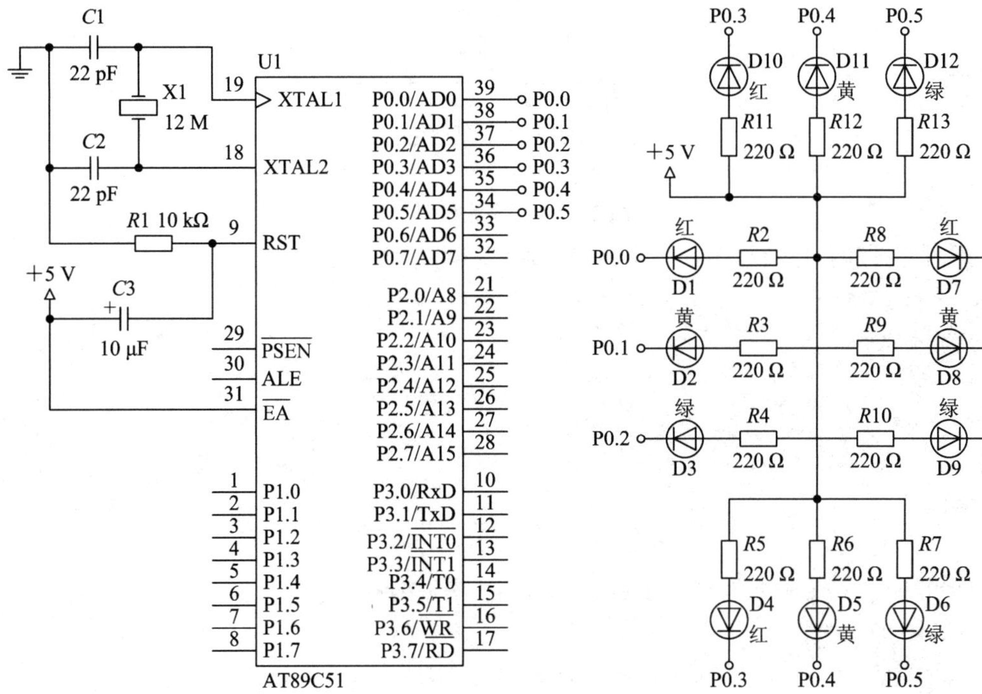

图 2.2.2　智慧交通灯系统的电路

四、软件设计

本项目中，交通灯的东西向绿灯亮若干秒，黄灯闪烁 5 次后红灯亮；东西向红灯亮的同时，南北向由红灯变为绿灯若干秒，然后南北向黄灯闪烁 5 次后变为红灯，东西向变为绿灯，如此重复运行。其时序图如图 2.2.3 所示。

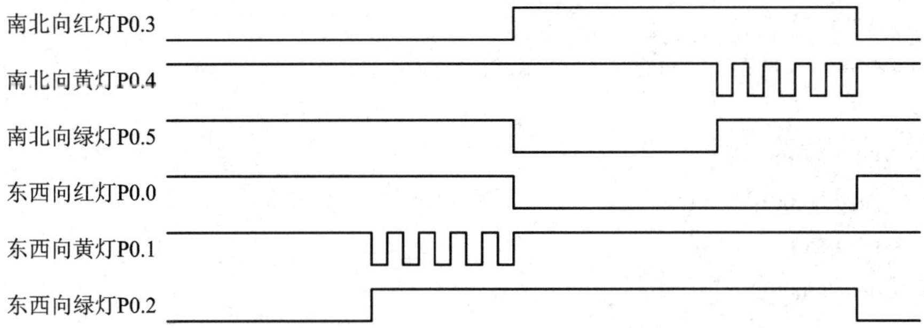

图 2.2.3　交通灯时序图

根据时序图，分析得到程序流程图如图 2.2.4 所示。

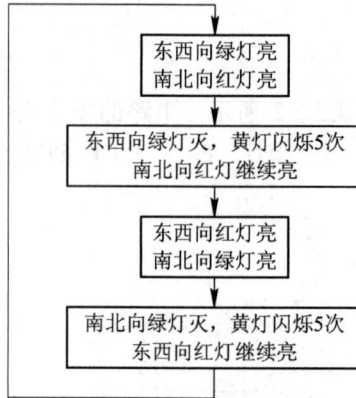

图 2.2.4 程序流程图

依据时序图和程序流程图，十字路口交通灯参考程序如下：

```c
#include <reg51.h>
void delay(int ms);
void main()
{
int i;
while(1)
{
    P0=0XF3;      //东西方向通行，东西方向绿灯亮，南北方向红灯亮
    delay(6000);
    for(i=0;i<5;i++)//保持南北方向红灯点亮，东西方向黄灯闪烁 5 次
    {
        P0=0XF5;
        delay(1000);
        P0=0XF7;
        delay(1000);
    }
P0=0XDE; //南北方向通行，南北方向绿灯亮，东西方向红灯亮
delay(6000);
for(i=0;i<5;i++)//保持东西方向红灯点亮，南北方向黄灯闪烁 5 次
{
        P0=0XEE;
        delay(1000);
        P0=0XFE;
        delay(1000);
    }
}
```

```
}

void delay(int ms)
{
int i,j;
for (i=0;i<ms;i++)
for(j=0;j<120;j++);
}
```

以上方法是在主函数中按照顺序结构的方式进行程序设计，交通灯的运行可以分为 4 个状态：东西向红灯亮、南北向绿灯亮→东西向红灯亮、南北向黄灯闪→南北向红灯亮、东西向绿灯亮→南北向红灯亮、东西向黄灯闪，交通灯依照这样 4 个状态不断重复。

使用函数方法合理进行模块分割，将交通灯控制功能在一个函数中实现更有利于程序的移植与扩展。在函数中采用 switch 语句来实现交通灯效果，把这 4 个状态作为 switch 语句中的 4 个分支，让 4 个分支按时间先后顺序执行一遍。改进后的参考程序如下：

```
#include <reg51.h>
#define uchar unsigned char
#define uint unsigned int
sbit RED_A=P0^0;          //东西向红灯
sbit YELLOW_A=P0^1;       //东西向黄灯
sbit GREEN_A=P0^2;        //东西向绿灯
sbit RED_B=P0^3;          //南北向红灯
sbit YELLOW_B=P0^4;       //南北向黄灯
sbit GREEN_B=P0^5;        //南北向绿灯


uchar Flash_Count = 0;
uchar Operation_Type = 1;
/*--------------------------
 函数功能：毫秒级延时函数
 传入参数(x)：延时时间
 传出参数：无
-------------------------- */
void DelayMS(uint x)
{
 uchar t;
 while(x--)
 {
     for(t=120;t>0;t--);
 }
}
```

```
}
/*--------------------------
函数功能：交通灯控制
传入参数：无
传出参数：无
-------------------------- */
void Traffic_light()
{
  switch(Operation_Type)
  {
      case 1:  //状态1：东西向红灯亮、南北向绿灯亮
          RED_A=1;YELLOW_A=1;GREEN_A=0;
          RED_B=0;YELLOW_B=1;GREEN_B=1;
          DelayMS(2000);
          Operation_Type = 2; //为切换至状态2做准备
          break;
      case 2:  //状态2：东西向红灯亮、南北向黄灯闪
          DelayMS(200);
          YELLOW_A=~YELLOW_A;
          if(++Flash_Count !=10)
              return;
          Flash_Count=0;
          Operation_Type = 3;  //为切换至状态3做准备
          break;
      case 3:  //状态1：南北向红灯亮、东西向绿灯亮
          RED_A=0;YELLOW_A=1;GREEN_A=1;
          RED_B=1;YELLOW_B=1;GREEN_B=0;
          DelayMS(2000);
          Operation_Type = 4;  //为切换至状态4做准备
          break;
      case 4:  //状态2：南北向红灯亮、东西向黄灯闪
          DelayMS(200);
          YELLOW_B=~YELLOW_B;
          if(++Flash_Count !=10)
              return;
          Flash_Count=0;
          Operation_Type = 1;  //切换回状态1，完成一次交通灯点亮周期
          break;
  }
```

```
}

void main()
{
    while(1)
  {
    Traffic_light();
  }
}
```

五、调试与运行测试

1. 软件调试

在集成开发环境 Keil μVision4 中调试程序，直至没有错误，生成 HEX 文件。

2. Proteus 仿真调试

将交通灯程序生成为对应的 HEX 文件，并将其加载到交通灯仿真电路的单片机芯片上，观察运行效果，关注程序实现的功能是否与任务描述要求一致。如果不一致，需要继续回到前面的步骤进行软件功能调试，直到符合任务描述要求。具体调试步骤如下：

(1) 双击仿真电路中的 AT89C51 单片机芯片，弹出图 2.2.5 所示"编辑元件"对话框。点击图中箭头所示文件夹按钮，选择需要烧录的 HEX 文件。

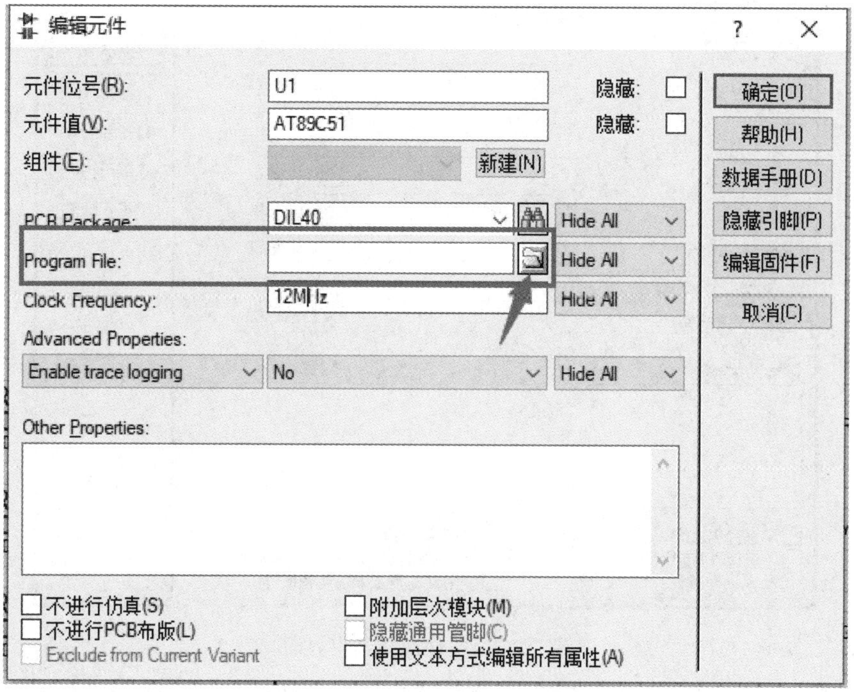

图 2.2.5　选择 HEX 文件界面

此处选择"traffic.hex"文件，点击"打开"，HEX 文件就被烧录到单片机中，如图 2.2.6 所示。

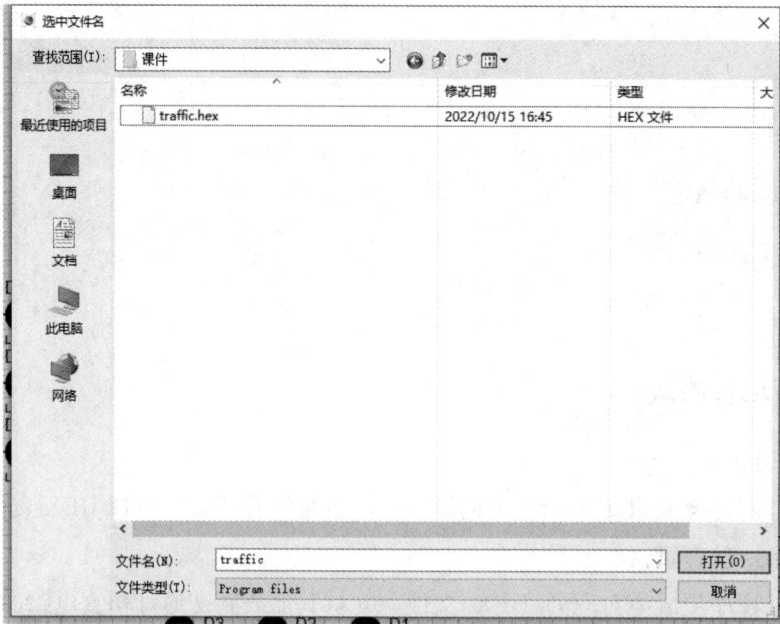

图 2.2.6　选中 HEX 文件界面

(2) 选择好文件后系统会回到图 2.2.5 界面，此时"program file"选择框会显示刚选中的 HEX 文件，点击"确定"，如图 2.2.7 所示。

图 2.2.7　文件选择结束界面

(3) 如图 2.2.8 所示，点击"1"位置的"运行"按钮，如果电路图没有错误，程序现象就会在仿真电路中运行起来；如果需要一帧一帧地看运行效果，可以点击"2"位置的"由动态帧运行"；"3"位置的符号表示"暂停运行"；"4"位置的符号表示"停止运行"。

图 2.2.8　仿真运行功能介绍

3. 运行测试

上电运行，可以观测到交通灯按照要求运行，仿真运行效果如图 2.2.9 所示。

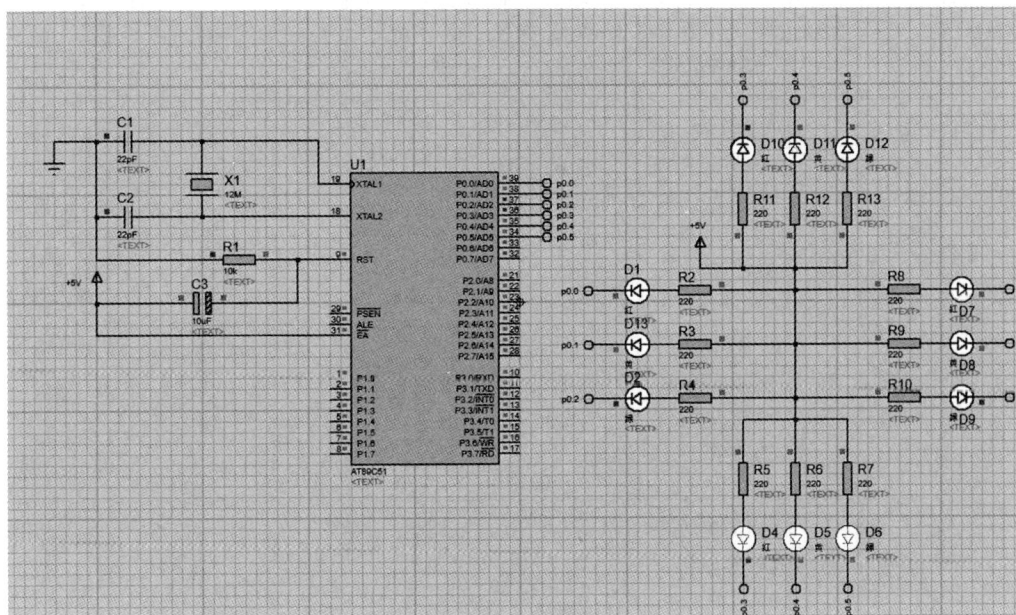

图 2.2.9　交通灯仿真运行效果图

六、技术文档撰写

以小组为单位，参考附录完成本小组技术开发文档撰写。

✅ 任务完成评价

采用表 2.2.1 所示的评价表对任务完成情况进行评价，主要考核工作任务完成的效果以及完成过程中的职业素养、职业能力以及创新意识等。

表 2.2.1　工作任务完成情况评价表

评价项	评价指标	分值	评价等级			占比/%			考核得分	备注
			优	及格	不及格	自评	互评	教师评价		
						20	30	50		
过程中的职业素养评价(20分)	工作态度	5分	按时到岗，态度认真	按时到岗	不到岗					
	沟通合作	5分	主动与组员沟通，主导合作共同完成任务	能与组员沟通，合作共同完成任务	不与所在组成员配合					
	环境维护	5分	操作台面整洁，工作环境很干净	操作台面整洁，工作环境干净	操作台面零乱，卫生差					
	软件编写规范	5分	格式统一，命名规范，可读性强，注释有效简洁	格式不够规范，但具有可读性	格式凌乱，可读性差，无注释					
	方案制定	10分	制定的方案满足任务单对交通灯的要求	方案制定较为合理	方案制定不合理，不能满足交通灯时序要求					
	仿真电路设计	10分	LED放置美观，红、黄、绿三个颜色布局符合交通灯实际情况，完成原理图绘制	完成交通灯电路设计，功能能够实现，完成原理图绘制	电路设计不合理					

评价项	评价指标	分值	评价等级			占比/%			考核得分	备注
			优	及格	不及格	自评	互评	教师评价		
						20	30	50		
过程中的职业能力评价(40分)	软件设计	10分	能运用多种思路完成软件程序设计	完成了软件程序编写	未完成软件程序编写					
	软硬件调试	10分	快速找到问题并排除，完成调试	能找到问题并排除，完成调试	找不到故障问题，调试不成功					
任务完成结果评价(40分)	功能实现	30分	能实现交通灯显示效果，显示效果无瑕疵	能实现交通灯显示效果	无法实现交通灯显示效果					
	技术文档编写	10分	充分表达设计思想，易于客户看懂	能表达出设计思想，客户可以看懂	设计思想表达不清楚，不易看懂					
加分项	创新与拓展	10分	软件设计思想方法创新或功能有拓展							

任务拓展与思考

　　智能交通灯系统升级：要求在十字路口四个方向红黄绿灯控制基础上，能实现交通灯红绿灯倒计时。请完成智能交通灯升级系统软件设计，并利用 Proteus 仿真软件进行仿真调试。

项目三　人机交互系统设计

◆ 项目背景 ◆

在单片机开发工作中，根据用户的不同要求，需要用到按键与显示功能模块。在单片机接口中，经常需要按键控制单片机来实现数据交互，配接 LED 显示器、LCD 显示屏来显示用户的数据，比如日期显示、数据显示、A/D(模/数)转换器和 D/A(数/模)转换器转换之后的结果显示等。本项目将通过一些实例和实验，对单片机开发中的常用显示模块、按键模块进行分析和介绍。

学习目标

知识目标

(1) 熟知 LED 显示器的结构与工作原理；
(2) 熟知 LED 显示器的显示方式；
(3) 了解键盘的工作原理；
(4) 了解 LCD 显示器的结构与工作原理。

技能目标

(1) 能识读单片机相关的硬件电路图；
(2) 能设计数码管动、静态显示电路；
(3) 能设计 LCD 显示欢迎界面；
(4) 能设计 I/O 端口扩展电路；
(5) 能进行数码管和 LCD 的选型。

素养目标

(1) 培养积极思考、敢于实践、做事认真的工作作风；
(2) 培养好学、严谨、谦虚的学习态度；
(3) 培养健康向上、不畏难、不怕苦的工作态度；
(4) 培养良好的职业道德、职业纪律；

(5) 培养遵循严格的安全、质量、标准等规范的意识；

(6) 培养自我检查、自我学习、自我促进、自我发展的能力；

(7) 培养善于沟通交流和团队协助的能力；

(8) 培养敢于创新、敢于发现的能力；

(9) 培养项目管理应用的能力。

任务 3.1　LED 数码显示系统设计

任务描述

1. 使用独立的 LED 数码管循环显示 0～F。
2. 使用多位 LED 数码管动态显示"1234"。

知识准备

数组

3.1.1　数组

在程序设计中，为了处理方便，通常把具有相同类型的若干数据项按有序的形式组织起来。这些按序排列的同类数据元素的集合称为数组。组成数组的各个数据分项称为数组元素。

数组属于常用的数据类型，数组中的元素有固定数目和相同的类型，数组元素的数据类型就是该数组的类型。

常用的数组有一维数组、字符数组。

1. 一维数组

1) 一维数组的定义

定义格式如下：

类型说明符　　数组名 [常量表达式]；

其中，类型说明符是数组中各个元素的数据类型，数组名是用户定义的数组标识符，常量表达式表示数组元素的个数。例如：

int a[4];　　　//定义整型数组 a，有 4 个元素：a[0]、a[1]、 a[2]、 a[3]

char b[5];　　//定义字符数组 b，有 5 个元素

定义数组时，应注意以下几点：

(1) 对于同一数组，所有元素的数据类型都必须是相同的。

(2) 数组名的书写规则应符合标识符的书写规定。

(3) 数组名不能与其他变量名相同。

(4) 方括号中的常量表达式不可以是变量，但可以是符号常数和常量表达式。

例如：

```
#define NUM 4
main()
{
    int a[NUM],b[4-2];
    …
}
```

(5) 可以在一个类型说明中定义多个数组和变量。

2) 数组元素

数组元素也是一种变量，其标识方法为数组名后面跟一个下标。它只能为整型数或整型表达式。定义形式如下：

数组名[下标]

例如：

zk[7]、a[i]等都是合法的。

下标表示该数组元素在数值中的位置，其值从 0 开始，下标为 0 的数组元素是数组中的第一个数组元素，zk[7]为该数组中的第 8 个元素。

在程序中不能一次引用整个数组，只能逐个使用数组元素。例如：

```
for(i=9;i>=0;i--)
{
sm_data=zk[i];
    …
}
```

3) 数组赋值

给数组赋值的方法有赋值语句和初始化赋值两种。

(1) 在程序执行过程中，可用赋值语句对数组元素逐个赋值。例如：

```
for(i-0;i<10;i++)
    {
    Num[i]=i;
    }
```

(2) 数组初始化赋值是指在数组定义时给数组元素赋予初值。例如：

int num[10]={0,1,2,3,4,5,6,7,8,9};

这种赋值方式是在编译阶段完成的，可以减少程序运行时间，提高程序执行效率。

2. 字符数组

前面介绍的数组是数值型的数组，数组中的每一个元素都是用来存放数值型的数据。数组不仅可以是数值型的，也可以是字符型的或其他类型的(如指针型、结构体型)。

字符数组的定义格式与一维数组的定义格式类似，用来存放字符数据的数组是字符数组。字符数组中的一个元素就是一个字符。

可以在定义字符数组时对各元素赋初值，即初始化。例如：

char c[10]={'I',' ','a','m',' ','h','a','p','p','y'};

把 10 个字符分别赋给 c[0]~c[9]这 10 个元素。

如果在定义字符数组时不进行初始化，则数组中各元素的值是不可预知的。如果大括号中提供的初值个数大于数组长度，则按语法错误处理。如果初值个数小于数组长度，则只将这些字符赋给数组中前面那些元素，其余的元素自动定义为空字符(即'\0')。

3.1.2 LED 数码管的结构及原理

LED 数码管结构与显示原理

1. LED 数码管的结构

在单片机系统中，经常采用 LED 数码管来显示单片机系统的工作状态、运算结果等各种信息，LED 数码管是单片机人机对话的一种重要输出设备。

单个 LED 数码管的外形如图 3.1.1 所示，外部引脚如图 3.1.2 所示。LED 数码管由 8 个发光二极管组成，可通过不同的发光字段组合来显示数字 0~9、字符 A~F、H、L、P、R、U、Y、符号"—"及小数点"."等。

图 3.1.1 数码管外形图

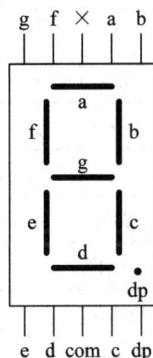

图 3.1.2 数码管引脚图

按照内部 8 个发光二极管连接方式的不同，LED 数码管可分为共阳极型 LED 数码管和共阴极型 LED 数码管两种。

2. LED 数码管的工作原理

这里以共阳极型为例说明 LED 数码管的工作原理。

若将数值 0 送至单片机的 P0 口，数码管上不会显示数字"0"。显然，要使数码管显示出数字或字符，直接将相应的数字或字符送至数码管的段控制端是不行的，必须使段控制端输出相应的字型编码。

如图 3.1.3(a)所示，共阳极数码管的 8 个发光二极管的阳极连接在一起作为公共控制端(com)，阴极作为"段"控制端。

当公共端接低电平时，每个发光二极管都是截止的状态，无法发光；当公共端接高电平，某段控制端为低电平时，该段对应的发光二极管导通并点亮。通过点亮不同的段，显示出不同的字符。如显示数字 1 时，b、c 两端接低电平，其他各端接高电平。

如单片机 P0 口的 8 个引脚依次与共阳极数码管的 a、b······f、g、dp 8 个段控制引脚相

连接。要显示数字"0"，则数码管的 a、b、c、d、e、f 6 个段应点亮，其他段熄灭，需向 P0 口传送数据 11000000B，该数据就是与字符"0"相对应的共阳极字型编码。

(a) 共阳极型　　　　　　　　(b) 共阴极型

图 3.1.3　LED 数码管内部结构图

共阴极型 LED 数码管的发光原理与共阳极型的类似，可根据图 3.1.3(b)的结构图进行分析。

表 3.1.1 分别列出共阳极、共阴极数码管的显示字型编码。

表 3.1.1　数码管字型编码

字型	共阳极对应编码	共阴极对应编码	字型	共阳极对应编码	共阴极对应编码
0	0XC0	0X3F	b	0X83	0X7C
1	0XF9	0X06	C(c)	0XC6(0XA7)	0X39
2	0XA4	0X5B	d	0XA1	0X5E
3	0XB0	0X4F	E	0X86	0X79
4	0X99	0X66	F	0X8E	0X71
5	0X92	0X6D	H(h)	0X89(0X8B)	0X76(0X74)
6	0X82	0X7D	L	0XC7	0X38
7	0XF8	0X07	P	0X8C	0X73
8	0X80	0X7F	U	0XC1	0X3E
9(g)	0X98(0X90)	0X67(0X6F)	•	0X7F	0X80
A	0X88	0X77	−	0XBF	0X40

3.1.3　LED 数码管的静态和动态显示

1. LED 数码管的静态显示

1) 静态显示的概念

静态显示是指当数码管显示某一字符时，相应的某段发光二极管恒定导通或恒定截止。采用这种显示方式时，各位数码管的公共端恒定接地(共阴极)或接+5 V 电源(共阳极)。每个数码管的 8 个段位控制引脚分别与 8 位 I/O 端口引脚相连。只要 I/O 端口有显示字型码输出，数码管就显示给定字符，并保持不变，直到 I/O 端口输出新的段码。

2) 静态显示的接口

采用静态显示方式时，较小的电流就可获得较高的亮度，且占用 CPU 时间少，编程

LED 数码管
显示方式

简单，显示便于监测和控制，但占用单片机的 I/O 端口线多，n 位数码管的静态显示需占用 $8 \times n$ 个 I/O 端口，所以限制了单片机连接数码管的个数。同时，硬件电路复杂，成本高，只适合显示位数较少的场合。

2. LED 数码管动态显示

1) 动态显示的概念

动态显示是一种按位轮流点亮各位数码管的显示方式，即在某一时段，只让其中一位数码管的"位选端"有效，并送出相应的字型显示编码，此时，其他位的数码管因"位选端"无效而都处于熄灭状态。下一时段按顺序选通另外一位数码管，并送出相应的字型显示编码。按此规律循环下去，即可使各位数码管分别间断地显示出相应的字符。虽然在同一时刻只有一位数码管在点亮，但利用人眼的视觉暂留效应和发光二极管熄灭时的余晖效应，看到的却是多位数码"同时"显示。这一过程称为动态扫描显示。

2) 动态显示的接口

动态显示方式下，数码管的所有段选口共用一个 8 位 I/O 口，而每个数码管显示位还要占用一根 I/O 线，因此，n 位动态显示的数码管只要占用一个 8 位 I/O 端口和 n 根 I/O 线。显示 n 位数码时，连接段选的 8 位 I/O 端口依次送出 n 位数码的段码数据，同时，依次控制相应位公共端，当公共端电平为"0"(共阴极)或"1"(共阳极)时，该位数码管点亮。

任务实施

一、任务分析与方案制定

1. 任务分析

根据任务描述，本次任务有以下需求：
(1) 使用 LED 数码管静态显示 0～F；
(2) 使用 LED 数码管动态显示"1234"。

任务：倒计数器
-LED 数码管静
态显示应用

任务：LED 数
码管动态
显示应用

2. 方案制定

(1) 本次设计拟采用仿真方式实现；
(2) 静态显示使用独立数码管，动态显示使用 6 位一体的数码管。

二、工作条件准备

硬件：计算机 1 台。
软件：Keil μVision4/5 开发环境，Proteus8.6 以上仿真软件。

三、硬件原理图设计

1. 数码管静态显示

数码管静态显示原理如图 3.1.4 所示，主控芯片为 89C51 单片机芯片，采用共阴极数码管，段选端连接 P2 口，公共端直接接地。通过单片机给 P2 口发送 0～F 的编码就可以实现数码管显示 0～F 的字符。

图 3.1.4　数码管静态电路原理图

2. 数码管动态显示

数码管动态显示原理如图 3.1.5 所示，主控芯片为 89C51 单片机，采用 6 位一体的共阴极数码管模组，段选端连接 74HC245 芯片(增加数码管驱动功能，A0～A7 接 P0，B0～B7 接数码管段选端，$\overline{CE}$ 接地，数据反向从 A 到 B)，位选端连接 P2。通过单片机 P0 口发送 0～F 的编码给芯片的 A 端口，在芯片 B 端口输出对应编码，然后从 B 端口发给数码管的段选端，位选端控制开关数码管顺序。

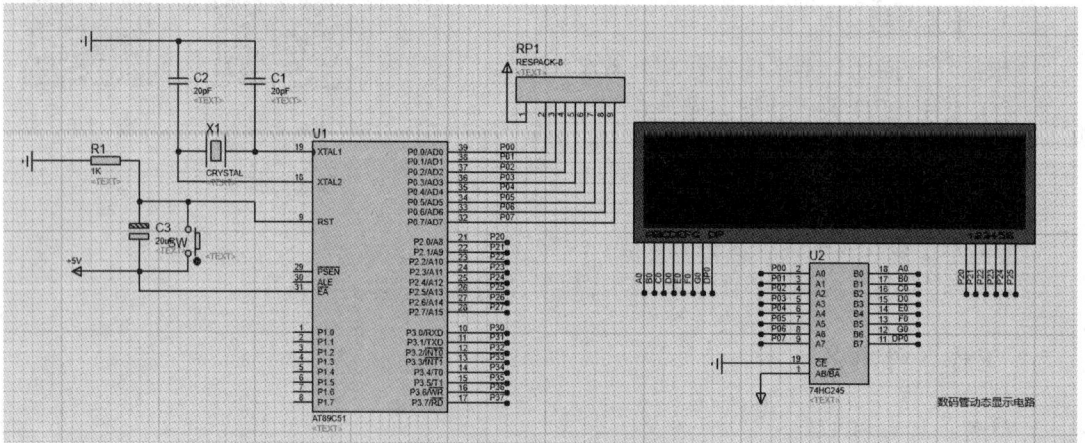

图 3.1.5　数码管动态电路原理图

四、软件设计

1. 数码管静态显示

软件设计采用数组保存共阴极数码管的段码值，并存放在单片机的只读存储器中，通过循环语句发送一个段码值给 P2 口稍微延时，与 P2 口相连的共阴极数码管就可以显示对应数据。

参考程序如下：

```c
#include <reg51.h> //<>符号在安装文件中去查找头文件
unsigned char code leddata[]={      //数码管的段码表
                0X3F,    //"0"
                0X06,    //"1"
                0X5B,    //"2"
                0X4F,    //"3"
                0X66,    //"4"
                0X6D,    //"5"
                0X7D,    //"6"
                0X07,    //"7"
                0X7F,    //"8"
                0X6F,    //"9"
                0X77,    //"A"
                0X7C,    //"B"
                0X39,    //"C"
                0X5E,    //"D"
                0X79,    //"E"
                0X71,    //"F"
                0X76,    //"H"
                0X38,    //"L"
                0X37,    //"N"
                0X3E,    //"U"
                0X73,    //"P"
                0X5C,    //"O"
                0X40,    //"-"
                0X00,    //熄灭
                0X00     //自定义

                };
/**********************
C 源文件负责函数的定义及变量的定义
函数名：DelayXMs
功　能：毫秒级延时函数
参　数：unsigned int (1～65535)
返回值：无
**********************/
```

```
void DelayXMs(unsigned int xms)
{
 unsigned int i,j;
 for(i=xms;i>0;i--)
        for(j=124;j>0;j--);
}


void main()
{
 unsigned char i;
 P2=0X00;
 DelayXMs(1000);
 while(1)
 {
        for(i = 0;i < 16;i++)
        {
                P2=leddata[i];
                DelayXMs(1000);
        }

 }
}
```

2. 数码管动态显示

开机初始状态显示"- - - -"，然后再显示"1234"。

参考程序如下：

```
#include <reg51.h>
#define GPIO_DIG        P0     //段选 I/O
#define GPIO_PALCE      P2     //位选 I/O
#define N               4      //4 位数码管
unsigned char code leddata[]={//数码管的段码表
                0X3F,   //"0"
                0X06,   //"1"
                0X5B,   //"2"
                0X4F,   //"3"
                0X66,   //"4"
                0X6D,   //"5"
                0X7D,   //"6"
                0X07,   //"7"
```

```
                    0X7F,   //"8"
                    0X6F,   //"9"
                    0X77,   //"A"
                    0X7C,   //"B"
                    0X39,   //"C"
                    0X5E,   //"D"
                    0X79,   //"E"
                    0X71,   //"F"
                    0X76,   //"H"
                    0X38,   //"L"
                    0X37,   //"N"
                    0X3E,   //"U"
                    0X73,   //"P"
                    0X5C,   //"O"
                    0X40,   //"-"
                    0X00,   //熄灭
                    0X00    //自定义
                        };
unsigned char LEDBuf[]={22,22,22,22};//数据缓冲区
unsigned char code PLACE_CODE[]={0XFE,0XFD,0XFB,0XF7}; //数码管位选端数据为常量，放在 ROM 中
/**********************
```

函数名：DelayXMs
功　能：毫秒级延时函数
参　数：unsigned int (1~65535)
返回值：无
```
**********************/
void DelayXMs(unsigned int xms)
{
 unsigned int i,j;
 for(i=xms;i>0;i--)
     for(j=124;j>0;j--);
}
/**********************
```

函数名：DisPlay
功　能：数码管显示
参　数：无
返回值：无
```
**********************/
void DisPlay()
```

```
{
        unsigned char i;
            GPIO_DIG = leddata[LEDBuf[i]];
                GPIO_PALCE = PLACE_CODE[i];
                DelayXMs(1);
                GPIO_DIG = 0X00;
        i++;
        if(N == i)
            i=0;
}
void main()
{
    unsigned int tmp=1234;
    unsigned int i;
//开机显示"- - - -"
for(i=0;i<3000;i++)
 {
     DisPlay();
 }
//显示"1234"4位数字
 while(1)
 {
                LEDBuf[0]=tmp/1000;
                LEDBuf[1]=tmp/100%10;
                LEDBuf[2]=tmp/10%10;
                LEDBuf[3]=tmp%10;
                DisPlay();
 }
 }
```

五、调试与运行测试

1. 软件调试

在集成开发环境 Keil μVision4/5 中调试程序，直至没有错误，最后生成 HEX 文件。

2. Proteus 仿真调试

将生成对应的 HEX 文件加载在 89C51 中，点击"运行"按钮，观察运行效果，关注软件程序实现的功能与任务描述要求是否一致。如果不一致，需要继续回到前面的步骤进行软件功能调试，直到符合任务描述要求。

3. 运行测试

1) 数码管静态显示

上电运行，可以观测到 LED 数码管显示的数据，仿真运行效果如图 3.1.6 所示。

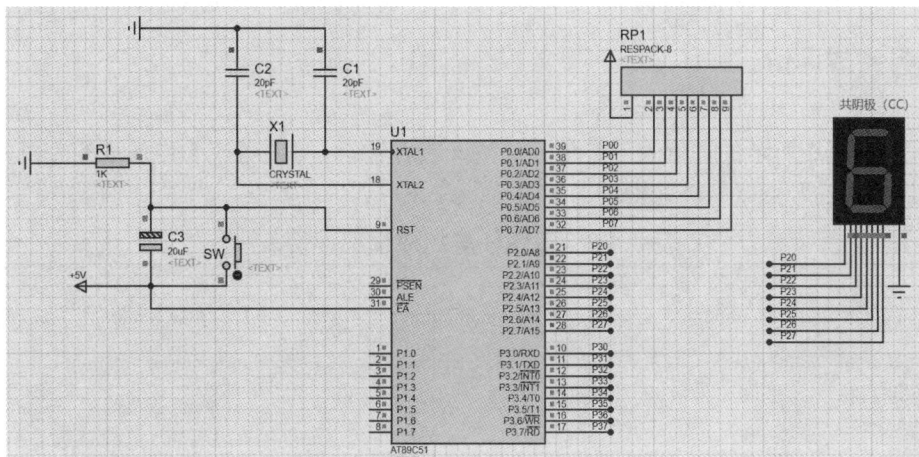

图 3.1.6　数码管静态显示运行效果

2) 数码管动态显示

上电运行，可以观测到 LED 数码管动态显示的数据，仿真运行效果如图 3.1.7 所示。

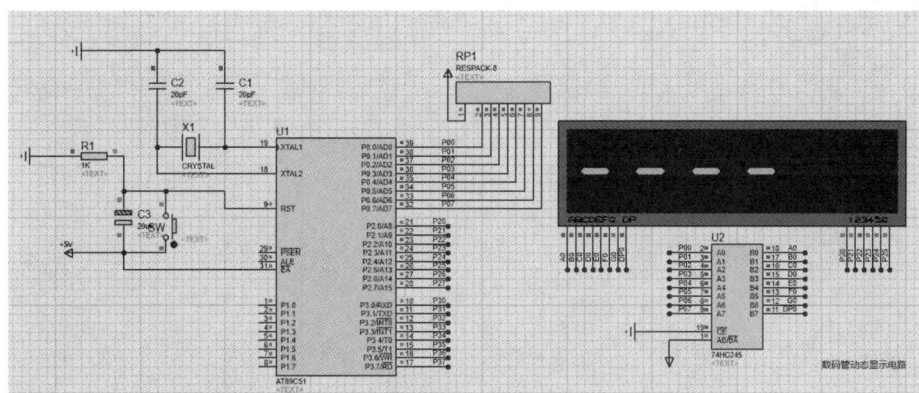

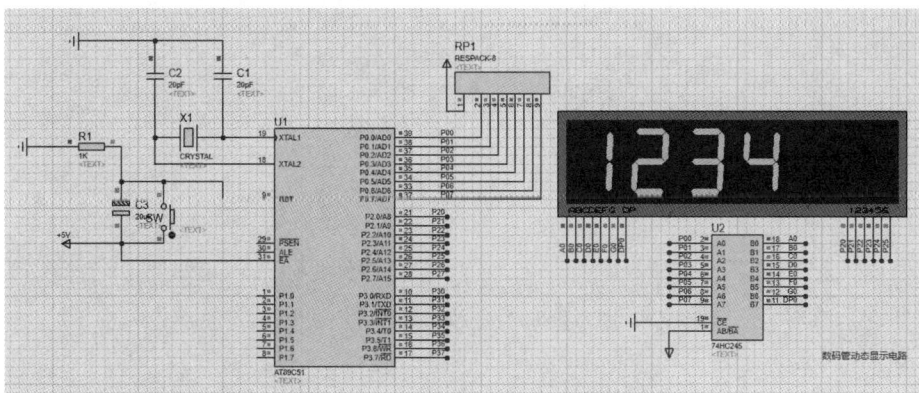

图 3.1.7　数码管动态显示运行效果

六、技术文档撰写

以小组为单位，参考附录完成本小组技术开发文档撰写。

✔ 任务完成评价

采用表 3.1.2 所示的评价表对任务完成情况进行评价，主要考核工作任务的完成效果以及完成过程中的职业素养、职业能力以及创新意识等。

表 3.1.2　工作任务完成情况评价表

评价项	评价指标	分值	评价等级 优	评价等级 及格	评价等级 不及格	占比/% 自评 20	占比/% 互评 30	占比/% 教师评价 50	考核得分	备注
过程中的职业素养评价（20分）	工作态度	5分	按时到岗，态度认真	按时到岗	不到岗					
	沟通合作	5分	主动与组员沟通，主导合作共同完成任务	能与组员沟通，合作共同完成任务	不与所在组成员配合					
	环境维护	5分	操作台面整洁，工作环境很干净	操作台面整洁，工作环境干净	操作台面零乱，卫生差					
	软件编写规范	5分	格式统一，命名规范，可读性强，注释有效简洁	格式不够规范，但具有可读性	格式凌乱，可读性差，无注释					
过程中的职业能力评价（40分）	方案制定	10分	制定的方案符合数码管的动态、静态显示方式	方案制定较为合理	方案制定不合理，不能实现数码管的动态、静态显示					
	硬件设计	10分	数码管与主控芯片接口设计合理，完成原理图绘制	完成数码管与主控芯片接口设计，完成原理图绘制	数码管与主控芯片接口设计不合理					

评价项	评价指标	分值	评价等级			占比/%			考核得分	备注
			优	及格	不及格	自评	互评	教师评价		
						20	30	50		
任务完成结果评价(40分)	软件设计	10分	能按要求设计程序	完成了软件程序编写	未完成软件程序编写					
	软硬件调试	10分	快速找到问题并排除,完成调试	能找到问题并排除,完成调试	找不到故障问题,调试不成功					
	功能实现	30分	能够按照任务要求实现数码管动、静态显示	能实现数码管显示功能,完成显示	不能实现动态显示					
	技术文档编写	10分	充分表达设计思想,易于客户看懂	能表达出设计思想,客户可以看懂	设计思想表达不清楚,不易看懂					
加分项	创新与拓展	10分	软件设计思想方法创新或功能有拓展							

任务拓展与思考

1. 在现有动态显示基础上实现数字累加。

2. 尝试使用数码管动态显示功能实现多窗口切换。

任务 3.2　LED 点阵显示系统设计

任务描述

使用 74HC595 控制 8×8 点阵显示"X"图标。

📖 **知识准备**

3.2.1　LED 点阵简介

LED 点阵是由发光二极管排列组成的显示器件,在我们日常生活中随处可见,被广泛应用于汽车报站器、广告屏等，如图 3.2.1 所示。

图 3.2.1　常用的 LED 点阵

通常应用较多的是 8×8 点阵,使用多个 8×8 点阵可组成不同分辨率的 LED 点阵显示屏,比如 16×16 点阵可以使用 4 个 8×8 点阵构成。因此，理解了 8×8 LED 点阵的工作原理,其他分辨率的 LED 点阵显示屏都是一样的。这里以 8×8 LED 点阵来作介绍。

LED 点阵按颜色可分为单色、双色、全彩三种,按像素可分为 8×8、16×16 等,大规模的 LED 点阵通常由很多个小点阵拼接而成。

3.2.2　LED 点阵显示原理

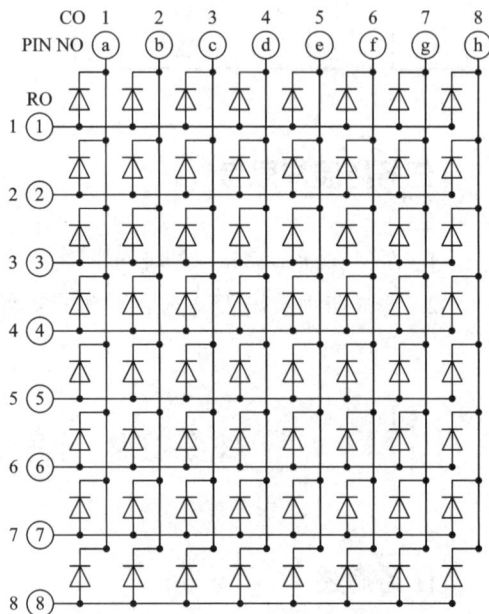

如图 3.2.2 所示为 8×8 LED 点阵显示器，共由 64 个发光二极管组成，且每个发光二极管是放置在行线和列线的交叉点上。当对应的某一行置 1 电平(行所接的是二极管的阳极，所以为高电平)，某一列置 0 电平(列所接的是二极管的阴极，所以为低电平)，则相应的二极管就亮。如要将左上角的第一个二极管点亮，只要将 1 脚接高电平，a 脚接低电平即可；如果要将第一行点亮，则需要将 1 脚接高电平，并且 a、b、c、d、e、f、g、h 这些引脚接低电平就可以实现；如要将第一列点亮，需要将 a 脚接低电平，且将 1、2、3、4、5、6、7、8 这些引脚接高电平就能实现。

LED 点阵
显示原理

图 3.2.2　点阵显示原理图

3.2.3　74HC595 简介

74HC595 是一个 8 位串行输入、并行输出的位移缓存器，其引脚如图 3.2.3 所示，各引脚定义如表 3.2.1 所示。在 SH_CP 的上升沿，串行数据由 DS 输入到内部的 8 位位移缓存器；串行输出就由 Q7'输出；而并行输出则是在 ST_CP 的上升沿将已经输入到 8 位位移缓存器的数据存入 8 位并行输出缓存器。当数据输出控制信号 $\overline{OE}$ 为低使能时，并行输出端的输出值等于并行输出缓存器所存储的值。74HC595 真值表如表 3.2.2 所示。

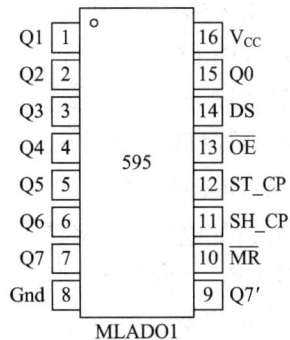

图 3.2.3　74HC595 引脚

表 3.2.1　74HC595 引脚定义

符号	引脚	描述
Q0～Q7	第 15 脚，第 1～7 脚	8 位并行数据输出
Gnd	第 8 脚	地
Q7'	第 9 脚	串行数据输出
$\overline{MR}$	第 10 脚	主复位(低电平有效)
SH_CP	第 11 脚	数据输入时钟线
ST_CP	第 12 脚	输出存储器锁存时钟线
$\overline{OE}$	第 13 脚	输出有效(低电平有效)
DS	第 14 脚	串行数据输入
V_{CC}	第 16 脚	电源

表 3.2.2　74HC595 真值表

输入管脚					输出管脚
DS	SH_CP	$\overline{MR}$	ST_CP	$\overline{OE}$	
X	X	X	X	H	Q0～Q7 输出高阻
X	X	X	X	L	Q0～Q7 输出有效值
X	X	L	X	X	移位寄存器清零
L	上沿	H	X	X	移位寄存器存储 L
H	上沿	H	X	X	移位寄存器存储 H
X	下沿	H	X	X	移位寄存器状态保持
X	X	X	上沿	X	输出存储器锁存移位寄存器中的状态值
X	X	X	下沿	X	输出存储器状态保持

1. 使用方法

1) 74HC595 的数据端使用

Q0～Q7(8 位并行输出端)：可以直接控制数码管的 8 个段选信号。

Q7'(级联输出端)：使用多个 74HC595 芯片级联时，将它接下一个 74HC595 的 DS 端。

DS(串行数据输入端)：级联时接上一级的 Q7'。

2) 74HC595 的控制端使用

$\overline{MR}$：低电平时，将移位寄存器的数据清零。通常接到 V_{CC}，防止数据清零。

SH_CP：上升沿时，数据寄存器的数据移位。Q0->Q1->Q2->Q3->…->Q7；下降沿时，移位寄存器数据不变。

ST_CP：上升沿时，移位寄存器的数据进入数据存储寄存器；下降沿时，存储寄存器数据不变。通常将 ST_CP 置为低电平，当移位结束后，在 ST_CP 端产生一个正脉冲，更新显示数据。

$\overline{OE}$：高电平时禁止输出(高阻态)。如果单片机的引脚不紧张，用一个引脚控制它，可以方便地产生闪烁和熄灭效果，比通过数据端移位控制要省时省力。

2. 74HC595 的具体使用步骤

(1) 将要准备输入的位数据接入 74HC595 的数据输入端 DS 上。

(2) 将位数据逐位移入 74HC595，即数据串行输入。

方法：SH_CP 产生一上升沿，将 DS 上的数据移入 74HC595 移位寄存器中。注意：先送高位。

(3) 并行输出数据。

方法：ST_CP 产生一上升沿，将已移入移位寄存器中的数据送入到输出锁存器。

任务实施

任务：LED 点阵显示牌实现

一、任务分析与方案制定

1. 任务分析

根据任务描述，本次任务要求：使用 8×8 点阵显示"X"。

2. 方案制定

(1) 本次设计拟采用仿真方式实现；

(2) 使用 74HC595 控制点阵实现显示功能，LED 点阵采用列扫描法。

二、工作条件准备

硬件：计算机 1 台。

软件：Keil μVision4/5 开发环境，Proteus8.6 以上仿真软件。

三、硬件原理图设计

硬件设计原理如图 3.2.4 所示，主要由单片机最小系统、排阻、74HC595、8×8LED 点阵显示屏组成。74HC595 的 Q0～Q7 端接 LED 点阵的阳极端 D0～D7，LED 点阵的阴极端接单片机的 P0.0～P0.7 端口，74HC595 的 SH_CP 接单片机的 P3.6，DS 接单片机的 P3.4，ST_CP 接单片机的 P3.5，$\overline{MR}$ 接电源，$\overline{OE}$ 接地。

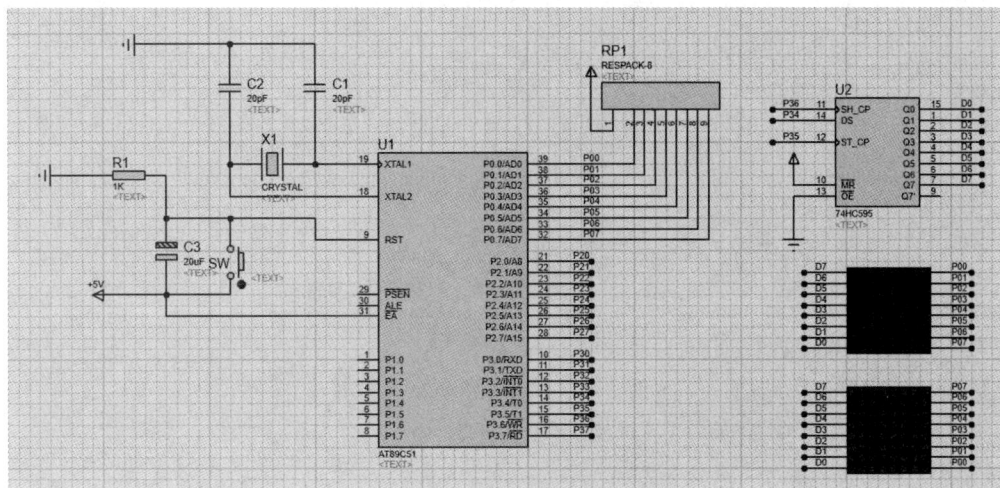

图 3.2.4　8×8 点阵电路原理图

四、软件设计

参考程序如下：

```c
#include <reg51.H>
sbit RCK = P3^5;      //ST_CP
sbit SCK = P3^6;      //SH_CP
sbit SER = P3^4;      //DS


void delay(unsigned int ms)
{
 unsigned x,y;
 for(x=0;x<114;x++)
     for(y=0;y<ms;y++);
}


/************
功能：75HC595 写入一个字节
参数：Byte(要写入的字节)
```

```
************/
void _74HC595_WriteByte(unsigned char Byte)
{
unsigned char i;
for(i=0;i<8;i++)
{
    SER = Byte&(0X80>>i);
    SCK = 1;
    SCK = 0;
}
RCK = 1;
RCK = 0;
}


/***********
```

功能：   LED 点阵屏显示一列数据
参数：   Column：要选择的列，范围：0～7，0 在最左边
          Data：选择列显示的数据，高位在上，1 为亮，0 为灭

```
************/
void MatrixLED_ShowColumn(unsigned char Column,Data)
{
_74HC595_WriteByte(Data);
P0=~(0X80>>Column);
delay(1);
P0=0XFF;
}
void main()
{
SCK = 0;
RCK = 0;
while(1)
{
    MatrixLED_ShowColumn(0,0X81);
    MatrixLED_ShowColumn(1,0X42);
    MatrixLED_ShowColumn(2,0X24);
    MatrixLED_ShowColumn(3,0X18);
    MatrixLED_ShowColumn(4,0X18);
    MatrixLED_ShowColumn(5,0X24);
    MatrixLED_ShowColumn(6,0X42);
    MatrixLED_ShowColumn(7,0X81);
```

```
    }

    }
```

五、调试与运行测试

1. 软件调试

在集成开发环境 Keil μVision4/5 中调试程序，直至没有错误，最后生成 HEX 文件。

2. Proteus 仿真调试

将生成对应的 HEX 文件加载在 89C51 中，点击"运行"按钮，观察运行效果，关注软件程序实现的功能与任务描述要求是否一致。如果不一致，需要继续回到前面的步骤，继续进行软件功能调试，直到符合任务描述要求。

3. 运行测试

上电运行，可以观测到点阵显示效果，仿真运行效果如图 3.2.5 所示。

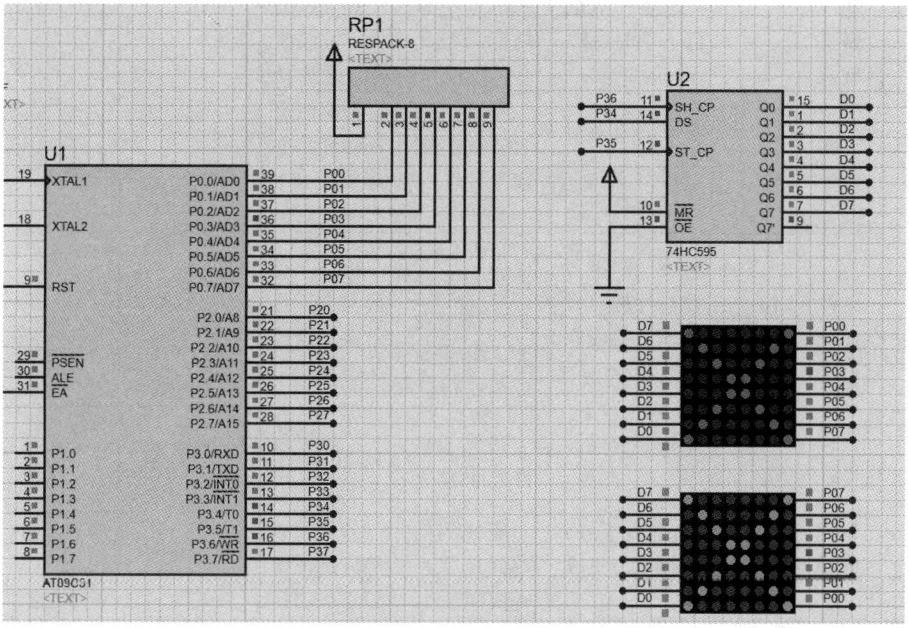

图 3.2.5　8×8 点阵显示效果

六、技术文档撰写

以小组为单位，参考附录完成本小组技术开发文档撰写。

✓ 任务完成评价

采用表 3.2.3 所示的评价表对任务完成情况进行评价，主要考核工作任务的完成效果以及完成过程中的职业素养、职业能力以及创新意识等。

表 3.2.3　工作任务完成情况评价表

评价项	评价指标	分值	评价等级			占比/%			考核得分	备注
			优	及格	不及格	自评	互评	教师评价		
						20	30	50		
过程中的职业素养评价（20分）	工作态度	5分	按时到岗，态度认真	按时到岗	不到岗					
	沟通合作	5分	主动与组员沟通，主导合作共同完成任务	能与组员沟通，合作共同完成任务	不与所在组成员配合					
	环境维护	5分	操作台面整洁，工作环境很干净	操作台面整洁，工作环境干净	操作台面零乱，卫生差					
	软件编写规范	5分	格式统一，命名规范，可读性强，注释有效简洁	格式不够规范，但具有可读性	格式凌乱，可读性差，无注释					
过程中的职业能力评价（40分）	方案制定	10分	制定的方案符合8×8点阵显示方式	方案制定较为合理	方案制定不合理，不能实现8×8点阵显示					
	硬件设计	10分	8×8点阵与主控芯片接口设计合理，完成原理图绘制	完成8×8点阵与主控芯片接口设计，完成原理图绘制	8×8点阵与主控芯片接口设计不合理					
	软件设计	10分	能按要求设计程序	完成了软件程序编写	未完成软件程序编写					
	软硬件调试	10分	快速找到问题并排除，完成调试	能找到问题并排除，完成调试	找不到故障问题，调试不成功					
任务完成结果评价（40分）	功能实现	30分	能够按照任务要求实现8×8点阵显示对应的图案	能实现8×8点阵显示功能，完成显示	不能实现8×8点阵显示					
	技术文档编写	10分	充分表达设计思想，易于客户看懂	能表达出设计思想，客户可以看懂	设计思想表达不清楚，不易看懂					
加分项	创新与拓展	10分	软件设计思想方法创新或功能有拓展							

？ 任务拓展与思考

1. 尝试用现有 8×8 点阵显示一个爱心图案。
2. 尝试使用 16×16 点阵显示中文，比如你的名字。

任务 3.3　LCD 液晶欢迎牌设计

任务描述

实现在 1602 液晶的第一行显示 "WELCOME!"，第二行显示 "WWW.WTC.EDU.CN"。

知识准备

3.3.1　LCD1602 液晶显示器简介

液晶是一种高分子材料，因为其特殊的物理、化学、光学特性，20 世纪中叶开始广泛应用在轻薄型显示器上。

液晶显示器(Liquid Crystal Display，LCD)的主要原理是以电流刺激液晶分子产生点、线、面并配合背部灯管构成画面。通常，把各种液晶显示器直接叫作液晶。

液晶显示器
LCD1602 简介

各种型号的液晶通常是按照现实字符的行数或液晶点阵的行、列数来命名的。比如：1602 的意思是每行显示 16 个字符，一共可以显示两行；类似的命名还有 0801、0802、1601 等，这类液晶通常都是字符型液晶，只能显示 ASCII 码字符，如数字、大小写字母、各种符号等。12232 液晶属于图形型液晶，它由 122 列、32 行组成，即共由 122×32 个点来显示各种图形。类似的命名还有 12864、19264、192128 等。根据客户需求，厂家还可以设计出任意数组合的点阵液晶。

字符液晶在实际的产品中运用的较多，对于单片机的学习而言，掌握 1602 的用法是每一个学习者必然要经历的过程。

所谓 1602 是指显示的内容为 16×2，即可以显示两行，每行 16 个字符。目前市面上绝大多数的字符液晶都是基于 HD44780 液晶芯片的，控制原理是完全相同的，因此基于 HD44780 写的控制程序可以很方便地应用于市面上大部分的字符型液晶。

字符型点阵液晶显示模块 LCD1602 如图 3.3.1 所示，通常有 14 条引脚线或 16 条引脚线的 LCD，多出来的 2 条线是背光电源线 VCC(15 脚)和地线 GND(16 脚)，其控制原理与 14 脚的 LCD 完全一样。如图 3.3.2 所示为 16 条引脚线的 LCD1602 模块，其引脚定义如表 3.3.1 所示。

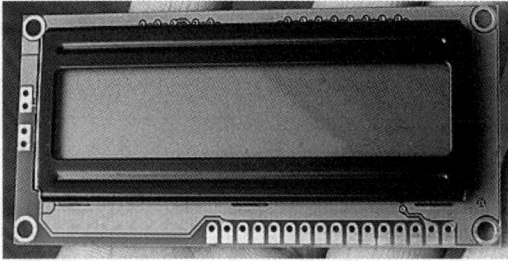

图 3.3.1　1602 液晶的正面(绿色背光，黑色字体)　　图 3.3.2　1602 液晶显示模块引脚

表 3.3.1　1602 引脚功能表

引脚号	引脚名	电平	输入/输出	使用
1	V_{SS}			电源地
2	V_{CC}			电源(+5 V)
3	V_{EE}			对比调整电压
4	RS	0/1	输入	0 = 输入指令 1 = 输入数据
5	R/$\overline{W}$	0/1	输入	0 = 向 LCD 写入指令或数据 1 = 从 LCD 读取信息
6	E	1, 1->0	输入	使能信号，1 时读取信息， 1->0(下降沿)执行指令
7	DB0	0/1	输入/输出	数据总线 line0(最低位)
8	DB1	0/1	输入/输出	数据总线 line1
9	DB2	0/1	输入/输出	数据总线 line2
10	DB3	0/1	输入/输出	数据总线 line3
11	DB4	0/1	输入/输出	数据总线 line4
12	DB5	0/1	输入/输出	数据总线 line5
13	DB6	0/1	输入/输出	数据总线 line6
14	DB7	0/1	输入/输出	数据总线 line7(最高位)
15	A	+V_{CC}		LCD 背光电源正极
16	K	接地		LCD 背光电源负极

3.3.2　LCD1602 的基本操作

　　LCD1602 的基本操作有四种，它们是写命令、写数据、读状态和读数据，基本操作时序如表 3.3.2 所示。

LCD1602 的基本操作与时序

表 3.3.2 基本时序操作

基本操作	E	RS	R/$\overline{\text{W}}$	DB7～DB0	说明
读状态	1	0	1	状态字	读液晶的状态和地址计数器
写命令	1→0		0	指令码	将指令代码写入到指令寄存器中
读数据	1	1	1	数据	读液晶的数据寄存器
写数据	1→0		0	数据	将显示数据写入到数据寄存器中

例如，要驱动液晶显示器实现清屏、光标闪烁等功能，就要对显示器执行写命令操作：首先将 RS 引脚置 0，选择写命令模式；然后将命令代码送入并行口，等待数据稳定；最后将使能端 E 先置 1 再置 0，得到一个下降沿信号，完成写命令操作。

写命令操作可以参考写命令函数实现。

```
void LCDWriteCmd(unsigned char cmd)
{
    LCD1602_RS = 0;          //选择命令模式
    LCD1602_RW = 0;          //选择写操作
    LCD1602_DB = cmd;        //将要写的命令字送到总线
    LCD1602_EN = 1;          //使能端高电平
    LCD1602_EN = 0;          //使能端低电平
}
```

写数据操作可以参考写数据函数实现。

```
void LCDWriteData(unsigned char dat)
{
    LCD1602_RS = 1;          //选择数据模式
    LCD1602_RW = 0;          //选择写操作
    LCD1602_DB = dat;        //将要写的数据送到总线
    LCD1602_EN = 1;          //使能端高电平
    LCD1602_EN = 0;          //使能端低电平
}
```

3.3.3 LCD1602 中的存储器

LCD1602 内置了 DDRAM、CGROM 和 CGRAM。

1. DDRAM

DDRAM 就是显示数据 RAM，用来寄存待显示的字符代码，共 80 个字节，其地址和屏幕的对应关系如表 3.3.3 所示。

LCD1602
的存储器

表 3.3.3　地址和屏幕的对应关系

	显示位置	1	2	3	4	5	6	7	…	40
DDRAM 地址	第一行	0X00	0X01	0X02	0X03	0X04	0X05	0X06	…	0X27
	第二行	0X40	0X41	0X42	0X43	0X44	0X45	0X46	…	0X67

如要在 LCD1602 屏幕的第一行第一列显示一个"A"，就要向 DDRAM 的 0X00 地址写入"A"对应的代码。但具体的写入是要按 LCD 模块的指令格式来进行的。原本存储器每一行有 40 个地址，在 1602 中只用前 16 个，第二行也一样。其对应关系如表 3.3.4 所示。

表 3.3.4　DDRAM 地址与显示位置的对应关系

0X00	0X01	0X02	0X03	0X04	0X05	0X06	0X07	0X08	0X09	0X0A	0X0B	0X0C	0X0D	0X0E	0X0F
0X40	0X41	0X42	0X43	0X44	0X45	0X46	0X47	0X48	0X49	0X4A	0X4B	0X4C	0X4D	0X4E	0X4F

事实上，往 DDRAM 里的 0X00 地址处送一个数据，譬如 0X31(数字 1 的 ASCII 代码)，并不能显示"1"，原因就是如果你要想在 DDRAM 的 0X00 地址处显示数据，必须将 0X00 加上 0X80，即 0X80；若要在 DDRAM 的 0X01 处显示数据，则必须将 0X01 加上 0X80，即 0X81；依次类推。

2. CGROM

1602 液晶模块内部的字符发生存储器(CGROM)已经存储了 160 个不同的点阵字符图形代码，如表 3.3.5 所示，这些字符有：阿拉伯数字、大小写英文字母、常用的符号和日文假名等，每一个字符都有一个固定的代码，比如大写的英文字母"A"的代码是01000001B(0X41)。

表 3.3.5　CGROM 中字符码与字符字模关系对照表

表 3.3.5 中的字符代码与 PC 机中的字符代码是基本一致的。因此，在向 DDRAM 写 C51 字符代码程序时甚至可以直接用 P1＝'A'这样的方法。PC 机在编译时就把"A"先转为 0X41 代码了。

0X20～0X7F 为标准的 ASCII 码，0XA0～0XFF 为日文字符和希腊文字符，其余字符码(0X10～0X1F 及 0X80～0X9F)没有定义。

3. CGRAM

CGRAM 为用户可以自定义的字符图形 RAM。当用户觉得 CGROM 中已经存储的字符不够时，也可以自行进行定义。当然，自己生成图形代码相对比较麻烦，一般不建议大家用，这时可以采用另外一种型号的液晶芯片以更好地满足你的需要。

LCD1602 的命令字

3.3.4 LCD1602 指令集

LCD1602 模块内部有 11 条控制指令，如表 3.3.6 所示。

表 3.3.6 LCD1602 控制指令表

指令名称	指令编码								
	RS	R/$\overline{\text{W}}$	DB7	DB6	DB5	DB4	DB3	DB2	DB1	DB0
清屏	0	0	0	0	0	0	0	0	0	1
光标归位	0	0	0	0	0	0	0	0	1	x
进入模式设置	0	0	0	0	0	0	0	1	1/D	S
显示开关控制	0	0	0	0	0	0	1	D	C	B
光标画面移位	0	0	0	0	0	1	S/C	R/L	x	x
功能设定	0	0	0	0	1	DL	N	F	x	x
CGRAM 地址设置	0	0	0	1	CGRAM 的地址(6 位)					
DDRAM 地址设置	0	0	1	DDRAM 的地址(7 位)						
读 BF 及 AC 值	0	1	BF	AC 内容(7 位)						
写数据	1	0	要写入的数据(DB7～DB0)							
读数据	1	1	要读出的数据(DB7～DB0)							

1. 清屏指令功能：

(1) 清除液晶显示器，即将 DDRAM 的内容全部填入"空白"的 ASCII 码 0X20；

(2) 光标归位，即将光标撤回液晶显示屏的左上方；

(3) 将地址计数器(AC)的值设为 0。

2. 光标归位指令功能：

(1) 把光标撤回到显示器的左上方；

(2) 把地址计数器(AC)的值设置为 0；

(3) 保持 DDRAM 的内容不变。

3. 进入模式设置指令功能：设定每次写入 1 位数据后光标的移位方向，并且设定每次写入的一个字符是否移动。参数设定的情况：

位名	设置
I/D	0 = 写入新数据后光标左移；1 = 写入新数据后光标右移
S	0 = 写入新数据后显示屏不移动；1 = 写入新数据后显示屏整体右移 1 个字

4. 显示开关控制指令功能：控制显示器开/关、光标显示/关闭以及光标是否闪烁。参数设定的情况如下：

位名	设置
D	0 = 显示功能关；1 = 显示功能开
C	0 = 无光标；1 = 有光标
B	0 = 光标闪烁；1 = 光标不闪烁

5. 设定显示屏或光标移动方向指令功能：使光标移位或使整个显示屏幕移位。参数设定的情况如下：

S/C	R/L	设定情况
0	0	光标左移 1 格，且 AC 值减 1
0	1	光标右移 1 格，且 AC 值加 1
1	0	显示器上字符全部左移一格，但光标不动
1	1	显示器上字符全部右移一格，但光标不动

6. 功能设定指令功能：设定数据总线位数、显示的行数及字型。参数设定的情况如下：

位名	设置
DL	0 = 数据总线为 4 位；1 = 数据总线为 8 位
N	0 = 显示 1 行；1 = 显示 2 行
F	0 = 5×7 点阵/每字符；1 = 5×10 点阵/每字符

7. 设定 CGRAM 地址指令功能：设定下一个要存入数据的 CGRAM 地址。

8. 设定 DDRAM 地址指令功能：设定下一个要存入数据的 DDRAM 的地址。

注意：这里送地址的时候应该是 0X80+Address，前面说到写地址命令的时候要加上 0X80 的原因。

9. 读取忙碌信号或 AC 地址指令功能：

(1) 读取忙碌信号 FB 的内容。当 FB=1 时，表示液晶显示器忙，暂时无法接收单片机送来的数据或指令；当 FB=0 时，液晶显示器可以接收单片机送来的数据或指令。

(2) 读取地址计数器(AC)的内容。

任务实施

一、任务分析与方案制定

1. 任务分析

根据任务描述，本次任务有以下需求：

(1) LCD1602 第一行显示 "WELCOME!"；

(2) LCD1602 第二行显示 "WWW.WTC.EDU.CN"。

2. 方案制定

(1) 本次设计拟采用仿真方式实现；

(2) 使用 89C51 单片机 P0 口给 LCD 发送数据。

任务：LCD 液
晶欢迎牌实现

二、工作条件准备

硬件：计算机 1 台。

软件：Keil μVision4/5 开发环境，Proteus8.6 以上仿真软件。

三、硬件原理图设计

硬件系统设计如图 3.3.3 所示，主要由单片机最小系统、排阻、LCD1602 组成，其中 LCD1602 的 RS 接单片机的 P2.0，RW 接单片机的 P2.2，E 接单片机的 P2.1，LCD1602 的数据接口 D0～D7 接单片机 P0.0～P0.7。

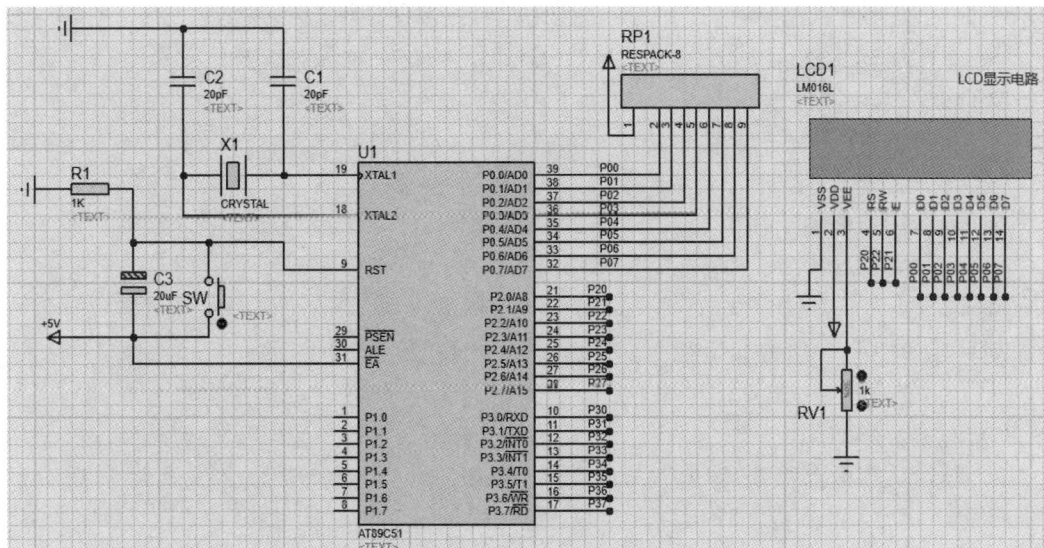

图 3.3.3　LCD 仿真电路原理图

四、软件设计

参考程序如下：

```c
#include <reg51.h>
#define LCD1602_DB    P0
sbit LCD1602_RS = P2^0;
sbit LCD1602_RW = P2^2;
sbit LCD1602_EN = P2^1;
//LCD1602 指令
//显示模式设置指令
//  DB7  DB6   DB5  DB4  DB3  DB2  DB1  DB0
//  0    0     1    DL   N    F    *    *
//DL = 1，8 位数据接口；DL=0，4 为数据接口。
//N =1，两行显示；N=0，单行显示。
//F =1，5×10 点阵字符；F = 0，5×7 点阵字符。
#define LCD_MODE_PIN8        0X38 //8 位数据口，两行，5×7 点阵
#define LCD_MODE_PIN4        0X28 //4 位数据口，两行，5×7 点阵

#define LCD_SCREEN_CLR       0X01 //清屏
#define LCD_CURSOR_RST       0X02 //光标复位

//显示开关控制指令
#define LCD_DIS_CUR_BLK_ON       0X0F //显示开，光标开，光标闪烁
#define LCD_DIS_CUR_ON           0X0E //显示开，光标开，光标不闪烁
#define LCD_DIS_ON               0X0C //显示开，光标开，光标不闪烁
#define LCD_DIS_OFF              0X08 //显示关，光标关，光标不闪烁

//显示模式控制
#define LCD_CURSOR_RIGHT         0X06 //光标右移，显示不移动
#define LCD_CURSOR_LEFT          0X04 //光标左移，显示不移动
#define LCD_DIS_MODE_LEFT        0X07 //操作后，AC 自增，画面平移
#define LCD_DIS_MODE_RIGHT       0X05 //操作后，AC 自增，画面平移

//光标、显示移动指令
#define LCD_CUR_MOVE_LEFT        0X10 //光标左移
#define LCD_CUR_MOVE_RIGHT       0X14 //光标右移
#define LCD_DIS_MOVE_LEFT        0X18 //显示左移
#define LCD_DIS_MOVE_RIGHT       0X1C //显示右移
void DelayXMs(unsigned int xms);
```

```
void LCDReadBF();

void LCDWriteCmd(unsigned char cmd);

void LCDWriteData(unsigned char dat);

void LCD_Init();

void LCDShowStr(unsigned char x,unsigned char y,unsigned char *str);


void main()
{
 unsigned char str[]="WELCOME!";
 unsigned char str1[]="WWW.WTC.EDU.CN";
 LCD_Init();
 DelayXMs(10);
 LCDShowStr(4,0,str);
 LCDShowStr(1,1,str1);
 while(1);
}


/**********************
```

函数名：DelayXms

功　能：毫秒级延时函数

参　数：unsigned int xms(1～65535)

返回值：无

```
**********************/
void DelayXMs(unsigned int xms)
{
 unsigned int i,j;
 for(i=xms;i>0;i--)
      for(j=124;j>0;j--);
}


/**********************
```

函数名：LCDReadBF

功　能：读 LCD 忙操作

参　数：无

返回值：无

```
**********************/
void LCDReadBF()
{
 unsigned char state;
```

```
    unsigned char i;
    LCD1602_DB = 0XFF;     //I/O 口置 1   做输入
    LCD1602_RS = 0;
    LCD1602_RW = 1;
    do
    {
        LCD1602_EN = 1;
        state = LCD1602_DB;
        LCD1602_EN = 0;
        i++;
        if(i>50)
            break;
    }
    while(state & 0X80);
}
/**********************
函数名：LCDWriteCmd
功  能：LCD 写命令
参  数：unsigned char cmd
返回值：无
**********************/
void LCDWriteCmd(unsigned char cmd)
{
 LCDReadBF();    // 等待忙检测，不忙时操作
 LCD1602_RS = 0;
 LCD1602_RW = 0;
 LCD1602_DB = cmd;
 LCD1602_EN = 1;
 LCD1602_EN = 0;
}
/*********************
函数名：LCDWriteData
功  能：LCD 写数据
参  数：unsigned char dat
返回值：无
*********************/
void LCDWriteData(unsigned char dat)
{
 LCDReadBF();    // 等待忙检测，不忙时操作
```

```
 LCD1602_RS = 1;
 LCD1602_RW = 0;
 LCD1602_DB = dat;
 LCD1602_EN = 1;
 LCD1602_EN = 0;
}
/*********************
函数名：LCD_Init
功　能：LCD 初始化
参　数：无
返回值：无
*********************/
void LCD_Init()
{
 LCDWriteCmd(LCD_MODE_PIN8);        //显示模式设置 2 行 5×7 点阵
 LCDWriteCmd(LCD_DIS_ON);           //显示开，光标开
 LCDWriteCmd(LCD_CURSOR_RIGHT);     //光标右移
 LCDWriteCmd(LCD_SCREEN_CLR) ;      //清屏
}
/*********************
函数名：LCDShowStr
功　能：从 X 列 Y 行开始显示数据
参　数：unsigned char x,unsigned char y,unsigned char *str    x 代表列，其值为 0～15；y 代表行，其
值为 0，1；*str(指针数据)
返回值：无
*********************/
void LCDShowStr(unsigned char x,unsigned char y,unsigned char *str)
{
if(0 == y)
 {
     LCDWriteCmd(0X80 | x);
 }
else
 {
     LCDWriteCmd(0X80 | (0X40+x));
 }
while(*str !='\0')
 {
     LCDWriteData(*str++);
```

```
    }


    }
```

五、调试与运行测试

1. 软件调试

在集成开发环境 Keil μVision4/5 中调试程序，直至没有错误，最后生成 HEX 文件。

2. Proteus 仿真调试

将生成对应的 HEX 文件加载在 89C51 中，点击"运行"按钮，观察运行效果，关注软件程序实现的功能与任务描述要求是否一致。如果不一致，需要回到前面的步骤继续进行软件功能调试，直到符合任务描述要求。

3. 运行测试

上电运行，可以观测到点阵显示效果，仿真运行效果如图 3.3.4 所示。

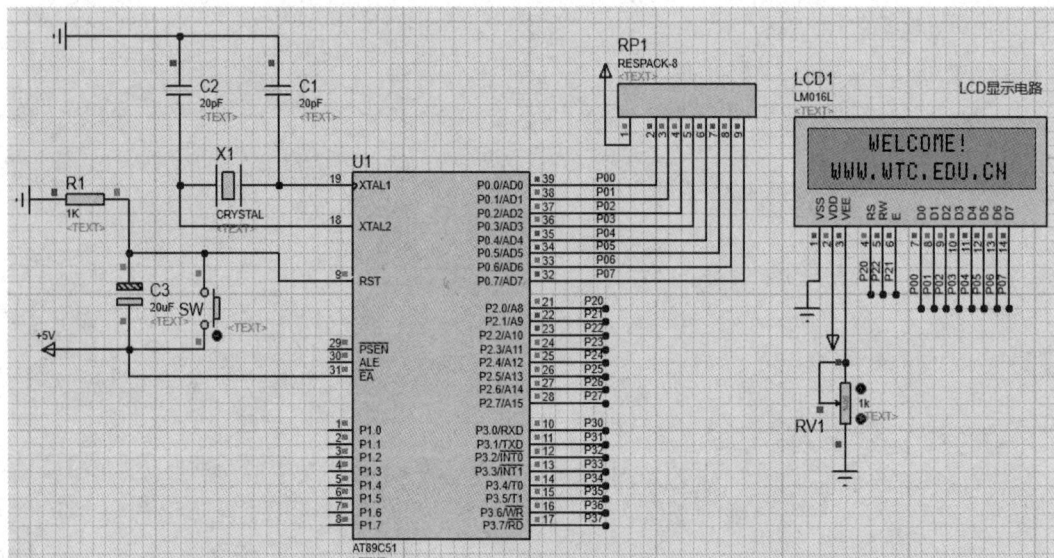

图 3.3.4   LCD 仿真运行效果

六、技术文档撰写

以小组为单位，参考附录完成本小组技术开发文档撰写。

☑ 任务完成评价

采用表 3.3.7 所示的评价表对任务完成情况进行评价，主要考核工作任务完成的效果以及完成过程中的职业素养、职业能力以及创新意识等。

表 3.3.7 工作任务完成情况评价表

评价项	评价指标	分值	评价等级			占比/%			考核得分	备注
			优	及格	不及格	自评	互评	教师评价		
						20	30	50		
过程中的职业素养评价（20分）	工作态度	5分	按时到岗，态度认真	按时到岗	不到岗					
	沟通合作	5分	主动与组员沟通，主导合作共同完成任务	能与组员沟通，合作共同完成任务	不与所在组成员配合					
	环境维护	5分	操作台面整洁，工作环境很干净	操作台面整洁，工作环境干净	操作台面零乱，卫生差					
	软件编写规范	5分	格式统一，命名规范，可读性强，注释有效简洁	格式不够规范，但具有可读性	格式凌乱，可读性差，无注释					
过程中的职业能力评价（40分）	方案制定	10分	制定的方案符合LCD1602的显示方式	方案制定较为合理	方案制定不合理，不能实现LCD1602显示					
	硬件设计	10分	LCD1602与主控芯片接口设计合理，完成原理图绘制	完成LCD1602与主控芯片接口设计，完成原理图绘制	LCD1602与主控芯片接口设计不合理					
	软件设计	10分	能按要求设计程序	完成了软件程序编写	未完成软件程序编写					
	软硬件调试	10分	快速找到问题并排除，完成调试	能找到问题并排除，完成调试	找不到故障问题，调试不成功					
任务完成结果评价（40分）	功能实现	30分	能够按照任务要求实现LCD1602显示	能实现LCD1602显示功能，完成显示	不能实现LCD1602显示					
	技术文档编写	10分	充分表达设计思想，易于客户看懂	能表达出设计思想，客户可以看懂	设计思想表达不清楚，不易看懂					
加分项	创新与拓展	10分	软件设计思想方法创新或功能有拓展							

任务拓展与思考

1. 在现有 LCD1602 显示基础上实现左移动态显示。
2. 尝试使用 LCD1602 显示时钟。

任务 3.4　密码锁设计

任务描述

用 4×4 矩阵按键与 LCD1602 制作简易密码锁。

知识准备

3.4.1　常用按键开关

单片机系统中各种常用开关如图 3.4.1 所示，如轻触开关、拨动开关、按键开关、微动开关、直键开关、滑动式开关等，它们广泛应用于各种电子玩具、数码相机、手机、笔记本电脑及家用电器等。在单片机中，按键式开关的使用最为广泛。

图 3.4.1　各种单片机常用开关

3.4.2　机械按键的抖动与去抖

1. 按键抖动的原理

机械式按键在按下或释放时，由于机械弹性作用的影响，通常伴随有一定时间的触点机械抖动，如图 3.4.2 所示，然后其触点再稳定下来，抖动时间一般为 5～10 ms。在触点抖动期间，监测按键通与断的状态可能会导致判断出错。

机械按键抖动
以及去抖方法

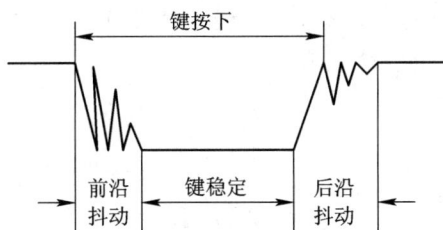

图 3.4.2　按键触点的机械抖动

2. 按键去抖的方法

1) 硬件去抖

在键数较少时可用硬件方法消除抖动。如图 3.4.3 所示的 RS 触发器为常用的硬件去抖。

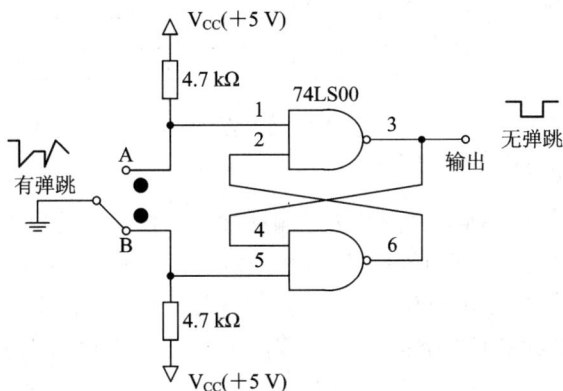

图 3.4.3　硬件去抖电路

图中两个"与非"门构成一个 RS 触发器。当按键未按下时，输出为 1；当按键按下时，输出为 0，此时，即使因为按键的机械性能产生弹性抖动，造成瞬时断开(抖动跳开 B)，只要按键不返回原始状态 A，双稳态电路的状态不改变，输出保持为 0，不会产生抖动的波形。也就是说，即使 B 点的电压波形是抖动的，但经双稳态电路之后，其输出为正规的矩形波，从而起到消除抖动的作用。

2) 软件去抖

如果按键较多，常用软件方法去抖，即检测出按键闭合后执行一个延时程序，产生 5～10 ms 的延时，让前沿抖动消失后再一次检测按键的状态，如果仍保持闭合状态电平，则认为真正有键按下。当检测到按键释放后，也要给 5～10 ms 的延时，待后沿抖动消失后才能转入该键的处理程序。

3.4.3　矩阵式键盘与识别

1. 矩阵式键盘的结构

矩阵式键盘最大的特点是减少了对单片机 I/O 端口的占用，适用于按键数较多的系统。矩阵式键盘中的按键实际上与独立式键盘中的按键原理相同，都是一个机械开关，只不过在矩阵式键盘中按键位于行线和列线的交汇处。如图 3.4.4 所示为矩阵式键盘的结构，它由

4 根行线和 4 根列线组成，按键位于行、列线的交叉点上，行线和列线分别连接到按键的两端，构成了一个 4 × 4(16 个按键)的矩阵式键盘。

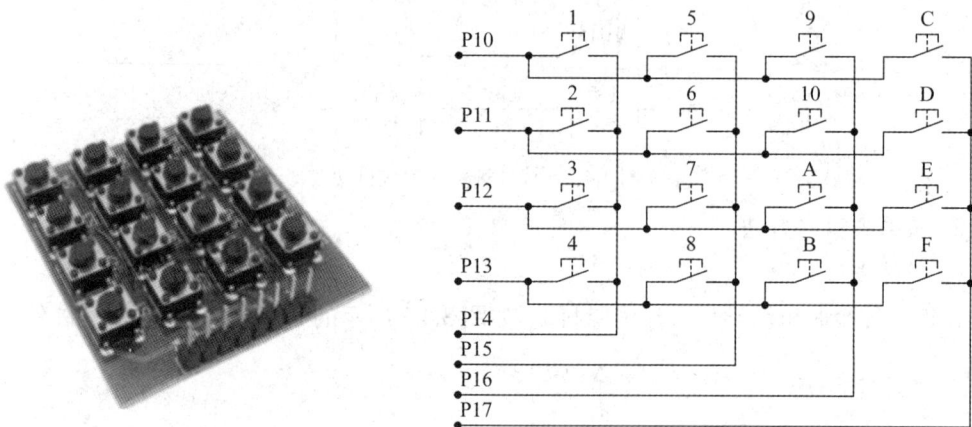

图 3.4.4　矩阵按键

2. 矩阵式键盘的识别

最常用的矩阵式键盘识别按键的方法是编程行列扫描法。这里以列扫描法为例进行说明：P1.0、P1.1、P1.2、P1.3 接矩阵按键左侧，控制行；P1.4、P1.5、P1.6、P1.7 接矩阵按键右侧，控制列。先给 P1 送 0XF0，使矩阵按键行为低电平，列为高电平，当某一列中的按键按下后这一列的值就被查找到。第一列被按下：P1 = 0XE0，对应键值为 1；第二列被按下：P1 = 0XD0，对应键值为 2；第三列被按下：P1 = 0XB0，对应键值为 3；第四列被按下：P1 = 0X70，对应键值为 4。再切换到行扫描，给 P1 赋值 0X0F，按键还是按下状态，假如第一列第一行按键被按下，P1 由 0X0F 转换成 P1 = 0X0E，通过列行瞬间切换可以查询到该按键被按下，剩下按键依次类推。程序如下所示。该程序带有返回值，可以通过变量接收返回的键值。

矩阵键盘识别可参考以下程序段。

```
unsigned char Key_Scan()
{
unsigned char KeyValue=0;
    //4 × 4 矩阵键盘扫描
P1 = 0XF0;        //列扫描
if(P1 != 0XF0) //判断按键是否被按下
{
    DelayXMs(10); //软件消抖 10 ms
    if(P1 != 0XF0)  //判断按键是否被按下
    {
        switch(P1)        //判断哪一列被按下
        {
            case 0XE0: KeyValue = 1; break;  //第一列被按下
```

```
            case 0XD0: KeyValue = 2; break;  //第二列被按下
            case 0XB0: KeyValue = 3; break;  //第三列被按下
            case 0X70: KeyValue = 4; break;  //第四列被按下
        }
        P1 = 0X0F;        //行扫描
        switch(P1)        //判断哪一行被按下
        {
            case 0X0E: KeyValue = KeyValue;break;//第一行被按下
            case 0X0D: KeyValue = KeyValue + 4;break;  //第二行被按下
            case 0X0B: KeyValue = KeyValue + 8;break;  //第三行被按下
            case 0X07: KeyValue = KeyValue + 12;break;  //第四行被按下
        }
        while(P1 != 0X0F);//松手检测
    }
    return KeyValue;
    }
}
```

任务实施

一、任务分析与方案制定

1. 任务分析

根据任务描述，本次任务有以下需求：LCD1602 第一行显示提示信息，第二行显示输入 6 位密码，密码正确显示通过，密码错误重新输入密码。

2. 方案制定

(1) 本次设计拟采用硬件编程方式实现；

(2) 使用 89C51 单片机 P1 口控制 4×4 点阵，LCD1602 中的 P2.6 控制 RS，P2.5 控制 RW，P2.7 控制 EN。

任务：电子密码锁矩阵按键线反转法

二、工作条件准备

硬件：计算机 1 台，开发板一套。

软件：Keil μVision4/5 开发环境。

三、硬件原理图设计

单片机 P1 口控制矩阵按键，当按下按键，对应的密码数据在 LCD 中显示，设计原理图如图 3.4.5 所示。

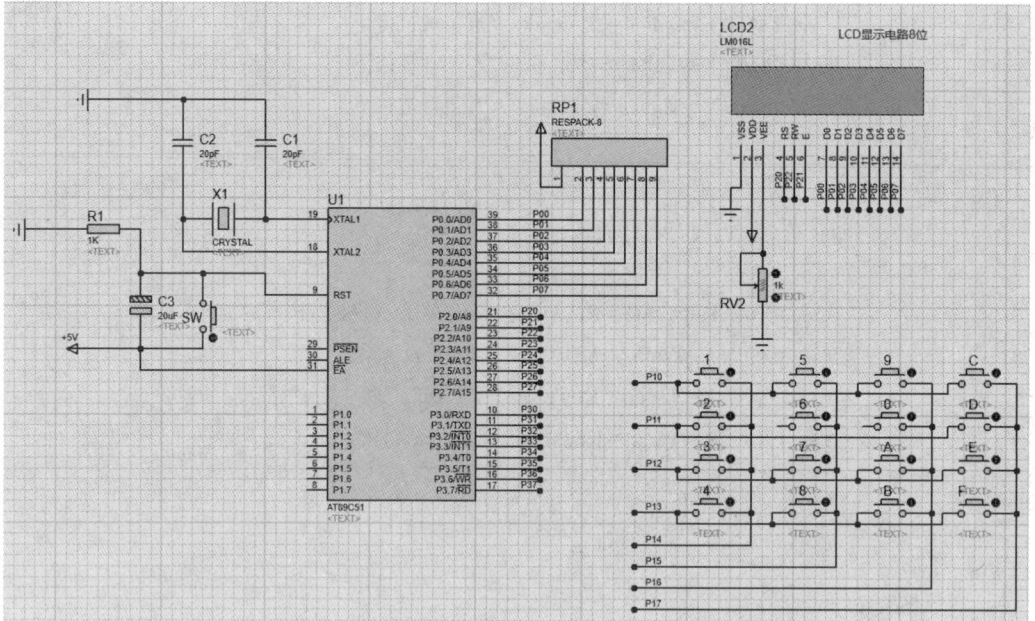

图 3.4.5　密码锁电路原理图

四、软件设计

　　系统上电初始化第一行显示"Input PassWd--->"，第二行显示"PWD："，用按键按下"123456"，在第二行显示"PWD：123456"，按下第四行第二个红色按键确认输入密码，并保存在数组中。假如输入密码正确，LCD 显示为"---OpenDoor---"，输入密码错误第二行显示"-PassWord Error-"。

　　参考程序如下：

```c
//key.h 头文件
#ifndef __KEY_H__
#define __KEY_H__
unsigned char Key_Scan();
#endif


//key.c 文件
#include "Key.h"
#include "delay.h"
unsigned char Key_Scan()
{
 unsigned char KeyValue=0;
     //4×4 矩阵键盘扫描
P1 = 0XF0;//列扫描
if(P1 != 0XF0)//判断按键是否被按下
 {
```

```
        DelayXMs(10);//软件消抖 10ms
        if(P1 != 0XF0)//判断按键是否被按下
        {
            switch(P1) //判断哪一列被按下
            {
                case 0XE0: KeyValue = 1; break;//第一列被按下
                case 0XD0: KeyValue = 2; break;//第二列被按下
                case 0XB0: KeyValue = 3; break;//第三列被按下
                case 0X70: KeyValue = 4; break;//第四列被按下
            }
            P1 = 0X0F;//行扫描
            switch(P1) //判断哪一行被按下
            {
                case 0X0E: KeyValue = KeyValue; break;//第一行被按下
                case 0X0D: KeyValue = KeyValue + 4; break;//第二行被按下
                case 0X0B: KeyValue = KeyValue + 8; break;//第三行被按下
                case 0X07: KeyValue = KeyValue + 12; break;//第四行被按下
            }
            while(P1 != 0X0F);//松手检测
        }
    return KeyValue;
    }
}


//main.c 文件
#include <reg51.h>
#include "Key.h"
#include "LCD1602.h"
#include "delay.h"
unsigned char keynum,j;
char i=0;
unsigned char cnt=4;    //keynum：按键值    cnt：LCD 列值
unsigned int   password;
unsigned char pwd1[6]={1,2,3,4,5,6};
unsigned char pwd2[6]={0};
sbit BEEP=P2^0; //将 P2.0 管脚定义为 BEEP


/****************************************************************
* 函 数 名：delay_10us
* 函数功能：延时函数，ten_us=1 时，大约延时 10μs
```

```
*  输      入: ten_us
*  输      出: 无
*********************************************************************/
void delay_10us(unsigned int ten_us)
{
 while(ten_us--);
}
void beep(unsigned int time)
{
 while(time--)
 {
     BEEP=!BEEP;
     delay_10us(25);
 }
 BEEP=0;
}

void main()
{
 LCD_Init();
 DelayXMs(2);
 LCDShowStr(0,0,"Input PassWd--->");
 beep(800);
 while(1)
 {
     keynum=Key_Scan();
     LCDShowStr(0,1,"PWD:");
     if(keynum)
     {
             if(keynum<=10)
             {
                 beep(200);
                 password=keynum%10;
                 pwd2[i]=password;
                 LCDSetPosition(cnt,1);
                 LCDWriteData(password+'0');
                 i++;
                 cnt++;
                 if(cnt>10)
                 {
```

```
                LCDShowStr(0,1,"-Res Input PWD-!");
                DelayXMs(1000);
                LCDShowStr(0,1,"PWD:          ");
                cnt=4;
                i=0;
            }
    }
    if(keynum==16)
    {
        LCDShowStr(4,1,"          ");
        cnt=4;
        i=0;
    }
    if(keynum==15)
    {
        cnt--;
        i--;
        LCDSetPosition(cnt,1);
        LCDWriteData(' ');
        if(i<=0)
            i=0;
        if(cnt<=4)
            cnt=4;
    }
    if(keynum==14)
    {
        if((pwd1[0]==pwd2[0])&&
            (pwd1[1]==pwd2[1])&&
            (pwd1[2]==pwd2[2])&&
            (pwd1[3]==pwd2[3])&&
            (pwd1[4]==pwd2[4])&&
            (pwd1[5]==pwd2[5])
            )
        {

            LCDShowStr(0,1,"----OpenDoor----");
            DelayXMs(2000);
            LCDShowStr(0,1,"              ");
            cnt=4;
            i=0;
```

```
                }
                else
                {
                  beep(200);
                  beep(200);
                  beep(200);
                  LCDShowStr(0,1,"-PassWord Error-");
                  DelayXMs(2000);
                  LCDShowStr(0,1,"                ");
                  cnt=4;
                  i=0;
                }
              }
          }
      }
}
```

五、调试与运行测试

1. 软件调试

在集成开发环境 Keil μVision4/5 中调试程序，直至没有错误，最后生成 HEX 文件。

2. 硬件调试

将生成对应的 HEX 文件加载在 89C51 中，观察运行效果，关注软件程序实现的功能与任务描述要求是否一致。如果不一致，需要回到前面的步骤继续进行功能调试，直到符合任务描述要求。

3. 运行测试

上电运行，运行效果如图 3.4.6 所示。

图 3.4.6　密码锁运行效果

六、技术文档撰写

以小组为单位，参考附录完成本小组技术开发文档撰写。

任务完成评价

采用表3.4.1所示的评价表对任务完成情况进行评价，主要考核工作任务完成的效果以及完成过程中的职业素养、职业能力以及创新意识等。

表3.4.1 工作任务完成情况评价表

评价项	评价指标	分值	评价等级			占比/%			考核得分	备注
			优	及格	不及格	自评	互评	教师评价		
						20	30	50		
过程中的职业素养评价（20分）	工作态度	5分	按时到岗，态度认真	按时到岗	不到岗					
	沟通合作	5分	主动与组员沟通，主导合作共同完成任务	能与组员沟通，合作共同完成任务	不与所在组成员配合					
	环境维护	5分	操作台面整洁，工作环境很干净	操作台面整洁，工作环境干净	操作台面零乱，卫生差					
	软件编写规范	5分	格式统一，命名规范，可读性强，注释有效简洁	格式不够规范，但具有可读性	格式凌乱，可读性差，无注释					
过程中的职业能力评价（40分）	方案制定	10分	制定的方案符合4×4矩阵按键控制功能	方案制定较为合理	方案制定不合理，4×4矩阵按键不能实现控制功能					
	硬件设计	10分	4×4矩阵按键与主控芯片接口设计合理，完成原理图绘制	完成4×4矩阵按键与主控芯片接口设计，完成原理图绘制	4×4矩阵按键与主控芯片接口设计不合理					

评价项	评价指标	分值	评价等级			占比/%			考核得分	备注
			优	及格	不及格	自评	互评	教师评价		
						20	30	50		
	软件设计	10分	能按要求设计程序	完成了软件程序编写	未完成软件程序编写					
	软硬件调试	10分	快速找到问题并排除，完成调试	能找到问题并排除，完成调试	找不到故障问题，调试不成功					
任务完成结果评价（40分）	功能实现	30分	能够按照任务要求实现4×4矩阵按键控制LCD显示	能实现4×4矩阵按键控制LCD显示	不能实现4×4矩阵按键控制LCD显示					
	技术文档编写	10分	充分表达设计思想，易于客户看懂	能表达出设计思想，客户可以看懂	设计思想表达不清楚，不易看懂					
加分项	创新与拓展	10分	软件设计思想方法创新或功能有拓展							

? **任务拓展与思考**

在现有 4×4 矩阵按键基础上实现计算器功能。

项目四　可调数字钟设计

◆◆ **项目背景** ◆◆

现在，人们越来越重视时间观念，这为数字钟的存在创造了平台。数字钟是采用数字电路实现对"时""分""秒"数字显示的计时装置。数字钟的精度、稳定度远远超过老式机械钟。数字钟因其小巧、价格低廉、走时精度高、使用方便、功能多、便于集成化而受广大消费者的喜爱，因此得到了广泛的使用。

学习目标

▶ 知识目标

(1) 了解定时/计数器的结构与工作原理；
(2) 了解定时/计数器的特殊功能寄存器；
(3) 了解中断的工作方式。

◉ 技能目标

(1) 能识读单片机相关的硬件电路图；
(2) 能设计简易数字钟。

▣ 素养目标

(1) 培养乐于思考、敢于实践、做事认真的工作作风；
(2) 培养好学、严谨、谦虚的学习态度；
(3) 培养健康向上、不畏难、不怕苦的工作态度；
(4) 培养良好的职业道德、职业纪律；
(5) 培养遵循严格的安全、质量、标准等规范的意识；
(6) 培养自我检查、自我学习、自我促进、自我发展的能力。

任务4.1 嘀嘀报警器设计

任务描述

设计一个嘀嘀报警器，使蜂鸣器每隔1 s发出"嘀"报警声。

知识准备

4.1.1 定时/计数器的结构与工作原理

定时/计数器结构与工作原理

1. 定时/计数器的基本结构

8051单片机定时/计数器的结构如图4.1.1所示，它由T0、T1、方式寄存器TMOD和控制寄存器TCON四大部分组成。

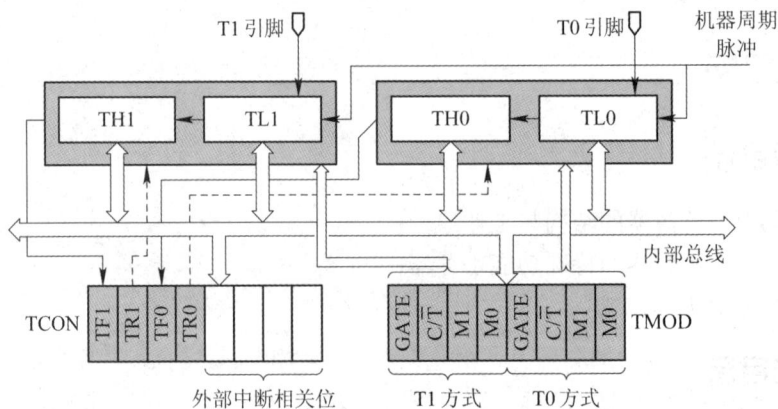

图4.1.1 定时/计数器的结构

两个16位的定时/计数器分别由两个专用寄存器组成，其中T0由TH0和TL0组成，T1由TH1和TL1组成。特殊功能寄存器TMOD和TCON用于定时/计数器的管理和控制，TMOD是工作方式寄存器，用于定时/计数器工作方式和功能的设置；TCON是定时/计数器控制寄存器，用于控制定时/计数器的启动与停止。

2. 定时/计数器的工作原理

定时/计数器的工作原理如图4.1.2所示。定时/计数器的核心是16位可预置初值的加1计数器，每来一个脉冲计数器加1，当加到计数器全为1时，再输入一个脉冲就会使计数器溢出从而回零。加1计数器输入的计数脉冲有两个来源，一个是由系统的时钟振荡器输出经12分频后送来的；另一个是T0或T1引脚(P3.4或P3.5)输入的外部脉冲源。如果定时/计数器工作于定时模式，则表示定时时间已到；如果工作于计数模式，则表示计数值已满。

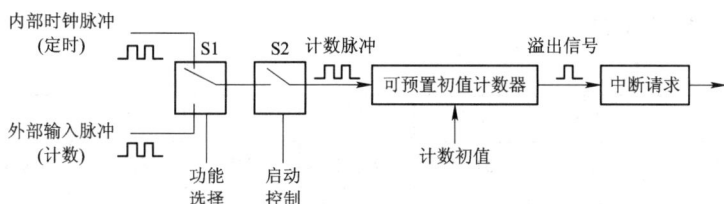

图 4.1.2　定时/计时器的工作原理框图

设置为计数模式时，是对外部事件进行计数，计数脉冲来自相应的外部输入引脚 T0 或 T1；设置为定时模式时，也是通过计数实现的，此时计数脉冲来自内部时钟脉冲，每个机器周期使计数器加 1。

4.1.2　定时/计数器的相关特殊功能寄存器

单片机在使用定时/计数器功能时，通过对两个与定时/计数器有关的寄存器(方式寄存器 TMOD 和控制寄存器 TCON)中的内容进行设置，从而达到对定时/计数器进行控制的目的。TMOD 确定定时/计数器的工作方式和功能；TCON 控制 T0、T1 的启动、停止和设置溢出标志等。

1. 方式寄存器 TMOD

TMOD 的格式如下：

位序号	D7	D6	D5	D4	D3	D2	D1	D0
位符号	GATE	C/$\overline{\text{T}}$	M1	M0	GATE	C/$\overline{\text{T}}$	M1	M0
	T1				T0			

TMOD 的高 4 位用于设置定时器 T1，低 4 位用于设置定时器 T0。各对应位的含义如下：

1) GATE：门控制位

GATE=0：软件启动方式，定时/计数器的启动与停止仅受 TCON 寄存器中 TR0 或 TR1 的控制；GATE=1：硬件软件共同启动方式，定时/计数器的启动与停止由 TCON 中的 TR0 或 TR1 和外部中断引脚 $\overline{\text{INT0}}$ (P3.2)或 $\overline{\text{INT1}}$(P3.3)共同控制。

2) C/$\overline{\text{T}}$：功能模式选择位

C/$\overline{\text{T}}$ =0：定时功能模式；C/$\overline{\text{T}}$ =1：计数功能模式。

3) M1、M0：工作方式选择位

定时/计数器有 4 种工作方式，可由 M1、M0 来设定，其对应关系如表 4.1.1 所示。

表 4.1.1　方式选择位的含义

M1M0	工作方式	功能说明
0　0	方式 0	13 位计数器
0　1	方式 1	16 位计数器
1　0	方式 2	初值自动重载的 8 位计数器
1　1	方式 3	T0：分成两个 8 位计数器 T1：停止计数

2. 控制寄存器 TCON

TCON 的格式如下：

位序号	D7	D6	D5	D4	D3	D2	D1	D0
位地址	8FH	8EH	8DH	8CH	8BH	8AH	89H	88H
位符号	TF1	TR1	TF0	TR0	IE1	IT1	IE0	IT0

TCON 的高 4 位用于定时/计数器；低 4 位用于外部中断。各对应位的含义如表 4.1.2 所示。

表 4.1.2　控制寄存器 TCON 各位的含义

控制位	功能	说明
TF1	T1 溢出标志位	当 T1 计满溢出时，由硬件使 TF1 置 1。在中断允许时，该位向 CPU 发出 T1 的中断请求，进入中断服务程序后，该位由硬件自动清零；在中断屏蔽时，该位可作查询测试用，此时只能由软件清零
TR1	T1 运行控制位	由软件置 1 或清零来启动或关闭 T1
TF0	T0 溢出标志位	类似 TF1，用于 T0
TR0	T0 运行控制位	类似 TR1，用于 T0
IE1	外部中断 1 请求标志位	IE1 = 0：外部中断 1 无中断请求 IE1 = 1：外部中断 1 发出中断请求
IT1	外部中断 1 触发方式选择位	IT1 = 0：电平触发方式，引脚 $\overline{INT1}$ 上低电平有效 IT1 = 1：跳变沿触发方式，引脚 $\overline{INT1}$ 上负跳变有效
IE0	外部中断 0 请求标志位	类似 IE1，用于外部中断 0($\overline{INT0}$)
IT0	外部中断 0 触发方式选择位	类似 IT1，用于外部中断 0($\overline{INT0}$)

4.1.3　定时/计数器的工作方式

8051 单片机的定时/计数器有四种工作方式，它们分别是工作方式 0~3。

定时/计数器的
工作方式

1. 工作方式 0

设置 M1M0 为 00，则定时器工作在方式 0，此时为 13 位的定时/计数器，其逻辑结构如图 4.1.3 所示。

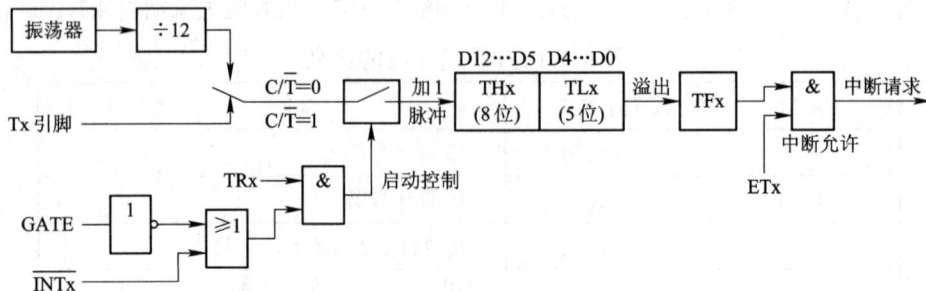

图 4.1.3　定时/计数器 T0 方式 0 逻辑结构图

定时/计数器 T1 的结构和操作与定时/计数器 T0 相同，这里以 T0 为例，此方式下，16 位寄存器(TH0 和 TL0)只用 13 位，就是 TH0 的 8 位和 TL0 的低 5 位，TL0 的高 3 位没有用。功能选择 $C/\overline{T}=0$ 时，计数脉冲来自内部时钟脉冲 12 分频的机器周期脉冲；$C/\overline{T}=1$ 时，计数脉冲来自外部事件脉冲输入引脚 T0(P3.4)。启动控制由 TR0、GATE 和 $\overline{INT0}$ 共同决定，GATE=0 时，或门被封锁，$\overline{INT0}$ 信号无效，TR0 直接控制定时/计数器 T0 的启动和停止；GATE=1 时，或门被打开，$\overline{INT0}$ 和 TR0 共同控制定时/计数器 T0 的启动和停止。

在加 1 脉冲的作用下开始加 1 计数，当 TL0 的低 5 位计满后向 TH0 进位，直到把 TH0 也计满，向溢出标志位 TF0 进位(称硬件置位 TF0)。

TH0、TL0 可设置初值，并从设置的初值开始加法计数，直到溢出。所设置的初值不同，计数值就不同。当初值为 0 时，就有最大的计数值 $M = 2^{13} = 8192$。

2. 工作方式 1

设置 M1M0 为 01，则定时器工作在方式 1，此时为 16 位的定时/计数器，其逻辑结构如图 4.1.4 所示。

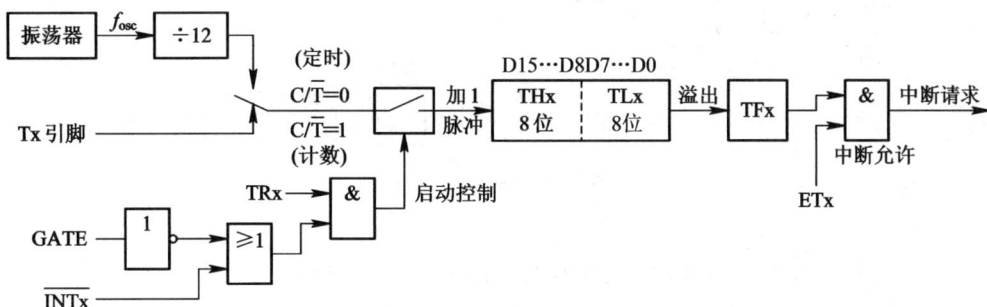

图 4.1.4 定时/计数器 T0 方式 1 逻辑结构图

此方式下，16 位寄存器(TH0 和 TL0)全部用上。在加 1 脉冲的作用下开始加 1 计数，当 TL0 的 8 位计满后向 TH0 进位，直到把 TH0 也计满，向溢出标志位 TF0 进位。最大的计数值 $M = 2^{16} = 65536$。

3. 工作方式 2

设置 M1M0 为 10，则定时器工作在方式 2，此时为初值自动重载的 8 位定时/计数器，其逻辑结构如图 4.1.5 所示。

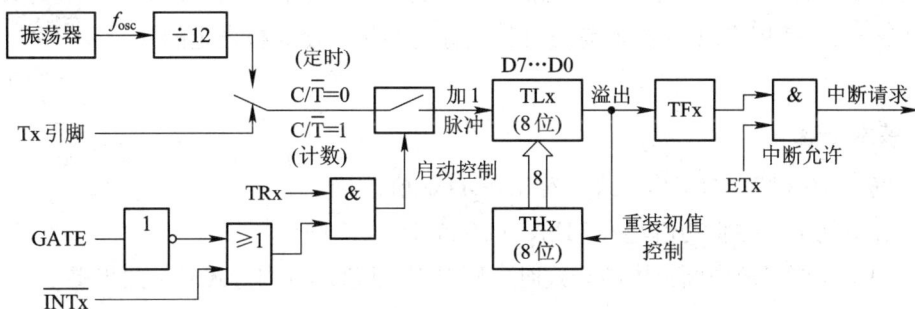

图 4.1.5 定时/计数器 T0 方式 2 逻辑结构图

此方式下，TL0 作为 8 位加 1 计数器使用，TH0 作为初值寄存器使用，两者由软件在初始化时赋相同的初值。在加 1 脉冲的作用下开始加 1 计数，当 TL0 的 8 位计满后，向溢出标志位 TF0 进位，同时发出重装载信号，硬件电路自动将 TH0 中的初值装入 TL0 中，使 8 位计数器 TL0 又从初值重新开始计数。最大的计数值 $M=2^8=256$。

4. 工作方式 3

设置 M1M0 为 11，则定时器工作在方式 3，工作方式 3 仅对 T0 有意义。此时定时器 T0 被分成两个互相独立工作的 8 位计数器 TH0 和 TL0。其逻辑结构如图 4.1.6 所示。

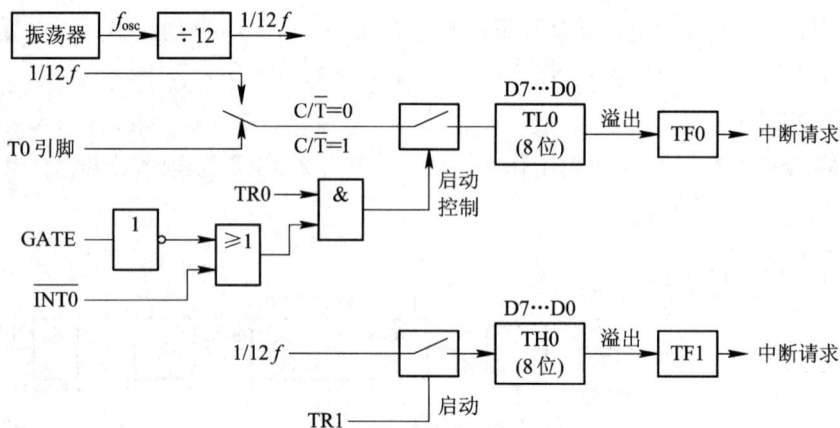

图 4.1.6　定时/计数器 T0 方式 3 逻辑结构图

TL0 既能用于定时又能用于计数，TL0 占用 T0 的控制位、引脚和中断源，包括 $C/\overline{T}$、GATE、TR0、TF0、T0(P3.4)引脚和 $\overline{INT0}$ (P3.2)引脚；TH0 只能用于定时功能，不能对外部事件计数，TH0 占用 T1 的控制位 TF1 和 TR1，同时还占用了 T1 的中断源，其启动和关闭仅受 TR1 控制。最大的计数值 $M=2^8=256$。

4.1.4　定时/计数器初始化

由于 8051 的定时/计数器是可编程的，即它的功能是由软件编程确定的，所以一般在使用定时/计数器前应对其进行初始化，使其按设定的功能工作。

定时/计数器
初始化

1. 基本步骤

(1) 确定 T0 和 T1 的工作方式，对 TMOD 赋值。

(2) 计算初值，并将初值写入 TH0、TL0 或 TH1、TL1。

(3) 根据需要开放中断，中断方式时，则对 IE 赋值；查询方式时，此步骤没有。

(4) 对 TR0 或 TR1 置位，启动定时/计数器工作。

2. 计算初值 X

(1) 计数功能：X = 最大计数值 M - 计数值 n。

(2) 定时功能：X = 最大计数值 $M - t/T$，其中，t 为定时时间，T 为机器周期。

选择 T0 方式 0 用于定时，实现在 P3.6 上输出频率为 1 kHz 的方波，试对定时器进行初始化。晶振频率 f_{osc} = 12 MHz。

分析：1 kHz 的方波信号其周期为 1 ms，只要使 P3.6 每隔半个周期(即 500 μs)取反一次，即可得到输出频率为 1 kHz 的方波。因而 T0 的定时时间为 500 μs，可选方式 0 和方式 1，因定时时间不长，这里取方式 0 即可，M1M0 = 00。

定时/计数器用于定时，所以 C/$\overline{T}$ =0；在此用软件启动 T0，所以 GATE=0。T1 这里不用，方式字可任意设置，一般取 0。故 TMOD = 0X00。

机器周期 T=12/f_{osc} = 12/(12 × 10^6) = 10^{-6}s = 1 μs

X = 2^{13} - 500/1 = 7692 = 1111000001100B

TH0 = 11110000B = 0XF0；

TL0 = 00001100B = 0X0C。

☑ 任务实施

任务：蜂鸣器发
出滴滴警报声

一、任务分析与方案制定

1. 任务分析

根据任务描述，本次任务有以下需求：选用的晶振为 12 MHz，用 T0 的工作方式 1 定时 1 s，改变 P2.5 口高低电平控制蜂鸣器发声。

2. 方案制定

(1) 本次设计拟采用仿真方式实现；

(2) 使用 89C51 单片机 P2.5 口控制蜂鸣器。

二、工作条件准备

硬件：计算机 1 台。

软件：Keil μVision4/5 开发环境，Proteus 8.6 以上仿真软件。

三、硬件原理图设计

嘀嘀警报器硬件设计原理如图 4.1.7 所示，主要由单片机最小系统和蜂鸣器电路组成。单片机的 P2.5 端口输出控制信号控制蜂鸣器发声。

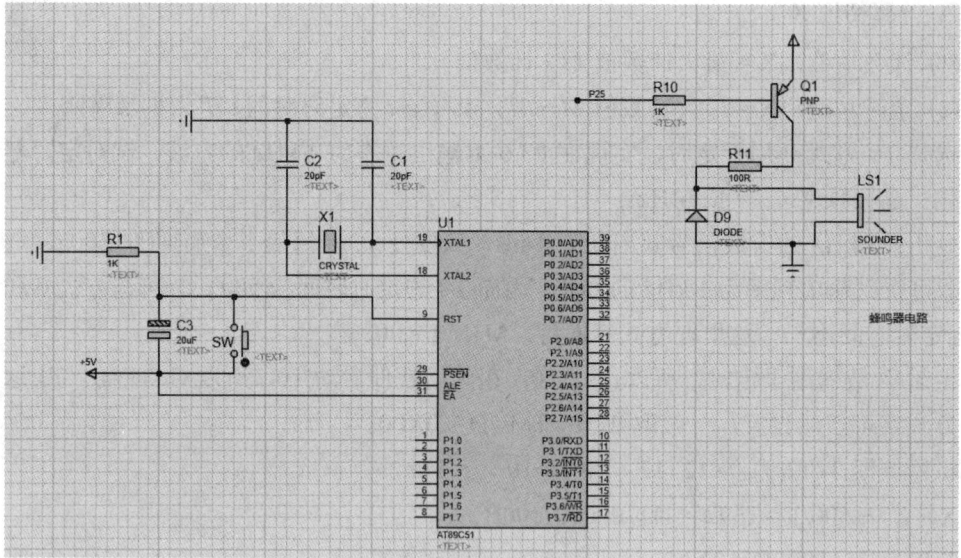

图 4.1.7　蜂鸣器原理图

四、软件设计

参考程序如下：

```
/*利用定时计数器查询方式实现 P2.5 控制蜂鸣器*/
#include <reg51.h>
sbit buzzer = P2^5;
void    timer1s( );                //声明定时 1s 的函数
void    main( )                    //主函数
{
    P2=0XFF;
    TMOD=0X01;                     //设置定时/计数器 0 工作在方式 1，用于定时
while (1)                          //每隔 1s 改变 P2.5 的状态
{
    timer1s( );
    buzzer=~buzzer;
}
}


void    timer1s(    )              //定义定时 1s 的函数
{
unsigned char i;
  i=0;
TH0=(65536-50000)/256;   //设置定时/计数器 0 的计数初值，以确定定时时间 50ms
```

```
        TL0=(65536-50000)%256;
        TR0=1;                          //启动定时
    while(i<20)                         //1 s 时间未到
        {
            while(TF0==0) ;            //判断定时时间 50 ms 到了没有，没有到则等待
            i++;                        //定时时间到，累加变量加 1
            TH0=(65536-50000)/256;     //重装计数初值
            TL0=(65536-50000)%256;
            TF0=0;                      //溢出标志清零
        }
    }
```

五、调试与运行测试

1. 软件调试

在集成开发环境 Keil μVision4/5 中调试程序，直至没有错误，最后生成 HEX 文件。

2. Proteus 仿真调试

将生成对应的 HEX 文件加载在 89C51 中，点击"运行"按钮，观察运行效果，关注软件程序实现的功能与任务描述要求是否一致。如果不一致，需要回到前面的步骤继续进行软件功能调试，直到符合任务描述要求。

3. 运行测试

上电运行，可以观测到点阵显示效果，仿真运行效果，P2.5 接口有高低电平切换。如图 4.1.8 所示。

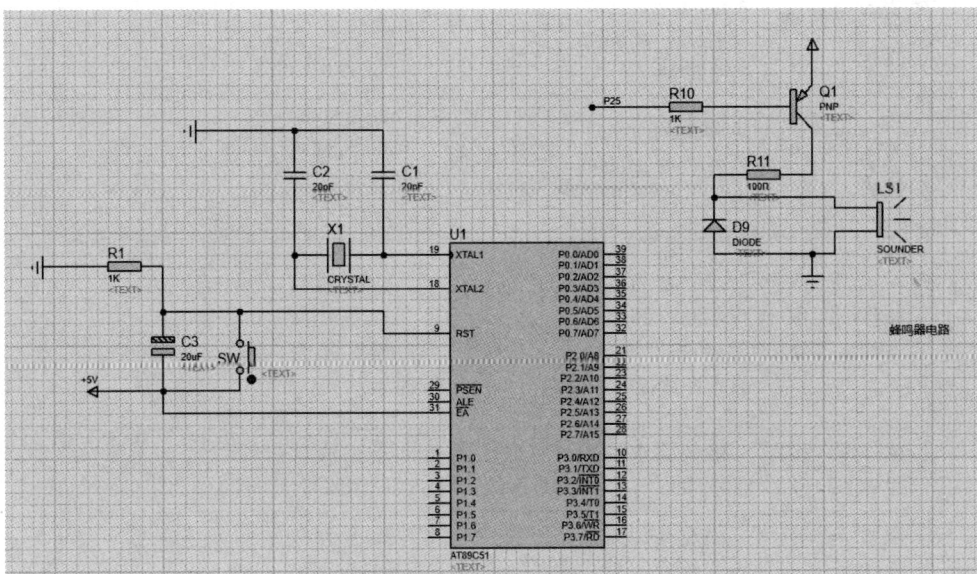

图 4.1.8 蜂鸣器运行效果

六、技术文档撰写

以小组为单位，参考附录完成本小组技术开发文档撰写。

✓ 任务完成评价

采用表 4.1.3 所示的评价表对任务完成情况进行评价，主要考核工作任务完成的效果以及完成过程中的职业素养、职业能力以及创新意识等。

表 4.1.3　工作任务完成情况评价表

评价项	评价指标	分值	评价等级			占比/%			考核得分	备注
			优	及格	不及格	自评	互评	教师评价		
						20	30	50		
过程中的职业素养评价（20分）	工作态度	5分	按时到岗，态度认真	按时到岗	不到岗					
	沟通合作	5分	主动与组员沟通，主导合作共同完成任务	能与组员沟通,合作共同完成任务	不与所在组成员配合					
	环境维护	5分	操作台面整洁，工作环境很干净	操作台面整洁,工作环境干净	操作台面零乱,卫生差					
	软件编写规范	5分	格式统一，命名规范，可读性强，注释有效简洁	格式不够规范,但具有可读性	格式凌乱,可读性差,无注释					
过程中的职业能力评价（40分）	方案制定	10分	制定的方案符合蜂鸣器的发声功能	方案制定较为合理	方案制定不合理,蜂鸣器发声不能实现					
	硬件设计	10分	蜂鸣器与主控芯片接口设计合理，完成原理图绘制	完成蜂鸣器与主控芯片接口设计,完成原理图绘制	蜂鸣器与主控芯片接口设计不合理					
	软件设计	10分	能按要求设计程序	完成了软件程序编写	未完成软件程序编写					
	软硬件调试	10分	快速找到问题并排除，完成调试	能找到问题并排除,完成调试	找不到故障问题,调试不成功					

评价项	评价指标	分值	评价等级			占比/%			考核得分
			优	及格	不及格	自评	互评	教师评价	
						20	30	50	
任务完成结果评价 (40分)	功能实现	30分	能够实现任务要求，蜂鸣器可以发声	能实现蜂鸣器1 s交替发声	不能实现蜂鸣器1 s交替发声				
	技术文档编写	10分	充分表达设计思想，易于客户看懂	能表达出设计思想，客户可以看懂	设计思想表达不清楚，不易看懂				
加分项	创新与拓展	10分	软件设计思想方法创新或功能有拓展						

❓ 任务拓展与思考

在现有基础上实现简单音乐发声。

任务4.2 可调数字钟设计

📋 任务描述

用 51 单片机的定时/计数器产生 1 s 的定时时间，作为秒计数时间；当 1 s 产生时，秒计数加 1；开机时，显示 23:59:57，并开始连续计时；计时满 23:59:59 时，返回 00:00:00 重新开始计时；在以上设计基础上，在单片机的 I/O 口上分别接入四个按键：K2—控制"秒"的调整，每按一次加 1 秒；K1—控制"分"的调整，每按一次加 1 分；K0—控制"时"的调整，每按一次加 1 小时；K3—时间复位按键。

📑 知识准备

4.2.1 中断系统简介

1. 中断

在生活中会发生一些这样的事情，如你正在家里看书，突然电话铃响了，这时你会放下书本，去接电话，和来电话的人交谈，交谈后会放下电话，回去继续看书，其流程如图

4.2.1 所示。这就是生活中的"中断"现象，就是正常的工作过程被另外某些事情打断了。

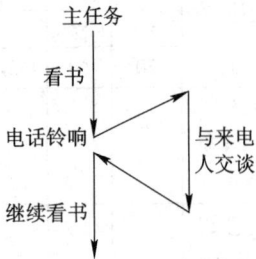

图 4.2.1 生活中的中断流程

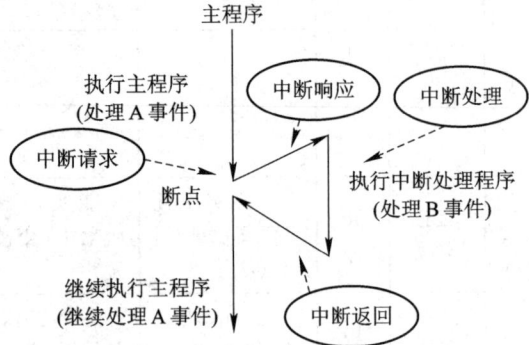

图 4.2.2 单片机中断处理流程

单片机中的所谓中断是指 CPU 正在处理 A 事件时，突然发生另外的事件 B 请求 CPU 紧急处理(中断请求)，CPU 暂停当前工作(中断响应)，转而处理 B 事情(中断处理)，处理完后再回到原被打断的地方，继续处理 A 事件(中断返回)的这一过程，其流程如图 4.2.2 所示。

2. 中断源

引起中断的原因或能发出中断请求的来源称为中断源。8051 单片机中共有 5 个中断源：2 个外部中断，2 个定时/计数器中断，1 个串行口中断。

3. 中断技术的优点

1) 提高 CPU 的利用率

有了中断功能就能解决快速 CPU 和慢速外设之间的矛盾。CPU 在启动外设工作后，继续执行自己的正常工作，此时外设也在工作，只有当外设做完一件事情发出中断请求时，CPU 才中断正在执行的程序，转去执行中断服务，中断处理完后再恢复执行原来的工作，而不必始终在等待中。这样 CPU 可以命令多个外设同时工作，从而大大提高了 CPU 的利用率。

2) 实现实时处理

在实时控制中，现场的各个参数、信息会随时间和现场情况不断变化，有了中断功能，就可以根据要求随时向 CPU 发出中断请求，要求 CPU 及时处理，使单片机的工作更加灵活。

3) 故障处理

单片机在运行过程中，出现一些事先无法预料的故障是难免的，如电源突跳、存储出错等。有了中断功能，单片机就能自行处理，而不必停机处理。

4.2.2 中断系统的结构

单片机中能实现中断功能的部件称为中断系统。8051 单片机的中断系统由中断源、与中断有关的特殊功能寄存器(TCON、SCON、IE、IP)、中断入口和顺序查询逻辑电路等组成，其结构如图 4.2.3 所示。

中断系统结构
以及工作原理

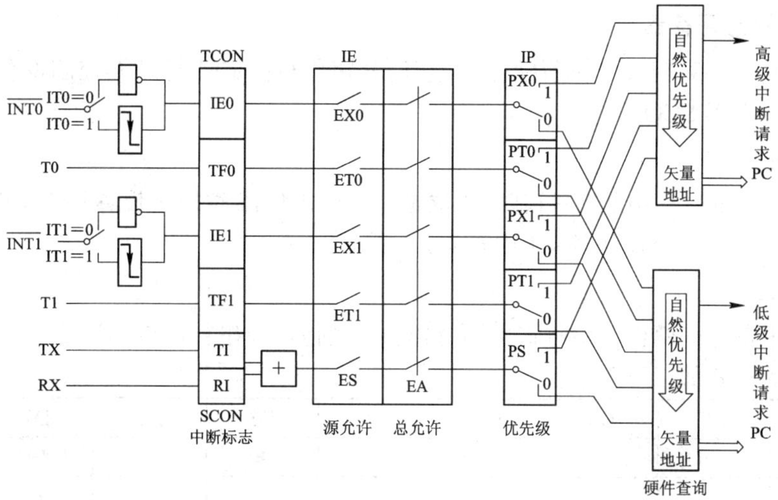

图 4.2.3 8051 中断系统的内部结构框图

1. 中断源

标准 8051 单片机中断系统有 5 个中断源,分别为外部中断 0 请求 $\overline{INT0}$、外部中断 1 请求 $\overline{INT1}$、定时/计数器 T0 溢出中断请求、定时/计数器 T1 溢出中断请求、串行口中断请求 RI 或 TI。

2. 与中断有关的特殊功能寄存器

与中断有关的特殊功能寄存器有 4 个,分别为中断标志寄存器 TCON 和 SCON、中断允许控制寄存器 IE 和中断优先级控制寄存器 IP。

3. 顺序查询电路

标准 8051 单片机有两个中断优先级:高优先级和低优先级。同一优先级别的中断源采用内部自然优先级,由顺序查询电路形成。

4. 中断入口

5 个中断源对应着 5 个中断入口,它们之间的对应关系如表 4.2.1 所示。对 C 语言程序,可以不知道中断入口的真实地址,而用相应的序号来代替。

表 4.2.1 8051 单片机中断源的入口地址和序号

中断源	中断入口地址	中断序号
$\overline{INT0}$(外部中断 0)	0003H	0
T0(定时/计数器 0 中断)	000BH	1
$\overline{INT1}$(外部中断 1)	0013H	2
T1(定时/计数器 1 中断)	001BH	3
TI/RI(串行口中断)	0023H	4

4.2.3 与中断系统有关的特殊功能寄存器

8051 单片机是通过对四个与中断有关的特殊功能寄存器进行内容查询或控制来达到中断控制的目的。

1. 中断标志寄存器

每个中断源都对应一个中断标志位，它们分别分布在定时/计数器控制寄存器 TCON 和串行口控制寄存器 SCON 中。

1) TCON

TCON 中有 6 位与中断有关(其中 4 位是中断标志位，2 位用来设置外部中断触发方式)，另外 2 位与中断无关。如任务 4.1 中表 4.1.2 所示。

2) SCON

SCON 中最低的两位为串行口中断标志位，其他位为串行口控制设置位，在此不详述。

SCON 的格式如下：

位序号	D7	D6	D5	D4	D3	D2	D1	D0
位地址							99H	98H
位符号							TI	RI

SCON 最低两位的含义如下：

TI：串行发送中断标志，当串行口发送完一帧数据后，该位由硬件自动置 1，供中断系统的查询电路进行中断查询。

RI：串行口接收中断标志位，当串行口接收完一帧数据后，该位由硬件自动置 1，供中断系统的查询电路进行查询。

TI 和 RI 与其他 4 个中断标志位不同的是，串行口中断响应完成后不会自动清 0，必须用软件清 0。

2. 中断允许寄存器 IE

8051 单片机的 5 个中断源都是可屏蔽中断，中断系统内部有一个中断允许寄存器 IE，用于控制各中断源的中断开放或屏蔽。

IE 的格式如下：

位序号	D7	D6	D5	D4	D3	D2	D1	D0
位地址	AFH			ACH	ABH	AAH	A9H	A8H
位符号	EA			ES	ET1	EX1	ET0	EX0

IE 各对应位的含义如表 4.2.2 所示。

表 4.2.2　中断允许寄存器 IE 各位的含义

中断允许位	功能	说明
EA	总中断允许位	EA=1，开放所有中断；EA=0，禁止所有中断
ES	串行口中断允许位	ES=1，开放串行口中断；ES=0，禁止串行口中断
ET1	定时/计数器 T1 中断允许位	ET1=1，开放 T1 中断；ET1=0，禁止 T1 中断
EX1	外部中断 1 中断允许位	EX1=1，开放外部中断 1 中断；EX1=0，禁止外部中断 1 中断
ET0	定时/计数器 T0 中断允许位	ET0=1，开放 T0 中断；ET0=0，禁止 T0 中断
EX0	外部中断 0 中断允许位	EX0=1，开放外部中断 0 中断；EX0=0，禁止外部中断 0 中断

3. 中断优先级寄存器 IP

8051 单片机有两个中断优先级：高优先级和低优先级。中断优先级控制寄存器 IP 可以设置中断源为高优先级中断或低优先级中断。

IP 的格式如下：

位序号	D7	D6	D5	D4	D3	D2	D1	D0
位地址				BCH	BBH	BAH	B9H	B8H
位符号				PS	PT1	PX1	PT0	PX0

IP 各对应位的含义如表 4.2.3 所示。

表 4.2.3 中断优先级寄存器 IP 各位的含义

控制位	功能	说明
PS	串行口中断优先控制位	PS=1，串行口中断为高优先级中断； PS=0，串行口中断为低优先级中断
PT1	定时器 T1 中断优先控制位	PT1=1，定时器 T1 中断为高优先级中断； PT1=0，定时器 T1 中断为低优先级中断
PX1	外部中断 1 中断优先控制位	PX1=1，外部中断 1 中断为高优先级中断； PX1=0，外部中断 1 中断为低优先级中断
PT0	定时器 T0 中断优先控制位	PT0=1，定时器 T0 中断为高优先级中断； PT0=0，定时器 T0 中断为低优先级中断
PX0	外部中断 0 中断优先控制位	PX0=1，外部中断 0 中断为高优先级中断； PX0=0，外部中断 0 中断为低优先级中断

同一优先级别的中断源可能不止一个，因此也需要进行优先排队。同一优先级别的中断源采用内部自然优先级，它由硬件形成，其优先顺序如下：

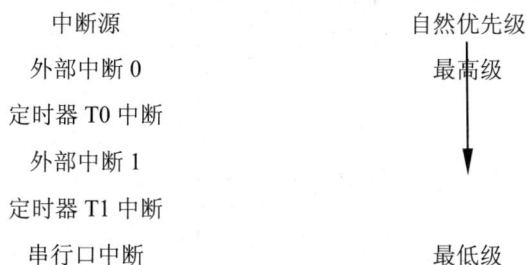

中断源	自然优先级
外部中断 0	最高级
定时器 T0 中断	
外部中断 1	
定时器 T1 中断	
串行口中断	最低级

4.2.4 中断处理过程

中断处理过程可分为 3 个阶段：中断响应、中断处理、中断返回。中断响应是 CPU 对中断源中断请求的回答。单片机在运行时，并不是任何时刻都会去响应中断请求，而是在中断响应条件满足之后才会响应。

1. 中断响应条件

CPU 响应中断的基本条件为：

(1) 有中断源发出中断请求；

(2) 中断总允许位 EA = 1，即 CPU 允许所有中断源申请中断；

(3) 申请中断的中断源的中断允许位为 1，即 CPU 允许相应中断。

若满足上述条件，CPU 一般会响应中断，但如果出现下列任何一种情况，对应中断响应会受到阻断：

(1) CPU 正在执行一个同级或高一级的中断服务函数；

(2) 当前指令未执行完；

(3) 正在执行中断返回或访问寄存器 IE 和 IP。

若存在任何一种阻断情况，中断查询结果即被取消，否则在紧接着的下一个机器周期就会响应中断。

2. 中断处理过程

如果中断响应条件满足，且不存在中断阻断的情况，则 CPU 就会响应中断，进行相应的中断处理。此时中断系统会自动产生中断函数调用指令，通过硬件查询对应中断入口地址，同时自动把原来断开的位置(断点)保护起来，然后去执行用户编写的能实现一定功能的中断服务函数，执行完中断后返回原来断点，中断处理过程的流程如图 4.2.4 所示。中断处理过程就是硬件自动调用并执行中断函数的过程。

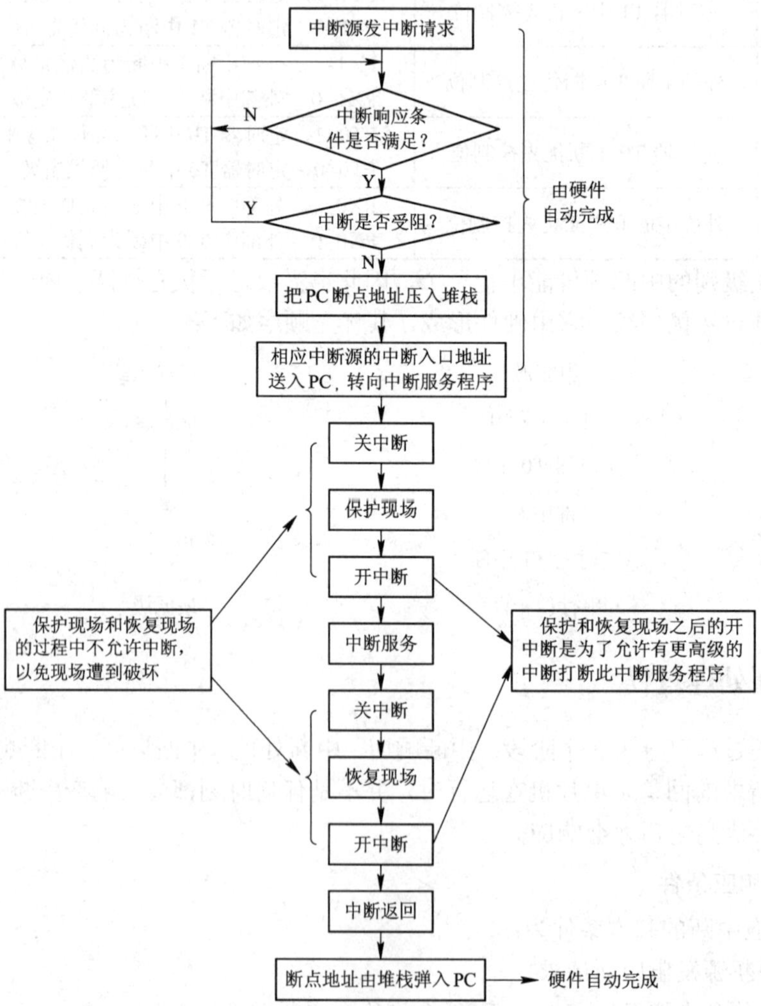

图 4.2.4　中断处理过程流程图

4.2.5　中断服务函数编写

使用中断功能时，程序一般由主函数和中断服务函数组成。CPU 正常工作时运行的程序称为主函数，处理随机事件的程序叫作中断服务函数。与中断有关的特殊功能寄存器的内容初始化在主函数中进行设置。

中断服务函数是一种特殊的函数。为了在 C 语言源程序中直接编写中断服务函数的需要，C51 编译器对函数的定义进行了扩展，增加了一个扩展关键字 interrupt。关键字 interrupt 是函数定义时的一个选项，加上这个选项就可以将一个函数定义成中断服务函数。C51 中定义中断服务函数的一般格式如下：

void　中断函数名( ) interrupt　中断号　using　工作组
{
　　中断服务程序内容
}

中断函数不能返回任何值，所以最前面用 void，后面紧跟函数名，名字可以任意起，但不要与 C 语言中的关键字相同，最好与当时的应用有关；中断函数并不传入参数，所以函数后面的小括号内为空；中断号就是指单片机中中断源的序号，这个序号是编译器识别不同中断的唯一符号，因此在写中断服务程序时一定要写正确；最后面的"using 工作组"是指该中断函数使用单片机内部数据存储器中 4 组工作寄存器中的哪一组，在定义一个函数时 using 是一个选项，如果不用该选项，则由 C51 编译器在编译程序时自动分配工作组，因此这部分通常可以省略不写。

如：void　int0(void)　interrupt 0
{
…
}

上面的函数是函数名为 int0 的外部中断 0 中断服务函数，在花括号里编写该中断服务函数的内容。

中断服务程序的内容一般包括三个部分：首先需要保护现场，然后是中断程序，中断返回时还需要恢复现场。保护现场和恢复现场是为了不使现场数据遭到破坏或造成混乱，保护现场前要关中断，恢复现场之后再开中断；若有中断嵌套，即保护现场后允许高优先级中断，则保护现场后应开中断，同样恢复现场前应关中断。

✔ 任务实施

一、任务分析与方案制定

1. 任务分析

根据任务描述，本次任务有以下需求：

(1) 选用的晶振为 12 MHz，用 T0 的工作方式 1 定时 1 s，在六位数码管中显示数字钟，左边两位显示小时，右边两位显示秒，中间两位显示分钟；

(2) 通过 4 个独立按键控制小时增加、分增加、秒增加、清零复位功能。

2. 方案制定

(1) 本次设计拟采用仿真方式实现；

(2) 使用 89C51 单片机 P0 控制数码管段选，P2.0～P2.5 控制数码管位选，P3.0～P3.4 控制四个按键。

二、工作条件准备

硬件：计算机 1 台。

软件：Keil μVision4/5 开发环境，Proteus 8.6 以上仿真软件。

三、硬件原理图设计

可调数字钟硬件电路，采用共阴极数码管，段选端接单片机 P0 口，位选端通过 74HC245 芯片连接到单片机 P2 口，4 个独立按键从左向右分别控制时增加、分增加、秒增加、复位。如图 4.2.5 所示。

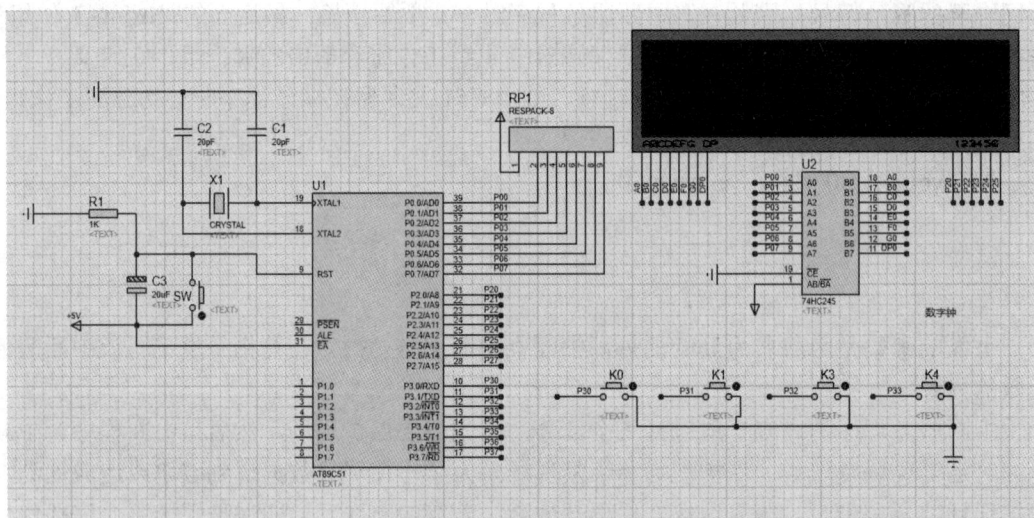

图 4.2.5 可调数字钟原理图

四、软件设计

程序设计时需要显示功能和按键功能，首先把显示功能调试成功，然后把独立按键功能调试成功，可以通过按下按键在数码管中显示数字增减。待两个功能都调试成功，使用中断计时实现秒显示，然后依次完成分钟、小时显示。

参考程序如下：

```
#include <reg51.h>
#define GPIO_DIG        P0      //段选 I/O
```

```
#define GPIO_PALCE        P2      //位选 I/O
unsigned char shi=23,fen=59,miao=57;
unsigned char num;
sbit K0=P3^0;        //时增加
sbit K1=P3^1;        //分增加
sbit K2=P3^2;        //秒增加
sbit K3=P3^3;        //复位
unsigned char code leddata[]={//数码管的段码表
                0X3F,    //"0"
                0X06,    //"1"
                0X5B,    //"2"
                0X4F,    //"3"
                0X66,    //"4"
                0X6D,    //"5"
                0X7D,    //"6"
                0X07,    //"7"
                0X7F,    //"8"
                0X6F,    //"9"
                        };
unsigned char LEDBuf[]={23,23,22,22,22,22};//数据缓冲区
unsigned char code PLACE_CODE[]={0XFE,0XFD,0XFB,0XF7,0XEF,0XDF};   //数码管位选端数据为
常量，放在 ROM 中
unsigned char DotDig0=0,DotDig1=0,DotDig2=0,DotDig3=0,DotDig4=0,DotDig5=0;
/*********************

函数名：DelayXms
功  能：毫秒级延时函数
参  数：unsigned int xms(1~65535)
返回值：无
********************/
void DelayXMs(unsigned int xms)
{
 unsigned int i,j;
 for(i=xms;i>0;i--)
      for(j=124;j>0;j--);
}


void KeyCan()
{
 if(K0==0)   //按键 K0 按下，调整小时，实现小时数加 1
```

```
{
    DelayXMs(10);
    if(K0==0)
    {
        shi++;
        if(shi==24)
        shi=0;
        while(!K0);
    }
}
if(K1==0)    //按键 K1 控制分自增
{
    DelayXMs(10);
    if(K1==0)
    {
        fen++;
        if(fen==60)
        fen=0;
        while(!K1);
    }

}
if(K2==0)    //按键 K2 控制秒自增
{
    DelayXMs(10);
    if(K2==0)
    {
        miao++;
        if(miao==60)
        miao=0;
        while(!K2);
    }

}

if(K3==0)    //按键 K3，时间清零
{
    DelayXMs(5);
    if(K3==0)
```

```
        {
            shi=0;
            fen=0;
            miao=0;
            while(!K3);
        }
    }
}
/*********************
函数名：DisPlay
功　能：数码管显示
参　数：无
返回值：无
*********************/
void DisPlay()
{
    static unsigned char i=0;   //静态变量在第一次初始化后，后面 i 值不会受到该语句影响
    unsigned char temp = 0;

    switch(i)
    {
        case 0:
            GPIO_DIG =0X00;                  //消隐
            if(DotDig0 ==1)
            {
                temp = leddata[LEDBuf[0]]|0X80;
            }
            else
            {
                temp = leddata[LEDBuf[0]];
            }
            GPIO_DIG = temp;              //送段码
            GPIO_PALCE= PLACE_CODE[0];    //进行位选
            i++;
            break;
        case 1:
            GPIO_DIG =0X00;                  //消隐
            if(DotDig1 ==1)
```

```
        {
            temp = leddata[LEDBuf[1]]|0X80;
        }
        else
        {
            temp = leddata[LEDBuf[1]];
        }
        GPIO_DIG = temp;                    //段码
        GPIO_PALCE= PLACE_CODE[1];          //位选
        i++;
        break;
    case 2:
        GPIO_DIG =0X00;                     //消隐
        if(DotDig2 ==1)
        {
            temp = leddata[LEDBuf[2]]|0X80;
        }
        else
        {
            temp = leddata[LEDBuf[2]];
        }
        GPIO_DIG = temp;                    //段码
        GPIO_PALCE= PLACE_CODE[2];          //位选
        i++;
        break;
    case 3:
        GPIO_DIG =0X00;                     //消隐
        if(DotDig3 ==1)
        {
            temp = leddata[LEDBuf[3]]|0X80;
        }
        else
        {
            temp = leddata[LEDBuf[3]];
        }
        GPIO_DIG = temp;                    //段码
        GPIO_PALCE= PLACE_CODE[3];          //位选
        i++;
```

```
                    break;
                case 4:
                    GPIO_DIG =0X00;                    //消隐
                    if(DotDig4 ==1)
                    {
                            temp = leddata[LEDBuf[4]]|0X80;
                    }
                    else
                    {
                            temp = leddata[LEDBuf[4]];
                    }
                    GPIO_DIG = temp;                   //段码
                    GPIO_PALCE= PLACE_CODE[4];         //位选
                    i++;
                    break;
                case 5:
                    GPIO_DIG =0X00;                    //消隐
                    if(DotDig5 ==1)
                    {
                            temp = leddata[LEDBuf[5]]|0X80;
                    }
                    else
                    {
                            temp = leddata[LEDBuf[5]];
                    }
                    GPIO_DIG = temp;                   //段码
                    GPIO_PALCE= PLACE_CODE[5];         //位选
                    i=0;
                default :
                    break;

        }
}
void main()
{
 TMOD=0X01;
 TH0=(65536-50000)/256;
 TL0=(65536-50000)%256;
```

```c
    EA=1;
    ET0=1;
    TR0=1;
    DotDig1=1;
    DotDig3=1;
    while(1)
    {
        LEDBuf[0]=shi/10;
        LEDBuf[1]=shi%10;
        LEDBuf[2]=fen/10;
        LEDBuf[3]=fen%10;
        LEDBuf[4]=miao/10;
        LEDBuf[5]=miao%10;
        KeyCan();
        DisPlay();
    }
}

void    time0() interrupt 1
{
num++;
TH0=(65536-50000)/256;
TL0=(65536-50000)%256;
if(num==20)
    {
        num=0;
        miao++;
        if(miao==60)
        {
            miao=0;
            fen++;
            if(fen==60)
            {
                fen=0;
                shi++;
                if(shi==24)
                    shi=0;
            }
```

```
        }
    }
}
```

五、调试与运行测试

1. 软件调试

在集成开发环境 Keil μVision4/5 中调试程序，直至没有错误，最后生成 HEX 文件。

2. Proteus 仿真调试

将生成对应的 HEX 文件加载在 89C51 中，点击"运行"按钮，观察运行效果，关注软件程序实现的功能与任务描述要求是否一致。如果不一致，需要回到前面的步骤继续进行软件功能调试，直到符合任务描述要求。

3. 运行测试

上电运行，可以观测到点阵显示效果、仿真运行效果，如图 4.2.6 所示。

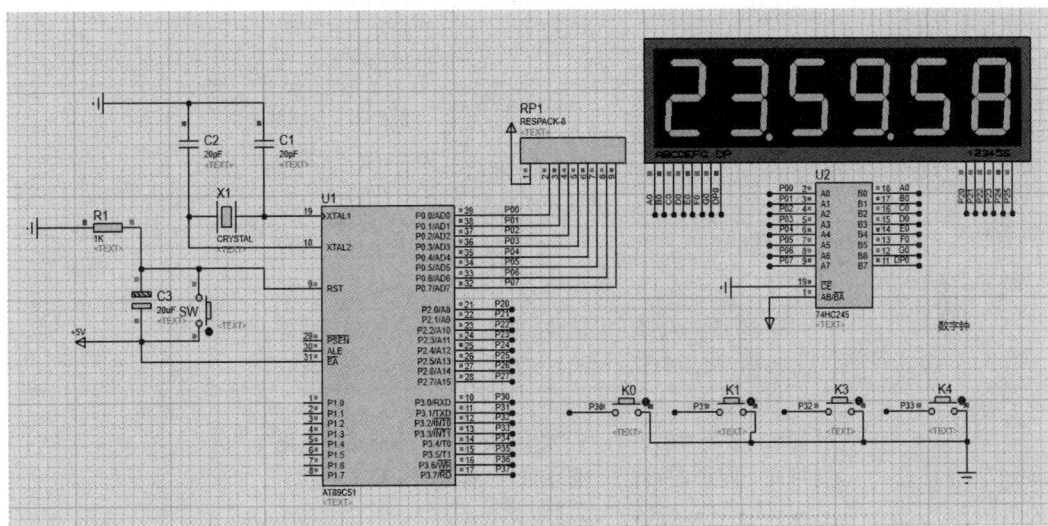

图 4.2.6　数字钟与按键运行效果

六、技术文档撰写

以小组为单位，参考附录完成本小组技术开发文档撰写。

✅ **任务完成评价**

采用表 4.2.4 所示的评价表对任务完成情况进行评价，主要考核工作任务完成的效果以及完成过程中的职业素养、职业能力以及创新意识等。

表4.2.4　工作任务完成情况评价表

评价项	评价指标	分值	评价等级			占比/%			考核得分	备注
			优	及格	不及格	自评	互评	教师评价		
						20	30	50		
过程中的职业素养评价（20分）	工作态度	5分	按时到岗，态度认真	按时到岗	不到岗					
	沟通合作	5分	主动与组员沟通，主导合作共同完成任务	能与组员沟通，合作共同完成任务	不与所在组成员配合					
	环境维护	5分	操作台面整洁，工作环境很干净	操作台面整洁，工作环境干净	操作台面零乱，卫生差					
	软件编写规范	5分	格式统一，命名规范，可读性强，注释有效简洁	格式不够规范，但具有可读性	格式凌乱，可读性差，无注释					
过程中的职业能力评价（40分）	方案制定	10分	制定的方案符合按键控制数字钟的功能	方案制定较为合理	方案制定不合理，数字钟显示数据不合理，按键不能工作					
	硬件设计	10分	数码管、按键与主控芯片接口设计合理，完成原理图绘制	完成数码管、按键与主控芯片接口设计，完成原理图绘制	数码管、按键与主控芯片接口设计不合理					
	软件设计	10分	能按要求设计程序	完成了软件程序编写	未完成软件程序编写					
	软硬件调试	10分	快速找到问题并排除，完成调试	能找到问题并排除，完成调试	找不到故障问题，调试不成功					
任务完成结果评价（40分）	功能实现	30分	能够实现任务要求，数码管能正常显示时钟，按键可以控制秒、分、时增加	能实现按键控制数字钟秒、分、时	不能实现按键控制数字钟秒、分、时					
	技术文档编写	10分	充分表达设计思想，易于客户看懂	能表达出设计思想，客户可以看懂	设计思想表达不清楚，不易看懂					
加分项	创新与拓展	10分	软件设计思想方法创新或功能有拓展							

？ 任务拓展与思考

1. 在现有基础上增加定时功能，设置定时效果后蜂鸣器可以发声。
2. 使用中断控制数码管动态显示。

项目五 PC 有线监控器设计

项目背景

工业控制现场有很多仪器仪表等监测点，用于监测工业控制过程的参数，而监控人员往往在几十米外的中控室里。为了让监控人员及时了解和处置现场情况，我们希望通过 PC 机等终端设备可以方便地监控这些仪器仪表，随时读取表的运行状态和相关数据；当仪表异常的时候，这些异常信息能够及时反馈到中控室的 PC 机中，以便监控人员处置异常情况。

工业控制是要面向用户的，用户可以直接发出操控命令的计算机(通常为 PC 机)为上位机，在系统中起主控作用，主要作为系统的规划控制层；而下位机(一般为单片机或者 PLC)是具体执行层，主要完成系统规划层下达的任务，一般用于接收和反馈上位机的指令，并且根据指令控制现场设备执行动作或从传感器读取数据反馈给上位机。

设计 PC 有线监控器可以完成 PC 机与工业控制现场监测点的通信联络，通常采用串行通信方式实现。

学习目标

知识目标

(1) 熟知串行通信的概念；

(2) 了解串行通信的三种制式；

(3) 熟知异步通信数据帧的一般格式；

(4) 了解常用的波特率；

(5) 熟知 51 单片机串行口的结构组成；

(6) 熟知与串行口有关的特殊功能寄存器 SCON、PCON 各位的含义；

(7) 了解 51 单片机串行口的工作方式；

(8) 熟知 RS-232C 串行通信总线的电平标准；

(9) 熟知 9 针 RS-232C 接口引脚；

(10) 了解 USB 转串口的常用芯片；

(11) 熟知串口调试助手的作用。

◎ 技能目标

(1) 能够利用串行口完成两个单片机之间的双机通信硬件电路设计；

(2) 能根据任务要求完成两个单片机之间的双机通信软件设计与调试；

(3) 能够合理选择通信方式，完成 PC 有线监控器硬件设计；

(4) 能根据任务要求完成 PC 有线监控器的软件设计与调试；

(5) 能利用串口调试助手完成软硬件联合调试；

(6) 能编写技术开发文档。

◎ 素养目标

(1) 培养良好的代码编写习惯和规范的代码编写意识；

(2) 培养准单片机工程师职业素养；

(3) 培养协同合作的团队精神；

(4) 培养创新意识。

任务 5.1　两个单片机之间的点对点通信设计

📑 任务描述

在一个控制系统中分布两处单片机，一个作为主机，另一个作为从机，从机接收主机发出的指令，执行具体的任务。每按一次主机上的按键，主机就会向从机发送一组数据；从机接收到数据后，将数据通过 8 个 LED 以二进制形式显示出来。

📑 知识准备

5.1.1　串行通信基础

在数据通信、计算机网络以及分布式工业控制系统中，经常采用串行通信来交换数据和信息。由于串行通信所需电缆线少、接线简单，在远距离传输中得到了广泛的运用。

串行通信简介

1. 串行通信

串行通信是指数据通过一根数据线，一位一位顺次从发送设备传送到接收设备，如图 5.1.1 所示。串行通信方式使用线路少，只需一对传输线，一方面成本低，另一方面可以避免多条线路特性不一致。它的缺点是传输速度相对慢。串行通信一般适用于远距离通信。

计算机网络中大多会采用串行通信方式进行数据传输。串行通信的过程为：先由计算

机内的发送设备将几位并行方式数据经并/串转换器转换成串行方式，再逐位顺次经传输线到达接收设备中，并在接收端将数据从串行方式经串/并转换器重新转换成并行方式，以供接收方使用。

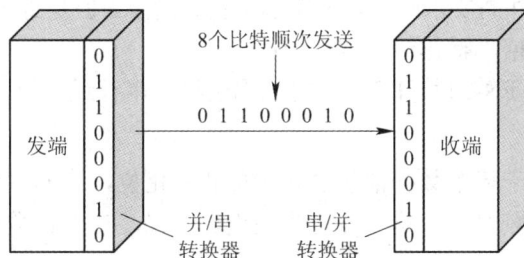

图 5.1.1　串行通信

2. 串行通信制式

按数据的传送方式，串行通信可分为单工、半双工、全双工三种通信制式。

在单工通信制式中，只能单向传送，只允许数据向一个方向传送，它只需一条通信线和一条地线，如图 5.1.2(a)所示。

在半双工制式中，在任一时刻只能发送或者接收信息，两个方向上的数据传送不能同时进行。但允许数据双向传送，只是需要分时进行。在这种制式下，也只需要一条通信线和一条地线，其收发开关一般是由软件控制的电子开关，如图 5.1.2(b)所示。

在全双工制式中，可以同时发送和接收，即数据可以在两个方向同时传送，此时需采用两条不同的通信线和一条地线，如图 5.1.2(c)所示。

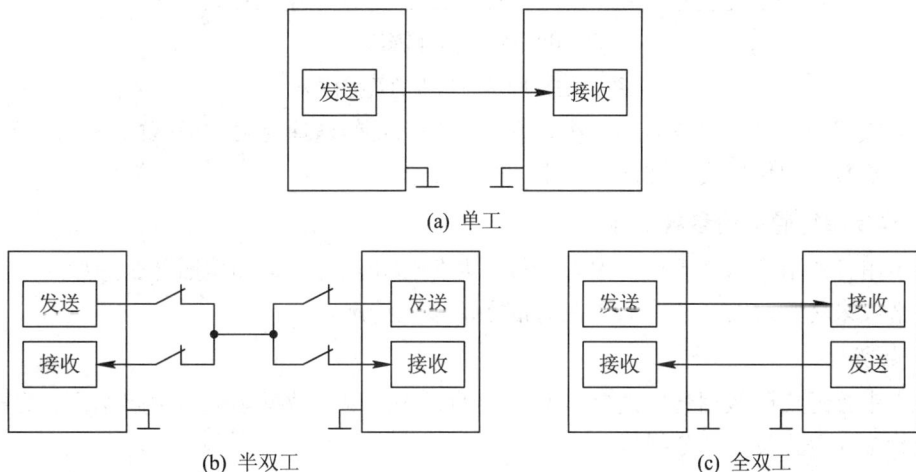

(a) 单工

(b) 半双工　　　　　　　　　　　　(c) 全双工

图 5.1.2　串行通信制式

3. 串行通信分类

按照串行数据的时钟控制方式，串行通信可分为异步通信和同步通信。

1) 异步通信

串行异步通信是主机与外部硬件设备常用的通信方式。设备间无需同步时钟信号，数据一般以特定的帧格式由发送端一帧一帧地发送，每一帧数据都是低位在前，高位在后，一位一位地串行传送，通过传输线被接收端一帧一帧地接收。发送端发送完一帧数据，可经过任意长的时间间隔再发送下一帧数据。

发送端和接收端可以由独立的时钟来控制数据的发送和接收，这两个时钟彼此独立，不要求严格同步，对硬件的要求较低，实现起来较为简单。但是每一帧数据除了有效数据，还会包含一些其他的数据，整体传输效率会低一些。

常见的 USB 接口、RS-232、RS-485 等均属于异步串行通信口。

2) 同步通信

在异步通信中，由于每个数据都包含起始位和停止位，它们占用了传送的时间，影响了传输效率，当数据量较大时，这一点更为突出，所以，在大量数据传输时，可以采用同步通信方式。

同步通信依靠同步字符在每个数据块传送开始时使收发双方同步。同步字符可由用户选定的某个特殊的 8 位二进制代码来表示，收发双方必须使用相同的同步字符。当线路空闲时不断发送同步字符。如图 5.1.3 所示，每一数据块发送开始时，先发送一个或两个同步字符，使发送与接收取得同步，然后再顺序发送数据。数据块的各个字符间取消起始位和停止位，所以通信效率得以提高。但同步通信要求由时钟来实现发送端与接收端之间的同步，故硬件较复杂。

同步 字符	数据 字符1	数据 字符2	数据 字符3	...	数据 字符n	校验 字符1	校验 字符2

(a) 单同步字符帧格式

同步 字符1	同步 字符2	数据 字符1	数据 字符2	...	数据 字符n	校验 字符1	校验 字符2

(b) 双同步字符帧格式

图 5.1.3　同步通信中的数据传送

实际应用中，异步通信常用于少量数据的传送及传送速度要求较低的场合，同步通信常用于大量数据的传送及传送速度要求较高的场合。

4. 异步串行通信的参数指标

异步串行通信有两个重要的参数指标：数据帧和波特率，即按照什么速度、以什么样的数据格式来传输数据，往往需要在通信之前事先约定。

1) 数据帧

异步串行通信的数据传输通常以数据帧的形式出现。数据帧通常由起始位、数据位、奇偶校验位和停止位四部分组成。

(1) 起始位：表示传送一个数据的开始，用低电平表示，占 1 位。

(2) 数据位：要传送数据的具体内容，典型的数据位数是 7 位或 8 位，一般为 7 位(如 ASCII 码)，数据从低位开始传送。

(3) 奇偶校验位：位于数据位之后，仅占 1 位，用来表征串行通信中采用奇校验还是偶校验，可由用户编程决定。为了检测数据传输的正确性，通常在数据位之后紧跟 1 位奇偶校验位，该位可用于有限差错检测，在通信时可由通信双方约定采用哪一种校验方式。

(4) 停止位：表示发送一个数据的结束，用高电平表示，占 1 位、1.5 位或 2 位。这里的 1 位对应于一定的发送时间，故有半位之说。

异步串行通信中典型的帧格式是：1 位起始位，7 位(或 8 位)数据位，1 位奇偶校验位，1 位(或 1.5 位、2 位)停止位。由以上可知，一帧数据一般可由 10 位、10.5 位或 11 位组成。

在异步串行通信中，两个相邻数据帧之间可以没有空闲位，如图 5.1.4(a)所示，也可以有若干空闲位，如图 5.1.4(b)所示，这由用户决定。

(a) 无空闲位数据帧

(b) 有空闲位数据帧

图 5.1.4 异步通信中数据传送的格式

2) 波特率

数字通信系统中信息传输速率可用比特率来衡量，表示每秒钟传送的二进制数据位数，单位为比特/秒(b/s)；码元传输速率可用波特率来衡量，表示每秒钟传送的码元符号个数，单位为波特(Baud/s)。通常一个码元符号可以由一个或多个二进制数据位来表示，对于二进制串行通信系统来说，一个码元符号就是用一个数据位来表示，此时波特率在数量上就等于比特率。

波特率是串行通信中的一个重要参数，是对传输速率的一种度量。串行通信常用的标准波特率大小有 600、1200、2400、4800、9600、19200 等。实际应用中应根据数据量的大小、线路质量的好坏等因素综合选择合适的波特率。

只有当通信双方采用相同的波特率时，通信才不会发生混乱，收发双方才能正常通信。

5.1.2 51 单片机的串行接口

51 单片机内部集成了可编程全双工通用异步收发(UART)串行接口。UART 功能很强，可同时接收和发送数据，能方便地与其他计算机或外设实现双机、多机通信。串行口作为 51 单片机与外部世界联系的桥梁，在工业控制系统中应用非常广泛。

串行口结构
与工作原理

1. 51 单片机串行口结构

51 单片机串行口内部主要由接收/发送缓冲器 SBUF、发送控制器、接收控制器、波特率发生器、接收输入移位寄存器和发送门组成，如图 5.1.5 所示。

图 5.1.5　51 单片机串行口结构

　　串行口内部有两个在物理上独立的缓冲器，一个为发送数据缓冲器(发送 SBUF)，一个是接收数据缓冲器(接收 SBUF)。但它们共用地址，在编程应用中就如同使用一个寄存器。其中，发送数据缓冲器只能写入、不能读出；接收数据缓冲器只能读出、不能写入。CPU 通过数据总线写 SBUF，就是修改发送数据缓冲器；读 SBUF，就是读接收数据缓冲器。可通过指令对 SBUF 的读写来区分是对接收 SBUF 的操作还是对发送 SBUF 的操作。如有指令 SBUF=0X01，即为写 SBUF，此时是对发送 SBUF 进行操作；如有指令 P0=SBUF，即为读 SBUF，此时是对接收 SBUF 进行操作。

　　串行通信口分为发送和接收两大方向，发送部分主要由发送 SBUF、发送控制器和发送门组成；接收部分主要由接收 SBUF、接收控制器和接收输入移位寄存器组成。在接收 SBUF 之前还有接收输入移位寄存器，从而构成了串行接收的双缓冲结构，以避免在数据接收过程中出现帧重叠的错误。与接收数据情况不同，发送数据时，由于 CPU 是主动的，不会发生帧重叠错误，因此发送电路不需要双缓冲结构。

　　波特率发生器通常由定时/计数器 T1 来实现。波特率可由软件设置，通过片内的定时/计数器产生，控制发送和接收数据的速度。

2. 串行口控制寄存器

1) 串行口控制寄存器 SCON

　　SCON 用于设定串行口的工作方式、接收/发送控制以及状态标志等。SCON 格式如图 5.1.6 所示，每一位都有对应的含义。

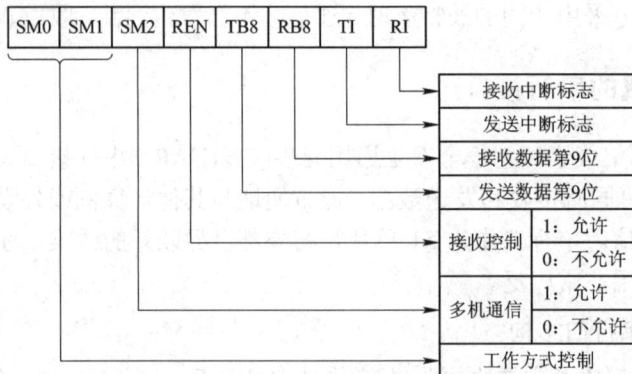

图 5.1.6　串行口控制寄存器 SCON

(1) SM0、SM1：串行口工作方式控制位，用来选择串行口的四种工作方式，如表 5.1.1 所示。

表 5.1.1　串行口工作方式

方式控制位		方式	功能	波特率
SM0	SM1			
0	0	0	同步移位寄存器方式	$f_{osc}/12$
0	1	1	10 位异步收发方式(8 位数据)	可调，由定时器控制
1	0	2	11 位异步收发方式(9 位数据)	$f_{osc}/64$ 或 $f_{osc}/32$
1	1	3	11 位异步收发方式(9 位数据)	可调，由定时器控制

(2) SM2：多机通信控制位，允许方式 2 和方式 3 进行多机通信的控制位。在方式 2 或方式 3 中，如果 SM2 = 1，则接收到第 9 位数据(RB8)为 0 时，不启动接收中断标志 RI(RI = 0)。在方式 1 中，如果 SM2 = 1，则只有在接收到有效停止位时才启动 RI，若没有接收到有效停止位，则 RI 清零。在方式 0 中，SM2 应为 0。

(3) REN：允许串行接收控制位，由软件置位时允许接收，由软件清零时禁止接收。

(4) TB8：在方式 2 或方式 3 中所要发送的第 9 位数据，需要时由软件置位或复位。

(5) RB8：在方式 2 或方式 3 中所要接收的第 9 位数据。

(6) TI：发送中断标志位，由片内硬件在方式 0 串行发送到第 8 位结束时置位，或在其他方式串行发送停止位时置位。必须由软件清零。在方式 1 中，若 SM2 = 0，则 RB8 是接收到的停止位；在方式 0 中，不使用 RB8。

(7) RI：接收中断标志位，由片内硬件在方式 0 串行接收到第 8 位结束时置位，或在其他方式串行接收到停止位时置位。必须由软件清零。SCON 的所有位复位时被清零。

2) 电源控制寄存器 PCON

PCON 主要是为单片机的电源控制而设置的专用寄存器。PCON 的格式如下：

D7	D6	D5	D4	D3	D2	D1	D0
SMOD							

除 SMOD 位外，其他位均为虚设的。SMOD 是波特率加倍控制位，当 SMOD = 1 时，波特率加倍。系统复位时，SMOD = 0，所以如需使波特率加倍，则需用指令 PCON=0X80 使 SMOD 为 1。若不需加倍，则可以不初始化 PCON。

3. 串行口工作方式

51 单片机的串行口有四种工作方式，分别为方式 0、方式 1、方式 2、方式 3。

1) 方式 0

方式 0 时，串行口作同步移位寄存器使用。串行数据从 RxD(P3.0) 端输入或输出，同步移位脉冲由 TxD(P3.1)端输出，波特率固定为 $f_{osc}/12$。

串行口工作方式

这种方式有两种不同的用途，一种是把串行口设置成并入串出的输出口，另一种是把串行口设置成串入并出的输入口，通常用于扩展 I/O 端口。

2) 方式 1

方式 1 时，串行口为波特率可调的 10 位异步通信接口。此时，发送数据帧格式如图 5.1.7 所示，发送或接收的一帧信息包括 1 位起始位"0"，8 位数据位和 1 位停止位"1"。

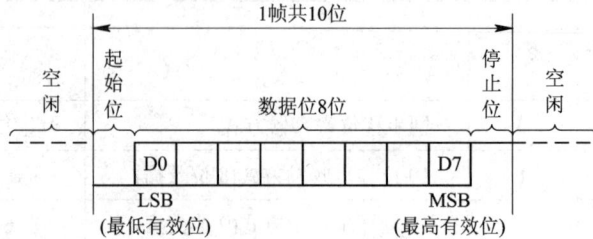

图 5.1.7　串口方式 1 的数据帧格式

对应的波特率发生如图 5.1.8 所示。波特率是这样产生的：先把晶振频率除以 12，即对晶振进行 12 分频，把这个分频信号送到定时器 T1 作为它的计数脉冲，当定时器设定一定的初值时，每来一个脉冲就会加 1，直到全部计满，产生一次溢出。每一秒钟产生的溢出次数即为溢出率。考虑是否加倍，即 SMOD 为"1"还是"0"，这个溢出信号再经过 16 分频或者 32 分频之后的信号即为波特率信号。波特率由定时器 T1 的溢出率(定时器 T1 每秒钟溢出的次数)和 SMOD 共同决定：

$$\text{串行口方式 1 的波特率} = \frac{2^{\text{SMOD}}}{32} \times \text{定时器 T1 的溢出率}$$

在方式 1 时，波特率是可调的，在 SMOD 和晶振频率确定的情况下，通过调整定时器 T1 预置的初值 TL1(定时器 T1 作波特率发生器时通常使用工作方式 2)，就可以调整波特率。

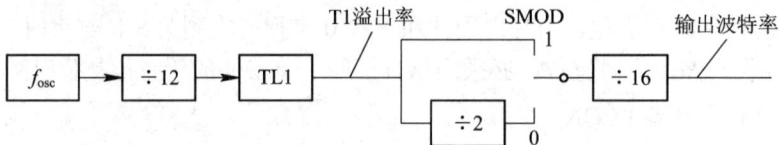

图 5.1.8　方式 1 时的波特率发生

3) 方式 2

方式 2 时，串行口定义为 11 位异步通信接口，对应数据帧格式如图 5.1.9 所示，发送或接收的一帧数据为 11 位：1 位起始位"0"，8 位数据位(先低位后高位)，1 位可程控为"1"或"0"的第 9 位数据位(可作为奇偶校验位)，1 位停止位"1"。

图 5.1.9　串口方式 2 的数据帧格式

发送数据时，先根据通信协议由软件设置 TB8，然后将要发送的数据写入 SBUF，再启动发送，一帧数据从 TXD 发送。附加的第 9 位数据即 SCON 中的 TB8 位，可由软件置位或清零，它可以作为多机通信中的地址、数据标志位，也可以作为数据的奇偶校验位。

发送完一帧数据后，TI 被自动置 1。在发送下一帧数据之前，TI 必须在中断服务程序或查询程序中清零。

当 REN = 1 时，允许串行口接收数据。在接收器采样到 RXD 端的负跳变(从"1"到"0"的跳变)时，会判断起始位是否有效。当起始位有效时，数据由 RXD 端输入，开始接收一帧数据。当接收器接收到第 9 位数据后，若同时满足以下两个条件：RI = 0，且 SM2 = 0 或接收到的第 9 位数据为 1，则接收数据有效，将 8 位数据送入 SBUF，第 9 位送入 RB8，并置 RI = 1。若不满足上述两个条件，则信息丢失。

方式 2 的波特率发生如图 5.1.10 所示，波特率取决于 SMOD，波特率 $=\dfrac{2^{\text{SMOD}}}{64}f_{\text{osc}}$。当 SMOD=0 时，波特率为 $\dfrac{f_{\text{osc}}}{64}$；当 SMOD=1 时，波特率为 $\dfrac{f_{\text{osc}}}{32}$。

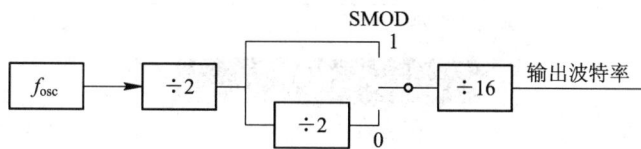

图 5.1.10　方式 2 时波特率发生

4) 方式 3

当串行口工作于方式 3 时，串行口定义为波特率可变的 11 位异步通信接口，其波特率和方式 1 相同，由下式决定：

$$串行口方式\ 3\ 的波特率 = \frac{2^{\text{SMOD}}}{32} \times 定时器\ T1\ 的溢出率$$

4. 波特率相关参数的计算与选择

在串行通信中，收发双方的波特率要有一定的约定。通过软件对串行口编程可约定 4 种工作方式，其中，方式 0 和方式 2 的波特率是固定的，方式 1 和方式 3 的波特率是可调的。对方式 1 和方式 3 的波特率设计，实际上是要通过对定时器的设计来实现的。

1) 相关参数计算

(1) 直接计算。

定时器 T1 作波特率发生器使用时，通常选用具有自动重装载初值功能的方式 2，那么每过"256-X"个机器周期，定时器 T1 就会产生　次溢出。定时器 T1 的溢出率可用以下公式表示：

$$定时器\ T1\ 的溢出率 = \frac{f_{\text{osc}}}{12} \times \frac{1}{256-X}$$

在实际使用时，总是先确定波特率，然后根据波特率计算 T1 的溢出率，再求出计数初值。

例：单片机系统的晶振频率为 6 MHz，想把波特率设计为 1200Baud/s，波特率不加倍，串行口方式为工作方式 1，如何设定此时的定时器初值呢？

分析：根据要设定的波特率可求出定时器 T1 的溢出率。定时器 T1 的溢出率为

$$\frac{32 \times 波特率}{2^0} = \frac{32 \times 1200}{1} = 38\ 400$$

再根据得到的定时器的溢出率求出定时器所需的计数值。

定时器 T1 的计数值为

$$\frac{f_{osc}}{12} \div 定时器T1的溢出率 = \frac{6 \times 10^6}{12} \div 38400 = 13.02$$

定时器 T1 的初始值只能为整数(初始值为 $256 - 13 = 243 = 0XF3$)，四舍五入的过程，波特率会存在一定的误差。

上面直接计算的方法是很烦琐的，实际操作时不建议大家使用。

(2) 使用实用小工具软件进行计算。

实际操作中可以采用实用小工具软件来实现，其界面如图 5.1.11 所示，这个软件主要适用于 51 单片机串行通信选择工作方式 1 和工作方式 3 时的初值计算。

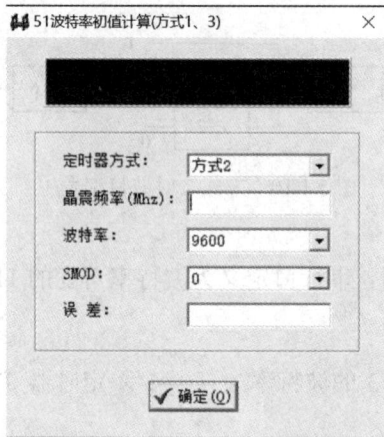

图 5.1.11　波特率初值计算实用小工具软件界面

操作方法如图 5.1.12 所示，设置用作波特率发生器的定时器 T1 的工作方式(通常选用工作方式 2)为工作方式 2；根据实际系统参数，设置单片机系统的晶振频率，比如这里为 12 MHz；设置串行通信时采用的波特率，比如这里选择 9600；设置波特率是否加倍，这里选择加倍，即 SMOD 为 1；最后单击"确定"，就可以得到初值为 F9H(C 语言中应写为 0XF9)，同时能得到波特率误差为 6.98%。整个计算过程很简单，建议大家使用这种方法。

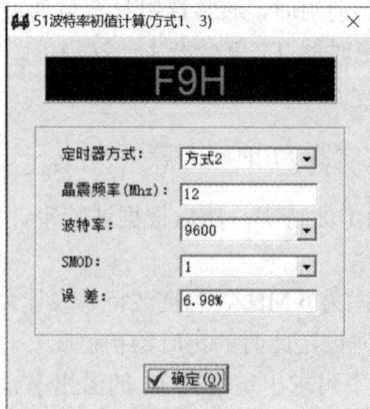

图 5.1.12　利用波特率初值计算实用小工具软件进行初值计算

2) 对波特率误差的要求

在双机或多机通信中，波特率的选择也不是任意的，有一系列离散的值可供选择。为了保证通信的可靠性，通常相对误差不能超过 2.5%。

表 5.1.2 给出了不同参数条件下的波特率误差，如果选用波特率为 9600Baud/s，系统晶振为 12 MHz，则不管波特率是否加倍，对应的误差都会超过 2.5%，此时通信很容易出现乱码等不可靠情况。在波特率仍选用 9600 的情况下，可以考虑采用频率为 11.0592 MHz 的晶振，这时波特率误差为 0%，能很好地满足通信要求。

表 5.1.2　不同参数条件下的波特率误差

波特率/(Baud/s)	晶振频率/MHz	SMOD	TH1 重装值	实际波特率/(Baud/s)	误差
9600	12.0000	1	7(0XF9)	8923	6.98%
9600	12.0000	0	3(0XFD)	8783	8.51%
2400	12.0000	0	13(0XF3)	2404	0.12%
1200	12.0000	0	26(0XE6)	1202	0.12%
19200	11.0592	1	3(0XFD)	19200	0
9600	11.0592	0	3(0XFD)	9600	0
2400	11.0592	0	12(0XF4)	2400	0
1200	11.0592	0	24(0XE8)	1200	0

在选择波特率的时候需要考虑两点：首先，系统需要的通信速率。这要根据系统的运作特点确定通信的频率范围。然后考虑通信时钟误差。即使使用同一晶振频率，在选择不同的通信速率时，通信时钟误差也会有很大差别。为了通信的稳定，应该尽量选择时钟误差最小的频率进行通信。通常，在异步通信时，使用 11.0592 MHz 的晶振可以获得精确的波特率。

5. 串行口应用程序设计方法

串行口应用程序的设计一般通过以下步骤实现。

1) 确定通信规约

通信双方通常要明确约定以下内容：

(1) 通信方式、数据帧结构等；

(2) 通信速率，通常就是规定波特率；

(3) 传输数据的校验方式，通常采用奇偶校验；

(4) 回送信息，传输信息被确认后，向对方回送何种信息；

(5) 代码含义，传输帧数据中各位的含义。

2) 确定相关特殊功能寄存器值

(1) 确定串行口控制寄存器 SCON 的值；

(2) 确定电源控制寄存器 PCON 的最高位 SMOD；

(3) 对方式 1、方式 3 来说，设置波特率实际上是通过确定波特率发生器(通常为定时器 T1)中的特殊功能寄存器来进行的。相关的寄存器有定时器 T1 工作方式控制寄存器 TMOD、定时器控制寄存器 TCON、初值寄存器 TH1 和 TL1。一般将定时器 T1 设置为工作方式 2。

3) 进行串行口初始化

要利用串行口进行通信，必须先对串行口进行初始化：设置串行口工作方式，给 SCON 赋值；考虑波特率是否加倍，给 PCON 赋值；设置定时器工作方式，给 TMOD 赋值；设置定时器初值，给 TH1 和 TL1 赋值。

接收方初始化程序参考如下：

```
SCON = 0X50;        //串口工作方式 1，允许接收(REN=1)
PCON = 0X00;        //波特率为 9600，波特率不加倍
TMOD = 0X20;        //定时器 T1 工作于方式 2
TH1 = 0XFD;         //根据规定给定时器 T1 赋初值
TL1 = 0XFD;         //根据规定给定时器 T1 赋初值
TR1 = 1;            //启动定时器 T1
```

4) 编写串口通信程序

根据实际任务要求，采用查询方式或者中断方式编写接收方和发送方的串口通信程序。

任务实施

一、任务分析与方案制定

1. 任务分析

从任务描述要求可以看出，控制系统中有两个单片机，分别作为主机和从机，从机需要接收主机数据，这就存在两个单片机之间的通信问题。单片机内部通常都有串行接口，可以利用它进行单片机之间的数据通信。

任务：单片机之间的双机串行通信

2. 方案制定

主机的硬件只需要在最小系统的基础上加上一个按键，这个按键用于控制向从机发送数据。从机的硬件除了最小系统，还加入了 8 路 LED 灯显示电路，用于显示主机发送过来的数据。

主机与从机之间采用串行通信方式实现，波特率选择为 9600，数据帧采用 10 位数据结构(1 位起始位、8 位数据位和 1 位停止位)，串行口软件设计时采用查询方式实现。

二、工作条件准备

硬件：计算机 1 台，单片机实验板 2 块。

软件：Keil μVision4 开发环境，STC-ISP 下载软件，串口驱动软件。

三、硬件原理图设计

系统硬件原理如图 5.1.13 所示，主控芯片采用两块 STC89C52 单片机芯片，其中 U1 用于接收数据并进行数据显示，U2 用于发送数据，两个主控芯片之间采用串行通信方式，将它们的 RxD 和 TxD 交叉互连。U1 将接收的数据通过 LED 灯显示，8 个 LED 灯分别与

单片机 P1 口的 8 个引脚相连接。按键接在单片机 U2 的 P1.2 引脚上,用于控制数据的发送。

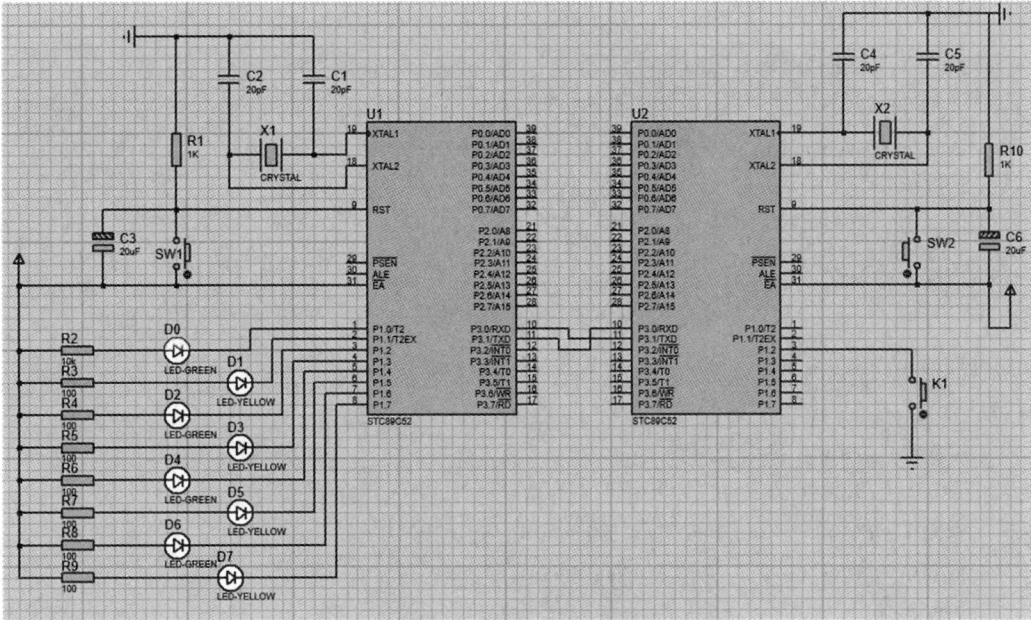

图 5.1.13　单片机双机通信系统

四、软件设计

本次串口通信软件程序设计采用查询方式实现。

1. 软件设计流程

发送端软件设计流程如图 5.1.14 所示,接收端软件设计流程如图 5.1.15 所示。

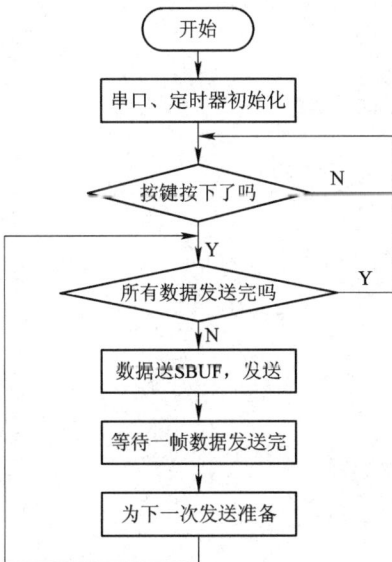

图 5.1.14　发送端软件设计流程

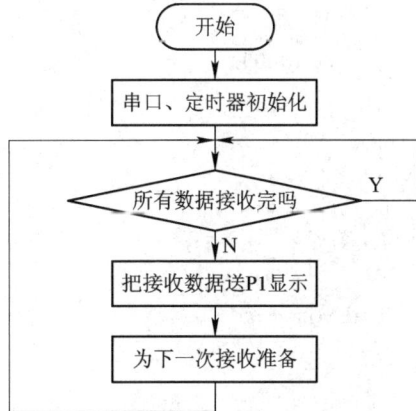

图 5.1.15　接收端软件设计流程

2. 参考软件程序

发送端参考程序：

```
//发送端功能：每按一次 K1 按键，向另外一个单片机发送一组指定数据
#include<reg52.h>
unsigned char code num1[ ]={0XFE,0XFD,0XFB,0XF7,0XEF,0XDF,0XBF,0X7F};
                            //定义发送出去的数据
sbit K1=P1^2;               //发送方的按键接在 P1.2 引脚上
void delay(int ms);


void main()
{
    unsigned char i;
    TMOD = 0X20;           //TMOD=0010 0000B，定时器 T1 工作于方式 2
    SCON = 0X40;           //SCON=0100 0000B，串口工作方式 1
    PCON = 0X00;           //PCON=0000 0000B，波特率为 9600
    TH1 = 0XFD;            //根据规定给定时器 T1 赋初值
    TL1 = 0XFD;            //根据规定给定时器 T1 赋初值
    TR1 = 1;               //启动定时器 T1
    while(1)
    {
    if(K1==0)
      {
      for(i = 0; i < 8; i++)
       {
          SBUF = num1[i];       //发送数据 i
             while(TI == 0);    //等待数据发送完毕
          TI = 0;               //准备下一次发送
          delay(400);
       }
      }
     }
}

void delay(int ms)
{
    int i,j;
    for(i = 0;i < ms; i++)
```

```
        for(j = 0;j < 120; j++);
    }
```

接收端参考程序：

```
//接收端功能：将串口接收到的数据通过接 P1 口的 LED 灯显示出来
#include<reg52.h>

void main(void)
{
    TMOD = 0X20;        //定时器 T1 工作于方式 2
    SCON = 0X50;        //SCON=0101 0000B，串口工作方式 1,允许接收(REN=1)
    PCON = 0X00;        //PCON=0000 0000B，波特率为 9600
    TH1 = 0XFD;         //根据规定给定时器 T1 赋初值
    TL1 = 0XFD;         //根据规定给定时器 T1 赋初值
    TR1 = 1;            //启动定时器 T1
    while(1)
    {
        while(RI == 0);         //等待，直至一次数据接收完毕(RI=1)
        RI = 0;                 //为了接收下一帧数据，需将 RI 清 0
        P1= SBUF;               //将接收缓冲器中的数据通过 P1 口显示出来
    }
}
```

五、调试与运行测试

1. 软件调试

在集成开发环境 Keil μVision4 中分别调试发送端程序和接收端程序，直至没有错误，最后生成两个 HEX 文件。

2. 软硬件联合调试

利用下载软件 STC-ISP 将两个 HEX 文件分别下载到两块单片机实验板上。

将两个单片机实验板按照硬件设计要求进行连线：在发送端单片机实验板上将按键 K1 接到 P1.2 引脚，如图 5.1.16 所示；在接收端单片机实验板上将 LED 灯接到 P1 口上，如图 5.1.17 所示；用两根杜邦线将发送端单片机实验板的 TxD、RxD 和接收端单片机实验板的 RxD、TxD 交叉互连，如图 5.1.18 所示。

按下 K1 按键，观察运行效果，关注实现的功能是否与任务描述要求一致。如果不一致，需要回到前面的步骤继续进行软件调试，直到符合任务描述要求。

图 5.16　发送端单片机实验板的硬件连接

图 5.17　接收端单片机实验板上的硬件连接

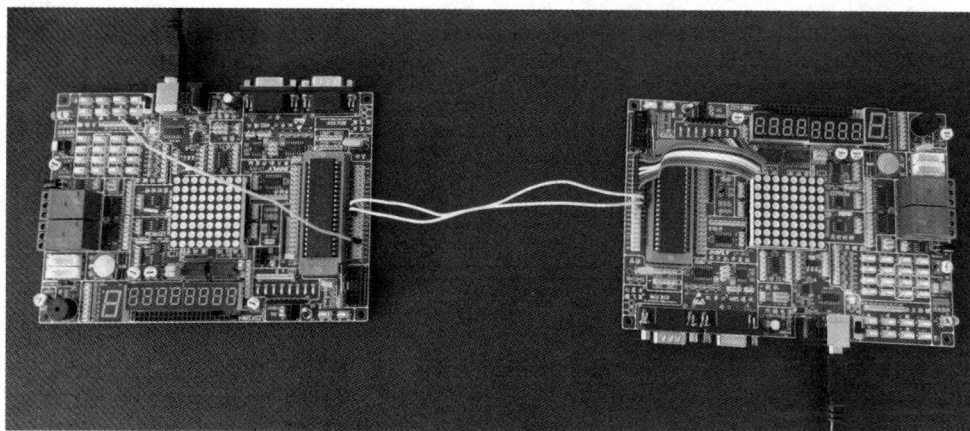

图 5.1.18 发送端与接收端硬件连接

3. 运行测试

上电运行，可以观测到当按下发送端按键时，接收端的 LED 灯显示发送过来的数据。

六、技术文档撰写

以小组为单位，参考附录完成技术文档撰写。技术文档中应包含采用的技术方案、硬件原理图设计、软件设计思想、调试完成的软件程序以及调试成功后的运行效果情况等。

☑ 任务完成评价

采用表 5.1.3 所示的评价表对任务完成情况进行评价，主要考核工作任务完成的效果以及完成过程中的职业素养、职业能力以及创新意识等。

表 5.1.3 工作任务完成情况评价表

评价项	评价指标	分值	评价等级			占比/%			考核得分	备注
			优	及格	不及格	自评	互评	教师评价		
						20	30	50		
过程中的职业素养评价(20分)	工作态度	5分	按时到岗，态度认真	按时到岗	不到岗					
	沟通合作	5分	与组员充分沟通，合理分配工作任务，顺利完成	能与组员沟通，合作共同完成任务	不与所在组的成员配合					
	环境维护	5分	操作台面整洁，工作环境很干净	操作台面整洁，工作环境干净	操作台面零乱，卫生差					

评价项	评价指标	分值	评价等级			占比/%			考核得分	备注
			优	及格	不及格	自评	互评	教师评价		
						20	30	50		
过程中的职业能力评价(40分)	软件编写规范	5分	格式统一，命名规范，可读性强，注释有效简洁	格式不够规范，但具有可读性	格式凌乱,可读性差					
	方案制定	5分	方案吻合双机通信需求，具有可行性	方案合理可行	方案不合理,不能满足双机通信要求					
	硬件设计	10分	发送方和接收方硬件满足任务要求，双方接口连接设计正确	发送方和接收方硬件满足任务要求	发送方和接收方硬件不满足任务要求					
	硬件连接	5分	能读懂硬件设计原理图，恰当完成硬件连接	能读懂硬件设计原理图，硬件连接部分不吻合	不能读懂硬件设计原理图,硬件连接混乱					
	软件设计	10分	能清晰设计出发送端和接收端程序	能设计出发送端或接收端程序	未完成软件程序编写					
	软硬件调试	10分	快速找到问题并排除，完成调试	能找到问题并排除，完成调试	找不到故障问题,调试不成功					
任务完成结果评价(40分)	功能实现	30分	当发送端按下按键，接收端能接收到数据，并且LED灯上显示接收数据正确	当发送端按下按键，接收端能接收到数据	当发送端按下按键,接收端接收不到数据					
	技术文档编写	10分	充分表达设计思想，易于客户看懂	能表达出设计思想，客户可以看懂	设计思想表达不清楚,不易看懂					
加分项	创新与拓展	10分	设计思想方法创新或功能有拓展							

任务拓展与思考

尝试采用中断方式完成本次软件程序设计。

任务 5.2　PC 有线监控器设计

任务描述

设计一个 PC 有线监控器，实现 PC 上位机对下位机的监控。具体要求为：PC 机能发送控制信息(这里为 0～9 中的一个数字)控制下位机，下位机接收到控制信息后，能将控制信息显示出来，同时向 PC 上位机反馈信息接收情况。

知识准备

5.2.1　RS-232C 串行通信总线

随着计算机技术，尤其是单片机技术的发展，人们已越来越多地采用单片机来对一些工业控制系统中如温度、流量和压力等参数进行检测和控制。PC 机具有强大的监控和管理功能，而单片机则具有快速及灵活的控制特点。PC 机的串行口通常采用 RS-232 标准。通过 PC 机的 RS-232 串行接口与外部设备进行通信，是许多测控系统中常用的一种通信解决方案。

1. RS-232C 简介

RS-232 是美国电子工业联盟制定的串行数据通信接口标准，原始编号全称是 EIA-RS-232(简称 RS-232)，是主流的串行通信接口之一。RS-232 一共有 3 个版本：RS-232A、RS-232B、RS-232C。RS-232C 是现在最常使用的串行接口标准，常用于仪器仪表设备，PLC 以及嵌入式领域当作调试口来使用。

1) RS-232C 的电平标准

RS-232C 采用负逻辑，要求高、低两信号有较大幅度，其电平标准如表 5.2.1 所示。

表 5.2.1　RS-232 电平标准

逻辑状态	电平电压
0	+3～+15 V
1	−15～−3 V

2) RS-232C 接口

通常 RS-232C 接口以 9 个引脚 (DB-9) 或是 25 个引脚 (DB-25) 的型态出现。其中，最常用的是 DB-9，如图 5.2.1 所示，可分为公头和母头，带针的接口称为公头，带孔的接口称为母头，其接口引脚说明如表 5.2.2 所示。工业上的 RS-232C 串口通信一般只使用 RxD、TxD、Gnd 三条线。

(a) DB-9 公头   (b) DB-9 母头

图 5.2.1   DB-9 接口

表 5.2.2   DB-9 接口引脚

引脚编号	引脚定义	引脚说明
1	DCD	数据载波检测
2	RxD	接收数据
3	TxD	发送数据
4	DTR	数据终端准备就绪
5	Gnd	信号地
6	DSR	数据装置准备就绪
7	RTS	请求发送
8	CTS	允许发送
9	RI	振铃指示

2. 单片机和 PC 的串行通信接口

单片机的串行口一般采用 TTL 电平标准，而 PC 机串口采用 RS-232C 电平标准，两者采用的电平标准不同，因此不能直接相连。为了让单片机与 PC 机能相互连接通信，必须在 RS-232C 与 TTL 电路之间采用电平转换电路进行电平和逻辑关系的转换，如图 5.2.2 所示。

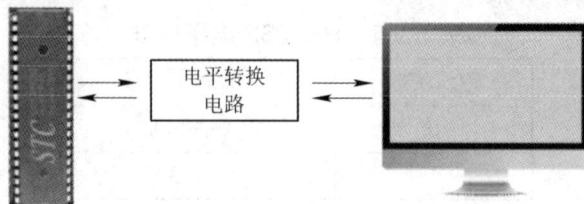

图 5.2.2   单片机与 PC 机的串口转换连接

1) MAX232 简介

MAX232 芯片是美信(MAXIM)公司专为 RS-232 标准设计的单电源电平转换芯片，内部有一个电源电压变换器，可以把输入的+5 V 电源变换成 RS-232C 输出电平所需的电压。使用+5 V 单电源供电，即可同时实现 TTL 电平与 RS-232C 电平的双向转换。

MAX232 的引脚如图 5.2.3 所示，其中 V_{CC} 为电源端(+5 V)；Gnd 为电源地；C1+、C1−、C2+、C2−为外接电容端；V+为经电容接+5 V 电源；V−为经电容接地；$R1_{IN}$、$R2_{IN}$ 为两路 RS-232 电平信号接收输入端；$R1_{OUT}$、$R2_{OUT}$ 为两路转换后的 TTL 电平接收信号输出端，接单片机的 RxD 接收端；$T1_{IN}$、$T2_{IN}$ 为两路 TTL 电平发送输入端，接单片机的 TxD 发送端；$T1_{OUT}$、$T2_{OUT}$ 为两路转换后的发送 RS-232 电平信号输出端，接传输线。

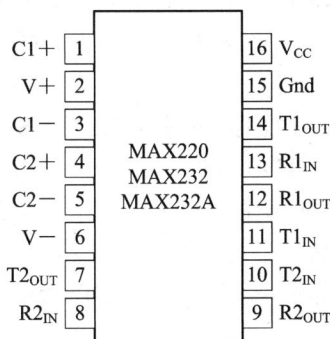

图 5.2.3   MAX232 引脚

2) 单片机与 PC 串行接口

单片机通过 MAX232 的转换与 PC 机实现串行通信的接口电路如图 5.2.4 所示，单片机的发送数据从单片机的 TxD 端发送出去，输入 MAX232 芯片的 $T1_{IN}$，经过 MAX232 的转换，从 $T1_{OUT}$ 输出到 PC 机的 RxD 端；PC 机的发送数据从 PC 机的 TxD 端发送出去，输入 MAX232 芯片的 $R1_{IN}$，经过 MAX232 的转换，从 $R1_{OUT}$ 输出到单片机的 RxD 端。

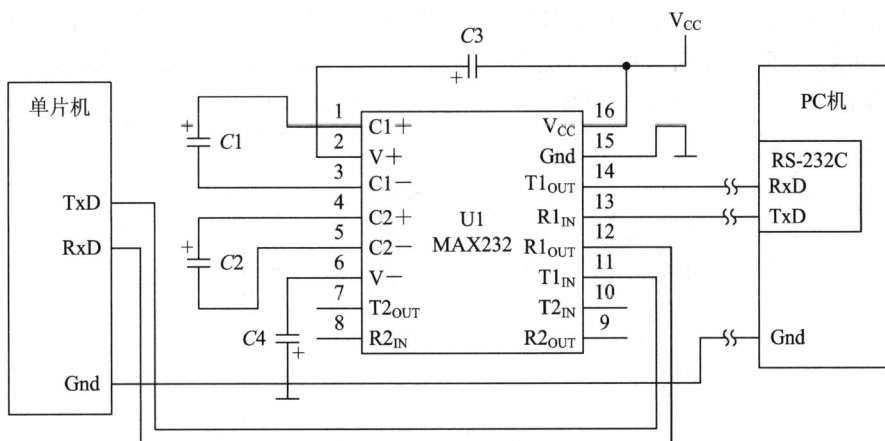

图 5.2.4   单片机和 PC 机的串行通信接口电路

5.2.2　USB 转串口的应用

早期的 PC 机都会有 9 针的 RS-232 接口，用于串口通信，由于使用频率不高和成本控制等原因，目前市场上只有商用电脑上才保留 RS-232 接口，而笔记本电脑和台式电脑上基本没有 RS-232 接口。

USB(Universal Serial Bus)即通用串行总线，是一个外部总线标准，是在 1994 年底由英特尔等多家公司联合推出的，用于规范电脑与外部设备的连接和通信。USB 接口具有热插拔功能。USB 接口可连接多种外设，如鼠标和键盘等。USB 接口已成功替代串口和并口，成为当今电脑与大量智能设备的必配接口。目前笔记本电脑和台式电脑都配备了 USB 接口。

一般 PC 端的应用软件依然是针对 RS-232 串行端口编程的，外设也是通过 RS-232 进行数据通信的，但从 PC 到外设之间的物理连接却是 USB 总线，数据通信格式也是 USB 数据格式。

随着 USB 接口越来越普遍，市面上有很多 USB 转 RS-232 的解决方案。最常见的 USB 转串口芯片有 FT232、PL2303、CH340 三种，如图 5.2.5 所示。FT232 系列芯片稳定性是最好的，价格较贵；CH340 是南京沁恒生产的国产芯片，价格和稳定性都不错，有多种封装可选；PL2303 是台湾厂家的产品，稳定性较差。利用它们可以很方便地实现 USB 接口与 RS-232 串口的转换，从而方便实现单片机与 PC 机串口通信。

(a) FT232 芯片　　　　　(b) PL2303 芯片　　　　　(c) CH340 芯片

图 5.2.5　USB 转串口芯片

图 5.2.6 所示是利用 CH340 芯片实现 USB 接口与串口之间转换的电路。由图可见，CH340 的 RxD、TxD 分别与单片机的串行输入输出口 RxD、TxD 相连，CH340 的 UD+、UD− 分别与 PC 机的 USB 接口的 D+、D− 相连，从而实现单片机与 PC 机之间的串行通信。

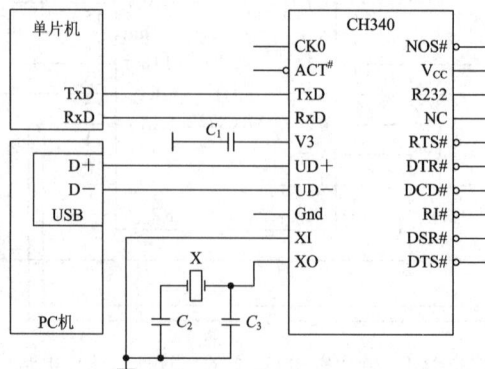

图 5.2.6　利用 CH340 实现单片机与 PC 机串行通信的接口电路

5.2.3　虚拟串行口

串行口在嵌入式开发中有着十分重要的地位，它不单单是一种常用的通信接口，还是调试打印的一种手段，如进行上位机开发时，需要进行串口相关的功能测试。

使用实际的硬件设备来调试，对单片机而言，需要准备一个 USB 转串口；使用 PC 来测试，需要准备两个 USB 转串口，会比较麻烦。

任务：虚拟
串口调试

可以采用脱离硬件环境的方法，直接在 Proteus 里面进行仿真调试。这要求 PC 机上有 2 个可用的串行口，一个用于 Proteus 仿真使用，另一个用于 PC 机的串口调试工具，连接这两个串行口，就可以仿真调试了。现在的 PC 机一般没有 2 个串口，这时可以通过虚拟串口软件在 PC 机上虚拟出多个串口进行调试。VSPD(Virtual Serial Port Driver)是由软件公司 Eltima 开发的一款功能十分强大的虚拟串口调试工具，它拥有干净清爽的用户界面和丰富的功能板块，允许模仿多串口，支持所有的设置和信号线，仿佛是真正的 COM 端口。VSPD 能够为用户提供企业级别的虚拟串口调试方案，兼容性极强、稳定性高，能够帮助用户在各种复杂的环境下完成代码测试，大大提高用户的工作效率。

对用户来说，首先需要在互联网上自行下载虚拟串口软件 VSPD 安装包，将其解压，出现如图 5.2.7 所示的几个文件，然后点击其中的 VSPD 安装软件，按照向导一步一步进行安装。安装完成后，可以看到如图 5.2.8 所示的虚拟串口软件 VSPD 图标。

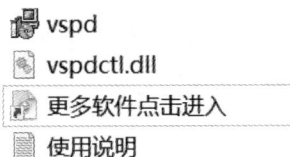

图 5.2.7　VSPD 安装包中的文件

图 5.2.8　VSPD 图标

点击图标运行软件，进入软件界面，如图 5.2.9 所示。点击界面上的"Add pair"即可完成虚拟串口对的添加。所谓串口对，是指所添加的 COM1 和 COM2 之间存在映射关系，彼此是连接的。这时界面左边"Virtual ports"下出现了一对虚拟串口"COM1"和"COM2"，如图 5.2.10 所示。

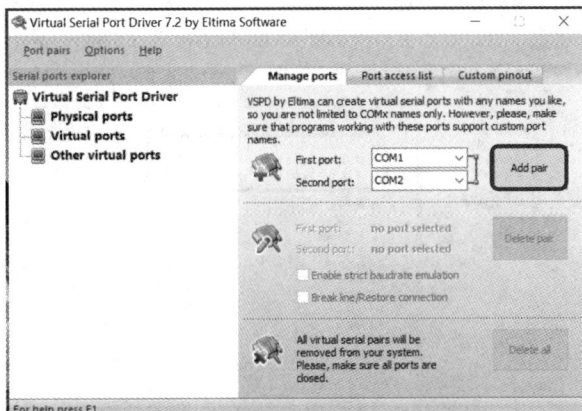

图 5.2.9　VSPD 虚拟串口软件界面

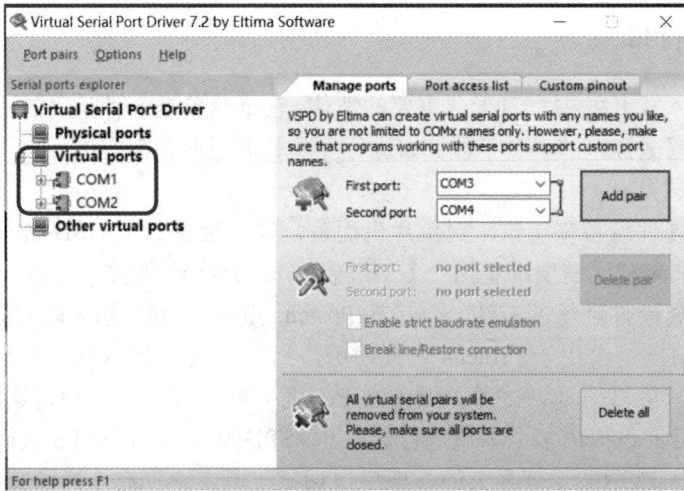

图 5.2.10　虚拟串口对添加成功时的界面

　　打开 PC 的设备管理器，看看是否新增了虚拟串口。右击"我的电脑"，出现如图 5.2.11 所示的快捷菜单，选择其中的"管理"，将会出现"计算机管理"对话框，如图 5.2.12 所示。在此对话框中点击"设备管理器"，会出现如图 5.2.13 所示的界面，界面上可以看到的确是新增了两个分别名为 COM1 和 COM2 的虚拟端口，且彼此是连接的。

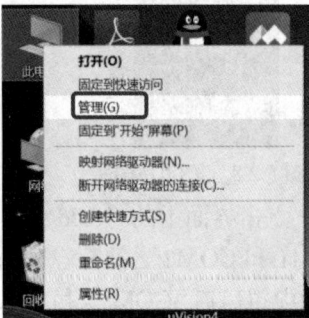

图 5.2.11　右击"我的电脑"出现的菜单内容　　　　　图 5.2.12　计算机管理对话框

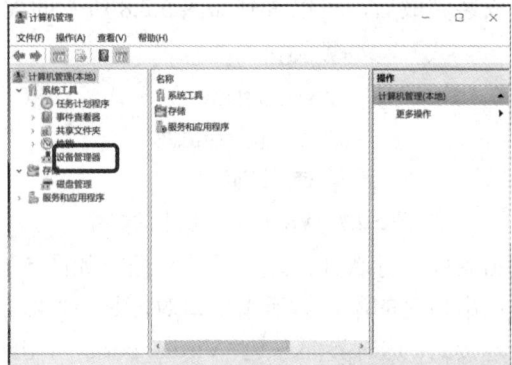

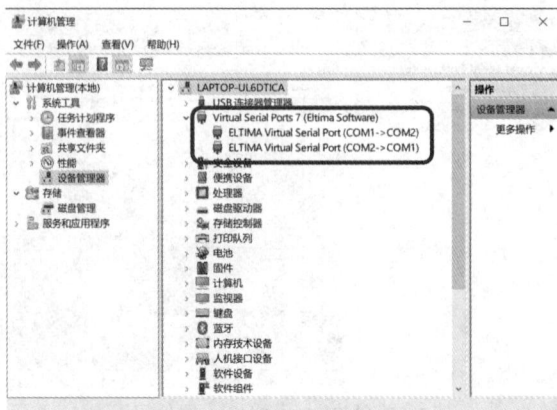

图 5.2.13　虚拟串口添加成功

任务实施

一、任务分析与方案制定

1. 任务分析

本次任务需要设计 PC 有线监控器，以实现上位机对下位机的监控。下位机通常为单片机或者 PLC 等，这里选用单片机。需要解决的主要问题就是单片机与 PC 机之间的通信问题，可以采用串行通信方式来实现。

任务：单片机
与 PC 机之间
的串行通信

2. 方案制定

鉴于目前大多数 PC 机上都没有串口，但是都有 USB 接口的现状，这里考虑使用 USB 转串口芯片进行转换，来实现单片机与 PC 机的硬件连接。下位机的数据显示采用数码管进行。

下位机和 PC 机进行串行通信时双方的波特率选择为 9600，数据帧采用 10 位数据结构(1 位起始位、8 位数据位和 1 位停止位)。使用 PC 端的串口调试助手来进行调试。

二、工作条件准备

硬件：计算机 1 台，单片机实验板 1 块。

软件：Keil μVision4 开发环境，STC-ISP 下载软件，串口驱动软件，串口调试助手 XCOM。

三、硬件原理图设计

PC 有线监控器硬件电路原理如图 5.1.14 所示，主控芯片采用 STC89C51，共阳极数码管用于信息显示，数码管连接在主控芯片的 P0 口。FT232R 可以实现 USB 到串行 UART 接口的转换，方便单片机与 PC 机之间进行通信。

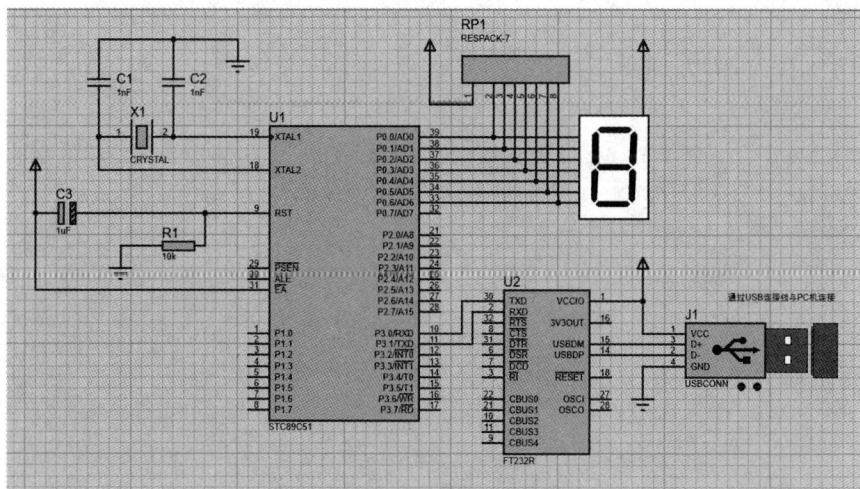

图 5.2.14　硬件电路原理

四、软件设计

1. 软件设计思想

本次串行通信采用中断方式实现。整个程序由串口及定时器 T1 初始化函数、串口中断服务函数、显示函数以及主函数共同组成。

2. 参考软件程序

```
#include<reg52.h>
unsigned char dat[]={" :Recieved\r\n"};//单片机接收到数据后回传给 PC 机信息
unsigned char code display_table[17]={0XC0,0XF9,0XA4,0XB0,0X99,
                        0X92,0X82,0XF8,0X80,0X90,0X88,
                        0X83,0XC6,0XA1,0X86,0X8E,0XFF};
                            //共阳数码管：0~F 以及熄灭等 17 个数码管显示编码
unsigned char dis_num=16 ;    //用于接收从 PC 机发送来的信息
                            //用数码管将其显示出来,初始时无显示
bit sent_over;                //发送标志位，为 1 时，发送完毕；为 0 时，尚未发送完毕
bit rec_over;                 //接收标志位，为 1 时，接收完毕；为 0 时，尚未接收完毕


 /*--------------------------
 函数功能：串口及定时器 T1 的初始化
 传入参数：无
 传出参数：无
 -------------------------- */
void serial_timer1_init()
{
 SCON=0X50;    //串口工作方式 T1，既可接收又可发送数据
 PCON=0X00;    //不倍增
 ES=1;         //开串口中断
 EA=1;         //开总中断

 TMOD=0X20;    //定时器 T1 工作于方式 2(8 位自动重装)
 TH1=0XFD;      //初值为 0XFD，对应选择的波特率为 9600
 TL1=0XFD;
 TR1=1;        //开定时器 T1
 }

 /*--------------------------
 函数功能：串口中断服务
 传入参数：无
 传出参数：无
```

```
--------------------------- */
void serial_ISR()    interrupt 4
 {
  if(TI==1)                //判断是否是发送
 {
     TI=0;                 //是发送则将 TI 清零，为下一次发送数据做准备
     sent_over=1;          //本次发送完毕，将标志位置 1，使下一次发送能够进行
 }
 else
 {
     RI=0;                 //是接收则将 RI 清零，为下一次接收数据做准备
     dis_num=SBUF;         //将接收数据送至指定位置
     rec_over=1;           //本次接收完毕，将标志位置 1，使下一次接收能够进行
 }
 }


 /*---------------------------
 函数功能：一位数码管显示函数
 传入参数(num)：要显示的数码
 传出参数：无
 --------------------------- */
void display(unsigned char num)
{
     P0=display_table[num];
}

void main()
{
 serial_timer1_init();        //串口和定时计数器 1 初始化
 sent_over=1;                 //发送标志置 1，使第一次发送字符能够进行

 while(1)
 {
     static   unsigned char i=0;    //定义静态局部变量，从数组中取出字符
     display(dis_num);              //将接收到的数据用数码管显示出来
     dat[0]=dis_num+'0';            //将接收到的信号作回传信息的一部分
     if(rec_over==1)     //为 1，说明已经接收完一个新数据，进行接收反馈
     {
          if(sent_over==1)  //为 1，说明本次已经发送完毕，可以进行下次发送
          {
```

```
        SBUF=dat[i];                    //发送字符
        sent_over=0;      //发送标志位清 0，发送完毕后在中断里再重新置 1
        if(dat[i]!='\0')      //如果反馈信息还没发送完，就继续发送
            i++;
        else              //如果反馈信息发送完了，准备下一个数据的接收
        {
            i=0;
            rec_over=0;
        }
        }
    }
}
}
```

五、调试与运行测试

1. 软件调试

在集成开发环境 Keil μVision4 中调试程序，直至没有错误，最后生成 HEX 文件。

2. 联合调试

利用下载软件 STC-ISP 将生成的 HEX 文件下载到单片机实验板上。利用 USB 接口线将单片机实验板与 PC 机进行连接。

利用任意一款串口调试软件辅助进行调试，这里采用串口调试助手 XCOM。双击桌面上如图 5.2.15 所示的图标，出现如图 5.2.16 所示的界面。首先进行串行通信设置，主要步骤有：

图 5.2.15   XCOM 软件图标 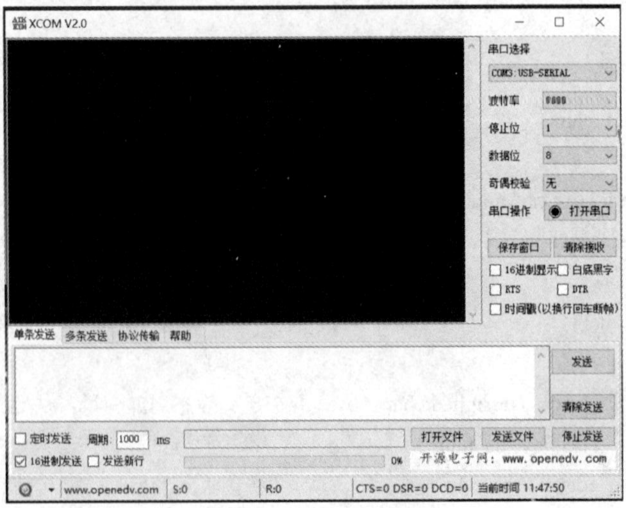   图 5.2.16   XCOM 界面

(1) 选择当前所使用的串口，这里选择 COM3 口；

(2) 选择波特率，这里选择 9600；

(3) 设置帧格式，下位机的串口选用工作方式 1(10 位)，这里停止位设置为 1 位，数据位为 8 位，奇偶校验位为无；

(4) 点击"打开串口"，出现如图 5.2.17 所示的界面；

(5) 选择采用"16 进制发送"。

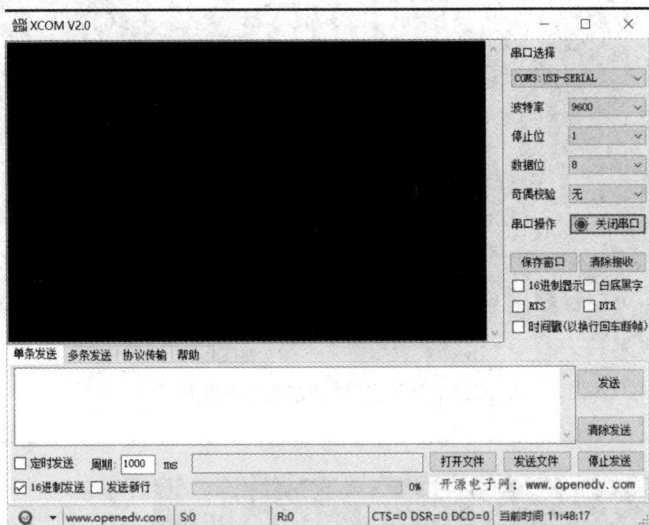

图 5.2.17　XCOM 完成设置时的界面

在发送框中输入要发送的控制信息，点击"发送"，观察单片机实验板和 XCOM 软件接收到的反馈信息的情况，看实现的功能是否与任务描述要求一致。如果不一致，需要回到前面的步骤继续进行软件调试，直到符合任务描述要求。

3. 运行测试

上电运行，利用 XCOM 串口调试软件从 PC 机发送出控制信息(这里为 0～9 中的一个)，如发送 8，如图 5.2.18 所示，下位机能接收到控制信息，并且将控制信息在数码管上显示出来，如图 5.2.19 所示，同时下位机也会将接收到的信息反馈给 PC 机，仿真运行效果如图 5.2.20 所示。

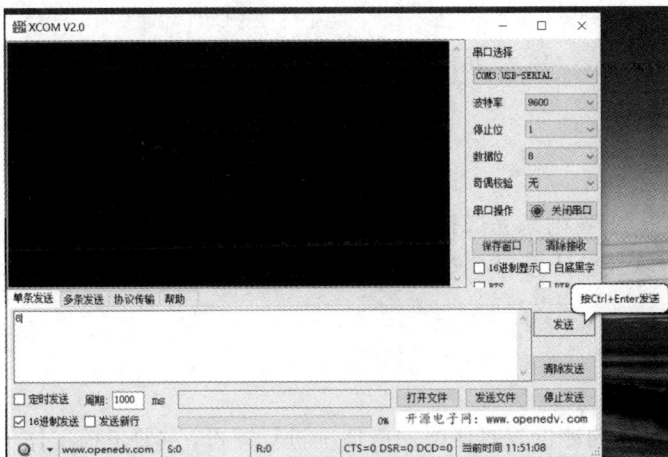

图 5.2.18　PC 机发送控制信息

图 5.2.19　下位机接收控制信息并显示

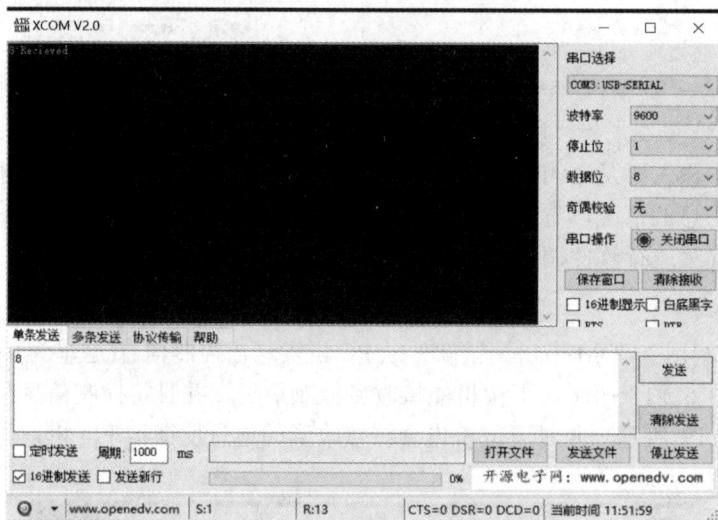

图 5.2.20　PC 机接收到下位机的反馈信息

六、技术文档撰写

以小组为单位，参考附录完成技术文档撰写。在技术文档中应包含采用的技术方案、硬件原理图设计、软件设计思想、调试完成的软件程序以及调试成功后的运行效果情况等。

✅ 任务完成评价

采用表 5.2.3 所示的评价表对任务完成情况进行评价，主要考核工作任务完成的效果以及完成过程中的职业素养、职业能力以及创新意识等。

表5.2.3 工作任务完成情况评价表

评价项	评价指标	分值	评价等级			占比/%			考核得分	备注
			优	及格	不及格	自评	互评	教师评价		
						20	30	50		
过程中的职业素养评价(20分)	工作态度	5分	按时到岗,态度认真	按时到岗	不到岗					
	沟通合作	5分	主动与组员沟通,主导合作共同完成任务	能与组员沟通,合作共同完成任务	不与所在组成员配合					
	环境维护	5分	操作台面整洁,工作环境很干净	操作台面整洁,工作环境干净	操作台面零乱,卫生差					
	软件编写规范	5分	格式统一,命名规范,可读性强,注释有效简洁	格式不够规范,但具有可读性	格式凌乱,可读性差,无注释					
过程中的职业能力评价(40分)	方案制定	10分	方案合理,硬件上能满足PC机与单片机通信要求和显示要求,软件上可行	方案合理,硬件上能满足PC机与单片机通信要求和显示要求	方案制定不合理,不能满足PC机与单片机通信					
	硬件连接	10分	能选择合适的显示模块和合适的通信模块,完成硬件连接	能选择合适的显示模块和合适的通信模块	选择的显示模块和通信模块不能支撑任务完成					
	软件设计	10分	完成了软件程序编写,编译通过并生成了HEX文件	完成了软件程序编写	未完成软件程序编写					
	软硬件调试	10分	能选择合适的调试工具软件,进行合适设置,利用它完成调试	能选择合适的调试工具软件进行调试	不会选择和使用调试工具软件					

续表

评价项	评价指标	分值	评价等级			占比/%			考核得分	备注
			优	及格	不及格	自评	互评	教师评价		
						20	30	50		
任务完成结果评价 (40分)	功能实现	30分	当PC机发送控制信息时，下位机能接收到信息，在显示器上正确显示，PC机能接收到下位机的反馈信息	当PC机发送控制信息时，下位机能接收到信息，在显示器上正确显示	当PC机发送控制信息时，下位机接收不到信息					
	技术文档编写	10分	充分表达设计思想，易于客户看懂	能表达出设计思想，客户可以看懂	设计思想表达不清楚，不易看懂					
加分项	创新与拓展	10分	设计思想方法创新或功能有拓展	加分项	创新与拓展					

［?］ 任务拓展与思考

尝试设计 PC 有线监控器，监测现场的温度参数。要求：下位机能在本地实时显示温度数据，同时每隔 1 秒将温度数据上传一次给 PC 机，以便监看。

项目六 电压检测系统设计

项目背景

工业生产或者日常生活中的很多物理量都是模拟量，这些模拟量可以通过传感器等变成与之对应的电压、电流等模拟信号。主控系统一般是数字系统，只能对输入的数字信号进行处理，其输出信号也是数字的。为了实现数字系统对模拟量的测量、运算、存储和控制，需要一个模拟量和数字量之间的相互转化以及对重要数据的存储。

比如蓄电池在充电的过程中，充电器的电压过低或者过高都会对蓄电池造成损坏，如果充电电流过大、充电电压过高，可能导致蓄电池鼓包或者起火。充电使电池电压上升到额定值的115%左右时应关断充电装置停止充电，出现电池电压过高有可能过冲，这对电池是不利的。这个过程就需要对电压等模拟信号参数进行监测、存储或控制。

学习目标

知识目标

(1) 熟知 I^2C 总线构成；

(2) 熟知 I^2C 通信过程；

(3) 了解 I^2C 数据传输方式；

(4) 了解 AT24C02 存储器芯片的引脚与功能；

(5) 熟知存储器芯片的寻址方式；

(6) 熟知数模和模数转换的基本概念；

(7) 了解 PCF8591 模数数模转换芯片的引脚与功能；

(8) 熟知 PCF8591 控制字各位含义；

(9) 熟知 A/D 转换应用开发流程。

技能目标

(1) 能够看懂 AT24C02 存储器芯片引脚功能表，并进行相应接口的电路设计；

(2) 能够看懂 PCF8591 模数、数模转换芯片引脚功能表，并进行相应接口的电路设计；

(3) 能根据任务要求完成存储器读写控制系统硬件电路设计；

(4) 能根据任务要求完成电压检测系统硬件电路设计；

(5) 能看懂 I^2C 通信协议时序图，并按照时序要求编写程序实现 I^2C 数据传输；

(6) 能根据任务要求完成存储器读写控制系统软件程序设计；

(7) 能根据任务要求完成电压检测系统软件程序设计；

(8) 能利用仿真软件和开发平台完成软件、硬件调试；

(9) 能按照开发流程完成单片机应用系统开发。

素养目标

(1) 培养遵循行业标准与规范的职业意识；

(2) 培养守时、负责、务实等工作作风和工作态度；

(3) 培养协同合作的团队精神；

(4) 培养语言表达能力；

(5) 培养开拓创新精神。

任务 6.1   基于 I^2C 串行总线的存储器读写

任务描述

应用系统使用过程中有重要数据需要保存，同时在合适的时候需要读出使用。本次任务要求就是能将存储在存储器中一定地址下的内容读出来，并进行显示；需要存储的数据保存到存储器中以便后续查看与使用。

知识准备

I^2C 总线简介

6.1.1 I^2C 总线简介

I^2C(内部集成电路总线，Inter Integrated Circuit BUS)总线是由 Philips 公司推出的一种两线式串行总线，是串行同步通信的一种特殊形式。

I^2C 总线产生于 20 世纪 80 年代，最初为音频和视频设备开发，如今广泛应用在微电子通信控制领域，非常适合在器件之间进行近距离、非经常性的数据通信。I^2C 协议是嵌入式系统中常用的一种总线协议，常用于嵌入式系统内部，用以连接主控芯片与外围设备，以实现它们间的通信。

I^2C 总线接口直接在组件之上，因此 I^2C 总线占用的空间非常小，减少了电路板的空间和芯片管脚的数量，降低了互联成本。I^2C 总线上数据的传输速率在标准模式下可达 100 kbit/s，快速模式下可达 400 kbit/s，高速模式下可达 3.4 Mbit/s。I^2C 总线支持多主

控，其中任何能够进行发送和接收的设备都可以成为主控设备。一个主控能够控制信号的
传输和时钟频率。当然，在任何时间点上只能有一个主控。I²C 总线系统与传统的并行总线
系统相比，结构更简单、更好维护、易实现系统扩展、易实现模块化标准化设计、可靠性
更高。

1. I²C 总线构成

I²C 总线构成非常简单，如图 6.1.1 所示，只要求两条总线，一条串行数据线(SDA)，
一条串行时钟线(SCL)。整个系统仅靠数据线和时钟线实现完善的全双工数据传输，即 CPU
与各个外围器件仅靠这两条线实现信息交换。

多个器件可以通过两根线连接到总线上，器件间可以相互传递信息。每一个设备都会
对应一个唯一的地址。设备地址为 7 位，最多可以挂 128 个设备。I²C 总线上的每一个器件
都可以作为主设备或者从设备，而且主从设备之间就通过这个地址来确定与哪个器件进行
通信，I²C 总线上的主设备与从设备之间以字节(8 位)为单位进行双向的数据传输。通常情
况下，把 MCU 带 I²C 总线接口的模块(如图 6.1.1 中的单片机 A 或者单片机 B)作为主设备，
把挂接在总线上的其他设备都作为从设备。无论是 MCU、LCD、存储器、键盘还是其他外
部器件，都可以作为发送器或接收器，由器件的功能决定。LCD 液晶显示只是接收数据，
而存储器既可以接收数据又可以发送数据。

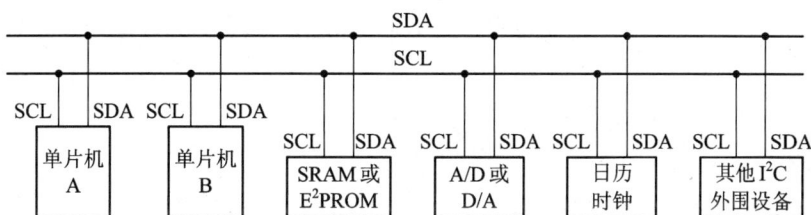

图 6.1.1　I²C 总线构成

2. I²C 通信协议

I²C 总线通信有着严格的时序要求，如果时序错误将会无法通信。通过对 SCL 和 SDA
高低电平时序的控制，来产生 I²C 总线协议所需要的信号进行控制数据的传输，可发送和
接收数据。按照 I²C 通信协议，总线上数据的传输必须以一个起始信号作为开始，以一个
停止信号作为结束。在总线空闲状态时，这两根线一般被所接的上拉电阻拉高，保持着高
电平。

1) 起始信号

当 SCL 为高电平时，SDA 由高电平向低电平跳变，开始传输数据，时序如图 6.1.2
所示。

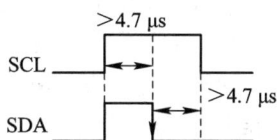

图 6.1.2　I²C 总线起始信号时序

对应的起始信号参考函数：

```
void IICStart( )
{
  scl=0;          //SCL 线拉低，以便让 SDA 线准备变化
  sda=1;          //SDA 线拉高，准备产生开始信号
  scl=1;          //SCL 线拉高
  _nop5_( );      //SDA 线高电平持续 5 μs，以符合起始信号定义的要求(>4.7 μs)
  sda=0;          //SDA 线拉低，产生开始信号
  _nop5_( );      //SDA 线低电平持续 5 μs，以符合起始信号定义的要求(>4.7 μs)
}
```

2) 停止信号

当 SCL 为高电平时，SDA 由低电平向高电平跳变，停止传输数据，时序如图 6.1.3 所示。

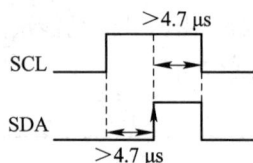

图 6.1.3   I²C 总线停止信号时序

对应的停止信号参考函数：

```
void IICStop( )
{
  scl=0;          //SCL 线拉低，以便让 SDA 线准备变化
  sda=0;          //SDA 线拉低，准备产生停止信号
  scl=1;          //SCL 线拉高
  _nop5_( );      //SDA 线低电平持续 5 μs，以符合停止信号定义的要求(>4.7 μs)
  sda=1;          //SDA 线拉高，产生停止信号
  _nop5_( );      //SDA 线的高电平持续 5 μs，以符合停止信号定义的要求(>4.7 μs)
}
```

3) I²C 通信过程

按照 I²C 通信协议，I²C 通信过程一般由起始、发送、应答、接收、停止五个部分构成，如图 6.1.4 所示。首先由主设备产生一个起始信号；之后从高至低发送 8 位数据，每一位数据传输时，要保持 SCL 为高电平不变，SDA 保持稳定，SCL 为低电平时，进行数据位调整；每 8 位数据传输完毕之后，接收设备进行应答，在 SCL 为高电平时，接收设备将 SDA 拉为低电平，表示传输正确，已经接收，产生应答；接收完毕后，主设备产生一个停止信号，就完成了一次简单的 I²C 通信。

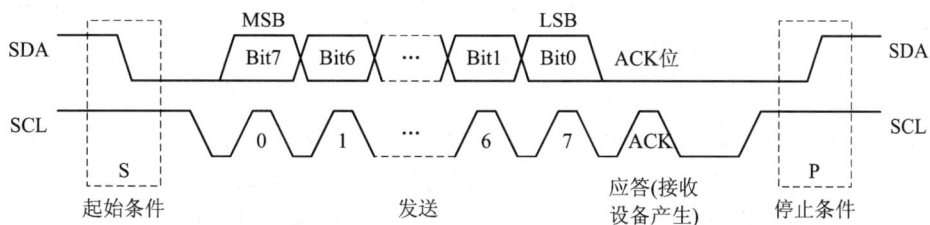

图 6.1.4　I²C 通信过程

这里接收设备在接收到 8 位数据后，向发送数据的设备发出特定的低电平脉冲，表示已收到数据。若未收到应答信号，可判断受控单元出现故障。

应答信号参考函数：

```
void ack( )                //检测从机应答信号的函数
{
    unsigned char i;
    i=255;
    scl=0;                 //SCL 线拉低，以便让 SDA 线准备变化
    sda=1;                 //SDA 线拉高，准备检测从机的应答信号
    while(sda==1)          //当 SDA 为高电平时，则等待从机的应答将 SDA 拉低
    {
        if(i>0)
        i--;
        else return;       //如果 i 自减到 0 了，从机还没响应，则不再等待，返回
    }                      //这种情况极少发生，一般是从机器件出问题了才会发生
    scl=1;                 //从机已经应答，将 SDA 线拉低了
    _nop5_( );             //SDA 线的低电平持续 5 μs，符合应答信号要求(>4.7 μs)
    scl=0;                 //SCL 线拉低，以便让从机把 SDA 线释放
}
```

接收设备收到一个完整的数据字节后，有可能需要完成一些其他工作，如处理内部中断服务等，可能无法立刻接收下一个字节，这时接收器件可以将 SCL 拉成低电平，从而使主机处于等待状态。直到接收器件准备好接收下一个字节时，再释放 SCL 使之为高电平，从而使数据传送可以继续进行。

6.1.2　总线寻址

在主从通信中，可以有多个 I²C 总线器件同时连接到 I²C 总线上。连接到 I²C 总线上的每个器件，都有自己的专门地址，通过地址来识别通信对象。

I²C 总线协议明确规定采用 7 位寻址字节。寻址字节的位定义为：

位：	D7	D6	D5	D4	D3	D2	D1	D0
从机地址								R/$\overline{\text{W}}$

D7～D1 位组成从机的地址；D0 位是数据传送方向位，为"0"时表示主机向从机写数据，为"1"时表示主机由从机读数据。总线上可以同时挂多个不同设备(最多可以挂 128 个设备)，不同设备之间利用 I²C 总线进行数据传输就是利用设备地址进行区分。

主机发送地址时，总线上的每个从机都将这 7 位地址码与自己的地址进行比较，如果相同，则认为自己正被主机寻址，根据 R/$\overline{\text{W}}$ 位将自己确定为发送器或接收器。

从机的地址由固定部分和可编程部分组成。在一个系统中可能希望接入多个相同的从机，从机地址中可编程部分决定了可接入总线该类器件的最大数目。器件类型由 D7～D4 共 4 位决定，这是半导体公司生产时就已固定了的，也就是说这 4 位是固定部分；用户自定义地址码由 D3～D1 共 3 位组成，这是可由用户自己设置的，也就是说这 3 位是可编程部分。如一个从机的 7 位寻址位有 4 位是固定位，3 位是可编程位，这时仅能寻址 8 个同样的器件，即可以有 8 个同样的器件接入到该 I²C 总线系统中。

6.1.3 I²C 数据传输

1. I²C 数据传输过程

I²C 基本数据传输过程主要包括 6 个步骤，如图 6.1.5 所示。

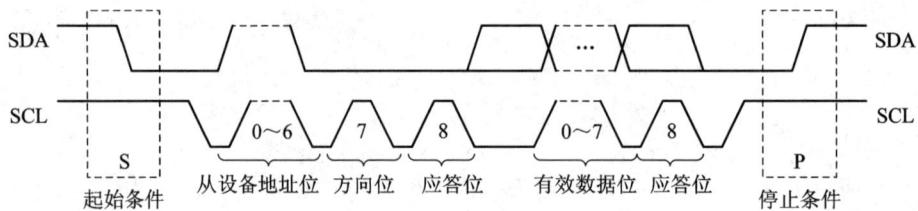

图 6.1.5 I²C 数据传输过程

1) 主机发送起始信号

主机发一个起始信号启动总线，这个信号就像对其他所有设备喊"请大家注意，准备传输数据啦"，其他设备监听总线，以准备接收数据。

2) 主机发送地址帧

主机发送一个 7 位设备地址加 1 位读写操作的地址帧。在一个 I²C 总线上，可以同时挂多个不同设备，不同设备之间就是利用设备地址进行区分。

3) 相应的从设备应答

总线所接设备接收到地址帧后，将地址与自身地址进行比对，看自己是否目标设备，如果比对相符，该设备就会发送一个应答信号 ACK 作回应。

4) 发送设备发送有效数据

当主设备收到应答后，发送设备就可以开始传送数据，数据帧大小一般为 8 位。

5) 接收设备应答

接收设备每接收到一个数据帧后就会发送一个应答信号作为回应，这里是可以有多个数据帧的。接收设备可以是主设备也可以是从设备，要看数据操作类型是读还是写。主设备发送数据，从设备就是接收设备，从设备应答；相反主设备接收数据，主设备就是接收设备，主设备应答。

6) 主机发送停止信号

当所有数据传送完毕，主设备发送一个停止信号，向其他设备宣告释放总线，其他设备回到初始状态。这样就完成了一次完整的数据传输。

2. I²C 数据传输方式

I²C 数据传输有主发从收、主收从发、混合收发三种不同的形式。

1) 主发从收

在主发从收的数据传输方式中，主设备往从设备中写数据，数据传送方向在整个传送过程中不变，如图 6.1.6 所示。

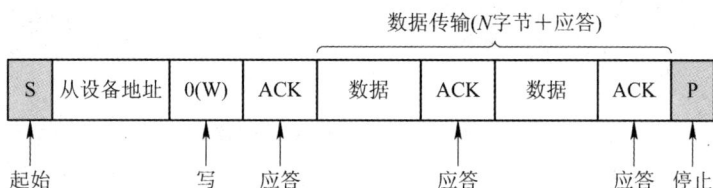

图 6.1.6　I²C 主发从收数据传输方式

数据传输格式为：主机发送起始信号；主机发送从设备地址，发送方向为写；从机发送 ACK 应答；主机发送数据；从机发送 ACK 应答；如果有多个数据需要发送，此处循环进行主机发送数据，从机发送应答；数据全部发送完毕后，主机发送停止信号或主机发送起始信号启动下一次传输。

可以使用以下程序段实现主发从收的数据传输。

```
IICStart();              //起始
write_byte(0XAE);        //发送从机地址，方向为"写"
ack();                   //应答
write_byte(address);     //发送数据目标地址
ack();
write_byte(dat);         //发送数据
ack();
IICStop();               //停止
```

2) 主收从发

在主收从发的数据传输方式中，主设备由从设备中读数据，数据传送方向在整个传送过程中不变，如图 6.1.7 所示。

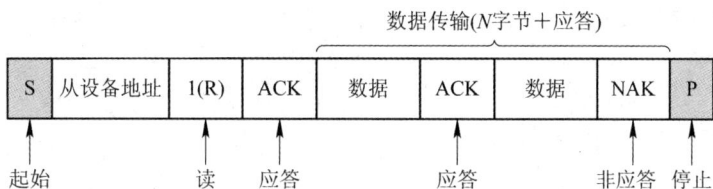

图 6.1.7　I²C 主收从发数据传输方式

数据传输格式为：主机发送起始信号；主机发送从设备地址，发送方向为读；从机发送 ACK 应答；主机接收数据；主机发送 ACK 应答；如果有多个数据需要发送，此处循环进行主机接收数据，主机发送 ACK 应答；数据全部发送完毕后，主机发送停止信号或主机发送起始信号启动下一次传输。

可以使用以下程序段实现主收从发的数据传输。

```
IICStart();                    //起始
write_byte(0XAF);              //发送从机地址，传输方向：读
ack();                         //应答
dat=read_byte();               //读
send_no_ack( );
IICStop();                     //停止
```

3) 混合收发

混合收发数据传输方式中，数据传送方向在整个传送过程中会有变化。如主设备往从设备中写数据，然后重启起始条件，紧接着由从设备读取数据，如图 6.1.8 所示。

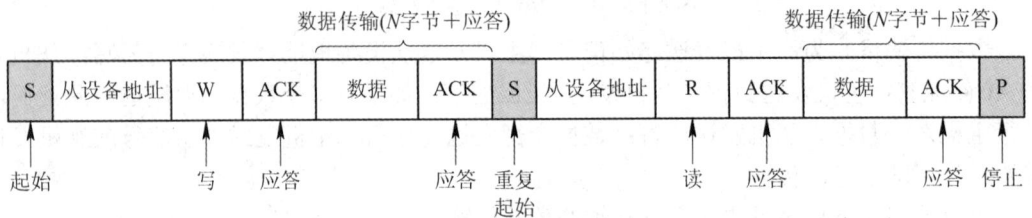

6.1.8   I²C 混合收发数据传输方式

其数据传输格式为：主机发送起始信号；主机发送从机设备地址，方向为写；主机发送 ACK 应答；从机发送数据；主机发送 ACK 应答；如此重复，直到接收完最后一个字节时，主机发送 ACK；此时不发送结束信号，而是主机重启起始条件，再次发送起始信号启动下一次传输。按照传输格式，变换传输方向，继续数据传输。

可以使用以下程序段实现混合收发的数据传输。

```
IICStart();                    //起始
write_byte(0XAE);              //发送从机地址，传输方向：写
ack();                         //应答
write_byte(address);           //发送读数据目标地址
ack();

IICStart();                    //重新起始
write_byte(0XAF);              //发送从机地址，传输方向：读
ack();                         //应答
dat=read_byte();               //读
send_no_ack( );
IICStop();                     //停止
```

6.1.4 AT24C02 存储器芯片

1. AT24C02 存储器芯片简介

AT24C 系列为美国 Atmel 公司推出的串行 COMS 型电可擦除的存储器,采用典型的串行通信方式进行。常用芯片有 AT24C01、AT24C02 等。

AT24C02 内含 2 KB 存储空间,具有工作电压宽(在 2.5～5.5 V 之间均可以工作)、擦写次数多(大于 10000 次)、写入速度快(小于 10 ms)、抗干扰能力强、数据不易丢失和体积小等特点。AT24C02 支持总线数据传送协议 I^2C,可以采用 I^2C 总线进行数据读写的串行操作,只占用很少的资源和 I/O 线。

AT2402 芯片

2. AT24C02 存储器芯片引脚与功能

AT24C02 的外形如图 6.1.9 所示,采用最简单的双列直插式封装,总共有 8 个引脚,引脚如图 6.1.10 所示,引脚的功能如表 6.1.1 所示。

图 6.1.9　AT24C02 芯片外形　　　　图 6.1.10　AT24C02 芯片引脚

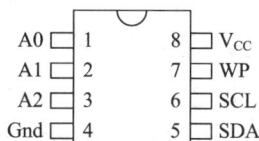

表 6.1.1　AT24C02 的引脚功能

引脚序号	引脚名称	功能
1～3	A0、A1、A2	器件地址选择
4	Gnd	地
5	SDA	串行数据
6	SCL	串行时钟
7	WP	写保护
8	V_{CC}	电源

3. AT24C02 存储器芯片寻址

AT24C02 的存储容量为 2 KB,可分成 32 页,每页 8 B,共 256 B,即 256×8 B。操作时有两种寻址方式:芯片寻址和片内子地址寻址。

1) 芯片寻址

芯片寻址是把芯片作为一个整体。AT24C02 的地址由固定部分和可编程部分组成，地址控制字格式为 $1010A2A1A0 R/\overline{W}$，高 4 位为它的固定部分，低 4 位为它的可编程部分，其中 A2、A1、A0 为可编程地址选择位，A2、A1、A0 引脚接高、低电平后得到确定的 3 位编码，与 1010 形成 7 位编码，即为该器件的地址码。$R/\overline{W}$ 为芯片读写控制位，该位为 0，表示芯片进行写操作；该位为 1，表示芯片进行读操作。如地址控制字为 0XA0，则表示对芯片进行写操作；地址控制字为 0XA1，则表示对芯片进行读操作。

2) 片内子地址寻址

片内子地址寻址可以针对某一个芯片内部的 256 B 中的任一个存储单元进行读/写操作，其寻址范围为 0X00～0XFF，共 256 个寻址单元。

任务实施

一、任务分析与方案制定

1. 任务分析

本次任务主要进行存储器的读与写，是对读出的数据能够进行恰当的显示。目前市场上有带 I^2C 接口的存储器，一方面与主控芯片连接简单，另一方面方便系统扩展。

任务：基于 I^2C 通信的存储器读写

2. 方案制定

选用 I^2C 接口的 AT24C02 存储器芯片，用于应用系统重要数据的存储；选用数码管进行数据显示。一般单片机芯片虽然没有现成的 I^2C 接口，但是可以采用 I/O 口来模拟 I^2C 数据总线，存储器芯片与单片机之间基于 I^2C 通信协议进行通信是可行的。

二、工作条件准备

硬件：计算机 1 台，单片机实验板 1 块。

软件：Keil μVision4 开发环境，STC-ISP 下载软件，串口驱动软件。

三、硬件原理图设计

硬件原理电路如图 6.1.11 所示，存储器芯片 AT24C02 的 I^2C 总线的 SCL、SDA 分别与单片机芯片的 P1.0、P1.1 相连，WP 接地，地址选择信号 A0、A1、A2 均接到电源。显示器件选用 7 段共阳极数码管的数码控制信号与单片机的 P0.0～P0.6 相连。选用排阻作为上拉电阻。

AT24C02 的 WP 信号接地，表示不对它进行写保护，可以完成对芯片进行写操作。此时地址选择信号 A0、A1、A2 均接到电源，AT24C02 的地址控制字为 0XAE 时，表示对芯片进行写操作；地址控制字为 0XAF 时，表示对芯片进行读操作。

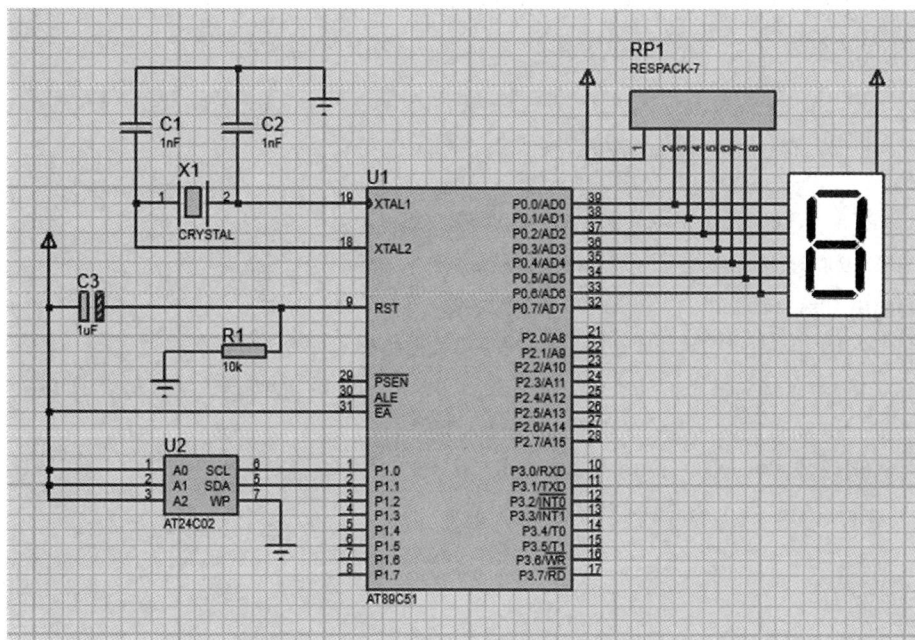

图 6.1.11 存储器 AT24C02 读写系统硬件原理电路

四、软件设计

1. 软件设计思想

将整个程序分为多个函数模块，每一个函数模块实现特定的功能。其中，与 I²C 通信过程有关的函数严格按照 I²C 通信协议的时序要求，比如起始信号函数、停止信号函数、应答信号函数等。

程序中先读取了原来存储在存储器中特定单元地址下的数据，然后依次写入了 0~9 这样 10 个数据，并随即将刚写入的数据读出来显示。

2. 参考软件程序

```
//功能：给 24C02 内部某个地址依次写入多个数据，然后从 24C02 读出数据，最后由数码管显示这个
读出的数据。
//注意：由于 24C02 的容量是 256 个字节，所以它的内部地址范围为 0~255，即 0X00~0XFF
#include<reg51.h>
#include<intrins.h>
sbit scl=P1^0;                  //SCL 线
sbit sda=P1^1;                  //SDA 线

unsigned char code display_table[17]={0XC0,0XF9,0XA4,0XB0,0X99,
                    0X92,0X82,0XF8,0X80,0X90,0X88,
                    0X83,0XC6,0XA1,0X86,0X8E,0XFF};
                    //共阳数码管：0~F 等 16 个数码管显示编码以及熄灭
```

```
void delay_ms(unsigned int t);          //声明毫秒级延时函数
void _nop5_( ) ;                        //声明微秒级延时函数
void IICStart( );                       //声明起始信号函数
void ack( )      ;                      //声明应答信号函数
void send_no_ack( );                    //声明非应答信号函数
void IICStop( );                        //声明停止信号函数
void initIIC( );                        //声明 IIC 初始化函数
void write_byte(unsigned char dat);     //声明写字节数据函数
void ISendByte(unsigned char address,unsigned char dat);   //声明 IIC 发送数据函数
unsigned char read_byte( );    //声明读字节数据函数
unsigned char IRcvByte(unsigned char address);   //声明 IIC 接收数据函数
void display(unsigned char num);   //声明数码管显示函数

void main( )
{
    unsigned char   i，dat1;
    initIIC( );              //IIC 初始化
    dat1=IRcvByte(0X06);  //先把上次 AT2402 存储器的 0X06 地址中的数据读出来
    display(dat1);           //将数据显示到数码管中
    delay_ms(1000);

    for(i=0;i<10;i++)
    {
    ISendByte(0X06,i);       //往 AT2402 存储器 0X06 地址中写入一个数据"i"
    delay_ms(10);
    dat1=IRcvByte(6);        //把 AT2402 存储器 0X06 地址中的数据读出来
    display(dat1);           //将数据显示到数码管中
    delay_ms(1000);
    }
}
/*--------------------------
函数功能：毫秒级延时
传入参数(t)：延时时间
传出参数：无
-------------------------- */
void delay_ms(unsigned int t)
{
unsigned int i,j;
```

```
    for(i=0;i<t;i++)
        for(j=0;j<113;j++);
}


    /*--------------------------
    函数功能：微秒级延时，大约延时 5 μs
    传入参数：无
    传出参数：无
    -------------------------- */
void _nop5_( )
{
 _nop_( );
 _nop_( );
 _nop_( );
 _nop_( );
 _nop_( );
}


    /*--------------------------
    函数功能：IIC 初始化函数
    传入参数：无
    传出参数：无
    -------------------------- */
void initIIC( )
{
 sda=1;
 _nop5_( );
 scl=1;
 _nop5_( );
}


    /*--------------------------
    函数功能：IIC 起始信号函数
    传入参数：无
    传出参数：无
    -------------------------- */
void IICStart( )
{
 scl=1;
```

```
sda=1;
_nop5_( );
sda=0;
_nop5_( );
}


/*--------------------------
 函数功能：IIC 停止信号函数
 传入参数：无
 传出参数：无
-------------------------- */
void IICStop( )
{
   scl=0;
 sda=0;
 scl=1;
 _nop5_( );
 sda=1;
 _nop5_( );
}


/*--------------------------
 函数功能：检测从机应答信号函数
 传入参数：无
 传出参数：无
-------------------------- */
void ack( )
{
 unsigned char i;
 i=255;
 scl=1;
 while(sda==1)
 {
      if(i>0)
      i--;
      else return;
 }
  scl=0;
 _nop5_( );
```

```
}

/*---------------------------
函数功能：主机给从机发送非应答信号函数
传入参数：无
传出参数：无
--------------------------- */
void send_no_ack( )
{
    scl=0;                      //SCL 线拉低，以便让 SDA 线准备变化
    sda=1;                      //SDA 线拉高，即将发送非应答信号给从机
    scl=1;                      //SCL 线拉高，将应答信号发送过去
    _nop5_( );                  //SDA 线高电平持续 5 μs，符合非应答信号要求(>4 μs)
}


/*---------------------------
函数功能：主机向从机写操作函数
传入参数(dat)：希望写入的数据(地址)
传出参数：无
--------------------------- */
void write_byte(unsigned char dat)
{
    unsigned char i;
    for(i=0;i<8;i++)
    {
        scl=0;                  //SCL 线拉低，以便让 SDA 线准备变化
        sda=(bit)(0X80&dat);    //取字节数据的最高位，发送到 SDA 线
        dat=dat<<1;             //发送的数据都是由高位到低位顺序发送的，要将所
                                //需发送的那位移到数据的最高位，以发送到 SDA 线上
        scl=1;                  //SCL 线拉高，数据被发送过去
        _nop5_( );
    }
    scl=0;
    _nop5_( );
    sda=1;
    _nop5_( );
}
```

```
/*---------------------------
函数功能：向存储芯片 AT24C02 芯片的某个地址写入数据
传入参数 1(address)：向存储芯片 AT24C02 芯片写入数据的地址；
传入参数 2(dat)：需要写入芯片的数据；
传出参数：无
--------------------------- */
void ISendByte(unsigned char address,unsigned char dat)
{
  IICStart();                          //起始
  write_byte(0XAE);                    //发送从机地址
  ack();                               //应答
  write_byte(address);                 //发送数据目标地址
  ack();
  write_byte(dat);                     //发送数据
  ack();
  IICStop();                           //停止
}


/*---------------------------
函数功能：主机向从机读操作的函数
传入参数：无
传出参数：无
--------------------------- */
unsigned char read_byte(    )
{
unsigned char i;
unsigned char dat;                     //定义一个字节变量，用来存储读出的从机数据
dat=0;
for(i=0;i<8;i++)
{
    dat=dat<<1;                        //将位数据往高位移动，将位数据转换为字节数据
    scl=0;                             //SCL 线拉低，以便让 SDA 线准备变化
    dat=dat|(unsigned char)sda;        //将位数据强制转换成字节数据存到 dat 中
    scl=1;                             //SCL 线拉高，接收下一位数据
}
return dat;                            //数据接收完毕，带数据返回
}


/*--------------------------------------------
```

函数功能：从存储芯片 AT24C02 芯片的某个地址读出数据

传入参数(address)：存储芯片 AT24C02 芯片的某个地址

传出参数：从芯片中读出的数据

------------------------------- --------------------*/

```c
unsigned char IRcvByte(unsigned char address)
{
    unsigned char dat;

    IICStart();                     //起始
    write_byte(0XAE);               //发送从机地址，传输方向:写
    ack();                          //应答
    write_byte(address);            //发送读数据目标地址
    ack();

    IICStart();                     //重新起始
    write_byte(0XAF);               //发送从机地址，传输方向:读
    ack();
    dat=read_byte();                //读
    send_no_ack( );
    IICStop();                      //停止

    return dat;
}

/*------------------------------------------
函数功能：一位数码管显示函数
传入参数(num)：要显示的数据
传出参数：无
------------------------------- --------------------*/
void display(unsigned char num)
{
    P0=display_table[num];
}
```

五、调试与运行测试

1. 软件调试

在集成开发环境 Keil μVision4 中分别调试程序，直至没有语法错误，最后生成 HEX

文件。

2. 联合调试

利用下载软件 STC-ISP 将 HEX 文件下载到单片机实验板上。

按照硬件设计要求完成硬件接线，用排线将数码管接到 P0 口的 P0.0～P0.6 引脚，AT24C02 的 I^2C 总线的 SCL、SDA 分别连接到单片机的 P1.0、P1.1 引脚，如图 6.1.12 所示。

图 6.1.12　存储器 AT24C02 读写系统的硬件接线

观察运行效果，关注是否可以读出原来存储的数据，能否写入数据，读出的数据是否与写入的数据一致。如果不一致，需要回到前面的步骤继续进行软件调试，直到符合任务描述要求。

3. 运行测试

上电运行，可以观测原来存储在存储器特定单元中的数据，后面陆续写入数据，随即读取刚才写入的数据。

六、技术文档撰写

以小组为单位，参考附录完成技术文档撰写。技术文档中应包含采用的技术方案、硬件原理图设计、软件设计思想、调试完成的软件程序以及调试成功后的运行效果情况等。

任务完成评价

采用表 6.1.2 所示评价表对任务完成情况进行评价,主要考核工作任务完成的效果以及完成过程中的职业素养、职业能力以及创新意识等。

表 6.1.2 工作任务完成情况评价表

评价项	评价指标	分值	评价等级			占比/%			考核得分	备注
			优	及格	不及格	自评	互评	教师评价		
						20	30	50		
过程中的职业素养评价(20分)	工作态度	5分	按时到岗,态度认真	按时到岗	不到岗					
	环境维护	5分	操作台面整洁,工作环境很干净	操作台面整洁,工作环境干净	操作台面零乱,卫生差					
	沟通合作	5分	主动与组员沟通,主导合作共同完成任务	能与组员沟通,合作共同完成任务	不与所在组成员配合					
	职业规范	5分	严格按照行业职业标准规范执行	基本符合行业职业标准规范	无视行业职业标准规范					
过程中的职业能力评价(40分)	方案制定	10分	方案合理,按照方案实施可以实现存储器读写任务	方案制定较为合理	方案制定不合理,不能满足存储器读写要求					
	硬件设计与连接	10分	存储器、显示器件等与主控芯片接口设计合理,完成原理图绘制,硬件连接正确	存储器、显示器件等与主控芯片接口设计合理,硬件连接正确	存储器、显示器件与主控芯片接口设计不合理					
	软件设计	10分	能运用函数模块化设计思想完成软件程序设计	完成了软件程序编写	未完成软件程序编写					
	软硬件调试	10分	能够根据实验现象自主分析原因,快速找到故障并排除,完成调试	能找到问题并排除,完成调试	找不到故障问题,调试不成功					

续表

评价项	评价指标	分值	评价等级			占比/%			考核得分	备注
			优	及格	不及格	自评	互评	教师评价		
						20	30	50		
任务完成结果评价（40分）	功能实现	30分	能读取存储器数据，显示正确；能往存储器中写入数据，并验证写入正确	能读取存储器数据，显示正确	没有完成数据的写入和读取					
	技术文档编写	10分	充分表达设计思想，易于客户看懂	能表达出设计思想，客户可以看懂	设计思想表达不清楚，不易看懂					
加分项	创新与拓展	10分	软件设计思想方法创新或功能有拓展							

？ 任务拓展与思考

1. 尝试采用不同的显示方法(如液晶显示方法)显示存储数据完成本任务。
2. 尝试采用仿真方法完成本任务。

任务6.2　电压检测系统设计

任务描述

　　设计一个电压检测系统，使其具备监测、记忆等功能，且能显示实时检测到的电压数据和历史电压峰值，电压数据要求精确到小数点后两位。

知识准备

6.2.1　模数与数模转换

　　自然界中存在的大多是连续变化的物理量，如温度、时间、速度、流量、压力等。要用数字电路特别是用计算机来处理这些物理量，必须先把它们转换成计算机能够识别的数字量，经过计算机分析和处理后的数字量又需要转换成相应的模拟量，才能实现对受控对象的有效控制，这就需要一种能在模拟量与数字量之间起桥梁作用的电路，即模数和数模转换电路。

1. 模数转换

模拟量转换成数字量的过程被称为模数转换，简称 A/D(Analog to Digital)转换；完成模数转换的电路被称为 A/D 转换器，简称 ADC(Analog to Digital Converter)。

单片机等控制芯片只能够对数字信号进行处理，处理的结果还是数字量，它们用于生产过程自动控制时，所要处理的往往是连续变化的物理量，如温度、压力、速度等都是模拟量，这些非电子信号的模拟量先要经过传感器变成电压或者电流等模拟信号，然后再转换成数字量，才能够送往单片机等控制芯片进行处理。

这样 ADC 就建立了模拟世界的传感器和数字世界的信号处理与数据转换之间的联系。

2. 数模转换

与模数转换相对应的是数模转换，数模转换是模数转换的逆过程。数字量转换成模拟量的过程称为数模转换，简称 D/A(Digital to Analog)转换；完成数模转换的电路称为 D/A 转换器，简称 DAC(Digital to Analog Converter)。

模拟信号由传感器转换为电信号，经放大送入 A/D 转换器转换为数字量，由数字电路(单片机等控制芯片)进行处理，再由 D/A 转换器还原为模拟量，去驱动执行部件。数模转换器常用作过程控制计算机系统的输出通道，与执行器相连，实现对生产过程的自动控制。

6.2.2　模数转换芯片 PCF8591

1. PCF8591 芯片简介

PCF8591 是一款由 Philips 公司开发的 8bit A/D(模/数)和 D/A(数/模)转换芯片，采用 I^2C 协议通信。器件功能包括多路复用模拟输入、片上跟踪和保持功能、8 位模数转换和 8 位数模转换。其内部结构如图 6.2.1 所示，具有 8 位 A/D 和 D/A 转换器、4 个模拟输入(其中一个为电压模拟输入)、一个模拟输出和一个串行 I^2C 总线接口。3 个地址引脚 A0、A1 和 A2 用于编程硬件地址，允许将最多 8 个器件连接至 I^2C 总线而不需要增加额外的硬件。器件的地址、控制和数据通过双向 I^2C 总线传输，最大转换速率取决于 I^2C 总线的最高速率。

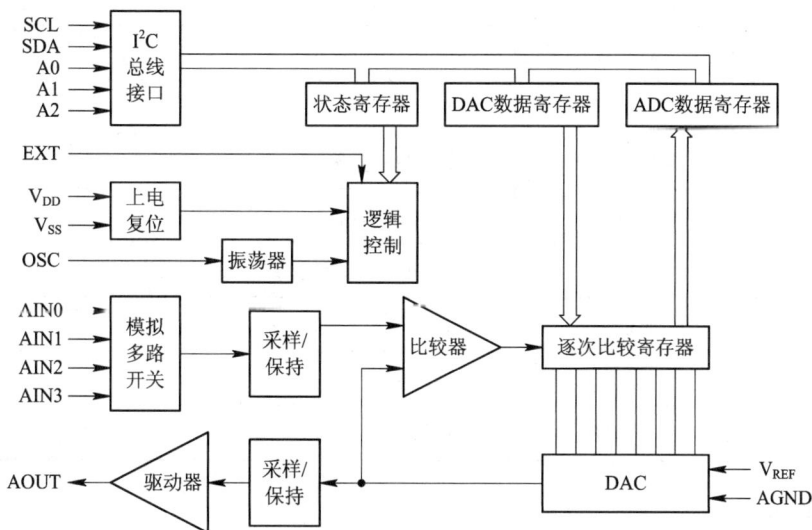

图 6.2.1　PCF8591 内部结构

1) AD 位数

A/D 转换器位数为 n，表明这个 A/D 共有 2^n 个刻度。8 位 A/D 转换器，其输出刻度范围为 0～255。PCF8591 内部就有 8 位 A/D 转换器，因此它的数据在 0～255 之间。

2) 分辨率

A/D 转换器的分辨率就是指 A/D 转换器能够分辨的最小模拟量变化，假设 5.10 V 的系统用 8 位的 A/D 采样，那么它能分辨的最小电压就是 5.10/255＝0.02 V。

2. PCF8591 芯片引脚与功能

PCF8591 芯片采用双列直插式封装，其外形如图 6.2.2 所示。PCF8591 芯片共有 16 个引脚，如图 6.2.3 所示，对应的引脚功能说明如表 6.2.1 所示。

图 6.2.2　PCF8591 模数转换芯片外形　　　　图 6.2.3　PCF8591 模数转换芯片引脚

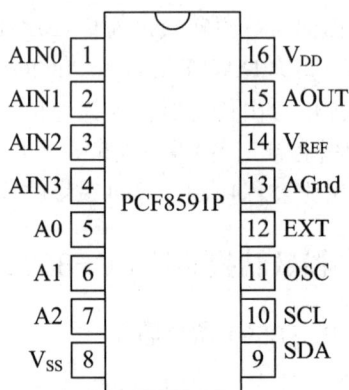

表 6.2.1　PCF8591 模数转换芯片引脚功能

引脚序号	引脚名	引脚说明
1～4	AIN0～AIN3	模拟信号输入端
5～7	A0～A2	引脚地址端
8，16	V_{DD}、V_{SS}	电源端(2.5～6 V)
9，10	SDA、SCL	I^2C 总线的数据线、时钟线
11	OSC	外部时钟输入端，内部时钟输出端
12	EXT	内部/外部时钟选择线，使用内部时钟时 EXT 接地
13	AGnd	模拟信号地
14	V_{REF}	基准电源端
15	AOUT	D/A 转换输出端

3. 设备地址

PCF8591 采用典型的 I^2C 总线接口器件寻址方法，即设备地址由器件地址、引脚地址和方向位组成，如图 6.2.4 所示。器件地址为其固定部分，Philips 公司规定 A/D 器件地址为 1001。引脚地址 A2A1A0 为可编程部分，其值由用户选择，因此 I^2C 系统中最多可接 8 个具有 I^2C 总线接口的 A/D 器件。地址的最后一位为方向位 R/$\overline{W}$，当主控器对 A/D 器件进行读操作时为 1；进行写操作时为 0。总线操作时，由器件地址、引脚地址和方向位组成的设备地址作为主控器发送的第一字节。

图 6.2.4　PCF8591 设备地址

4. 控制字

控制字用于控制器件的各种功能，如模拟信号由哪几个通道输入等。控制字存放在控制寄存器中，总线操作时为主控器发送的第二字节。控制字的格式如图 6.2.5 所示。

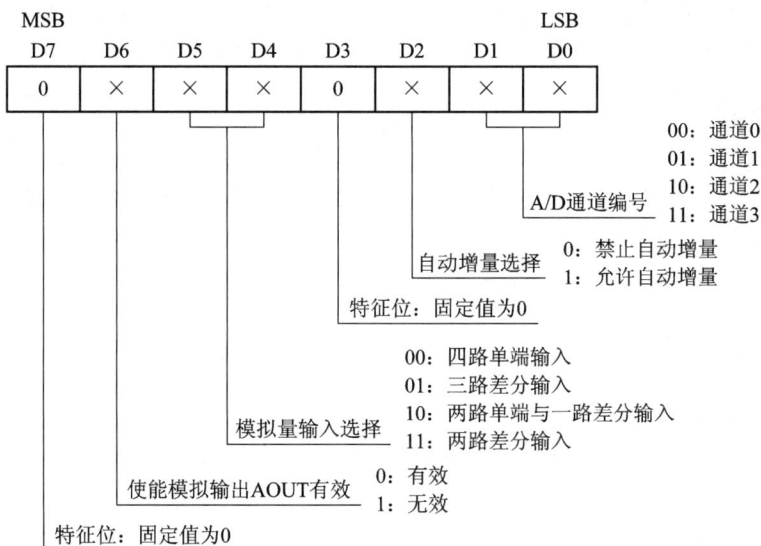

图 6.2.5　PCF8591 的控制字

其中：

D1、D0 两位为 A/D 通道编号，00 为通道 0，01 为通道 1，10 为通道 2，11 为通道 3。

D2 为自动增量选择，0 为禁止自动增量，1 为允许自动增量。如果允许自动增量，则在每次 A/D 转换后，通道编号会自动递增。

D3 为特征位，固定值为 0。

D5、D4 为模拟量输入选择，00 为四路单端输入，01 为三路差分输入，10 为两路单端与一路差分输入，11 为两路差分输入。

D6 为使能模拟输出 AOUT 有效，1 为有效，0 为无效。

D7 为特征位，固定值为 0。

5. A/D 转换应用开发流程

一个 A/D 转换周期总是在发送有效的设备地址给 PCF8591 之后开始的，A/D 转换在应答时钟脉冲的后沿被触发。PCF8591 的 A/D 转换程序设计流程可以分为四个步骤：

(1) 发送写设备地址，选择 I^{2}C 总线上的 PCF8591 器件。

(2) 发送控制字节，选择模拟量输入模式和通道等。

(3) 发送读设备地址，选择 I^{2}C 总线上的 PCF8591 器件。

(4) 读取 PCF8591 中目标通道的数据。

任务实施

一、任务分析与方案制定

1. 任务分析

本次任务要求检测电压实时数据和记录电压历史峰值。这里的电压为模拟信号，需要进行模数转换才能送入主控芯片中；电压的历史峰值可以在存储器中进行保存。

2. 方案制定

PCF8591 是一款既可以完成模数转换又可以完成数模转换的芯片，而且具有 I^{2}C 通信接口；选用同样具有 I^{2}C 接口的 AT24C02 存储器芯片，存储历史电压峰值数据；需要显示的数据较多选用液晶模块 LCD1602 进行显示。

本次设计采用仿真的方式实现。

二、工作条件准备

硬件：计算机 1 台。

软件：Keil μVision4 开发环境，仿真软件 Proteus。

三、硬件原理图设计

硬件原理电路如图 6.2.6 所示，液晶显示器的 8 位数据总线 D0～D7 分别连接单片机的 P2.0～P2.7，三个控制信号 RS、RW、E 分别接单片机的 P0.5、P0.6、P0.7。待测电压信号从模数转换芯片 PCF8591 的模拟输入通道 AIN0 输入，实验过程中采用由滑动变阻器组成的电路模拟待测电压信号，为方便直观调试，加入了电压表，实际使用时可以不需要。PCF8591 的 I^{2}C 总线的 SCL、SDA 与存储器芯片 AT24C02 的 I^{2}C 总线的 SCL、SDA 一起连接到单片机的 I/O 口引脚 P1.0、P1.1。PCF8591 的器件地址选择信号 A0、A1、A2 都接地，AT24C02 的器件地址选择信号 A0、A1、A2 都接电源。

这里 PCF8591 的地址控制字为 0X90 时，表示对芯片进行写操作；地址控制字为 0X91 时，表示对芯片进行读操作。AT24C02 的地址控制字为 0XAE 时，表示对芯片进行写操作；地址控制字为 0XAF 时，表示对芯片进行读操作。

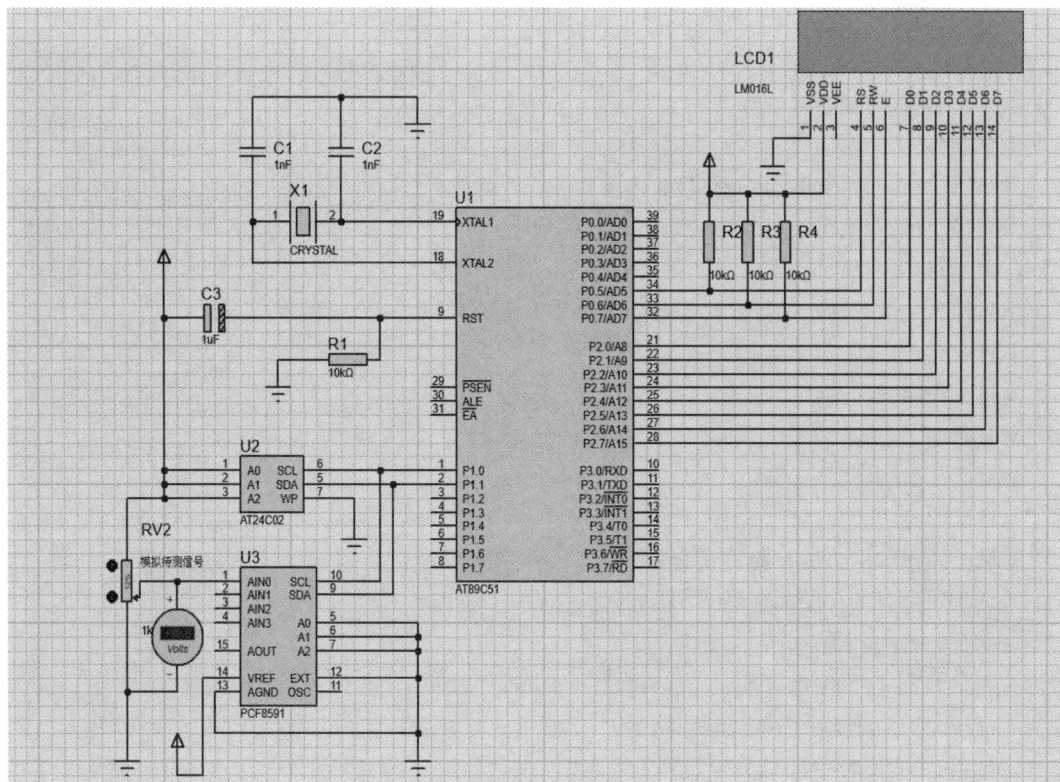

图 6.2.6 电压监测系统硬件原理电路

四、软件设计

1. 软件设计思想

将整个程序分为多个函数模块，每一个函数模块实现特定的功能。I²C 数据传输是其中非常重要的部分。

2. 参考软件程序

```
#include<reg51.h>
#include<intrins.h>
sbit scl=P1^0;                    //SCL 线
sbit sda=P1^1;                    //SDA 线
sbit lcdrs=P0^5;                  //液晶数据命令选择端
sbit lcdrw=P0^6;                  //液晶读写选择端
sbit lcden=P0^7;                  //液晶使能端
#define PCF8591Addr 0X90          //PCF8591 的设备地址和写操作
#define AT24C02Addr 0XAE          //AT24C02 的设备地址和写操作
```

```c
unsigned char    table[]="Peak:";
unsigned char table1[]="Real:";

void delay_ms(unsigned int t);

void _nop5_(   );

void lcd_write_command(unsigned char com);

void lcd_write_data(unsigned char dat);

void lcdinit();

void lcd_display(unsigned char x,unsigned char y ,unsigned char *str);

void iicStart(   );

void iicStop(   );

void ack(   );

void send_no_ack(    );

void iicinit();

void iic_write_byte(unsigned char dat);

void at24c02SendByte(unsigned char address,unsigned char dat);

unsigned char iic_read_byte(    );

unsigned char at24c02ReadData(unsigned char address);

void pcf8591SendByte(unsigned char dat);

unsigned char pcf8591ReadData(   );

void convert_dat(unsigned char dat,unsigned char *p);

void main(   )
{
    unsigned char    real,   peak=0;   //电压实时值、电压峰值
    unsigned char    addr=0;
    unsigned char    str[5],str1[5];
    iicinit();                         //IIC 初始化
    lcdinit();                         //液晶屏初始化

  while(1)
  {
      pcf8591SendByte(0X00);      //写入控制字 0X00，模拟量输出关闭，选择模拟输入通道 0，
                                  //采用单端输入方式
      real=pcf8591ReadData(   );  //读出模数转换值

      if(real>peak)
          peak=real;                      //保存历史电压峰值
```

```
        at24c02SendByte(addr,real);      //将每次实时数据写入 AT24C02，备查
        addr++;

        lcd_display(0,1 ,table);         //在第一行显示峰值提示信息、电压峰值
        convert_dat(peak,str1);
        lcd_display(0,7 ,str1);

        lcd_display(1,1 ,table1);        //在第二行显示实时值提示信息、电压实时值
        convert_dat(real,str);
        lcd_display(1,7 ,str);
        delay_ms(1000);                  //每隔 1 s 采集一次
    }


}
/*-------------------------
函数功能：毫秒级延时函数
传入参数(t)：延时时间
传出参数：无
------------------------- */
void delay_ms(unsigned int t)
{
unsigned int i,j;
for(i=0;i<t;i++)
    for(j=0;j<113;j++);
}


/*-------------------------
函数功能：微秒级延时函数，大约延时 5 μs
传入参数：无
传出参数：无
------------------------- */
void _nop5_( )
{
_nop_( );
_nop_( );
_nop_( );
_nop_( );
_nop_( );
}
```

```
/*--------------------------
    函数功能：液晶 LCD 初始化
    传入参数：无
    传出参数：无
-------------------------- */
 void lcdinit()
 {
  lcdrw=0;
  lcden=0;
  lcd_write_command(0X38);     //设置 16*2 显示，5*7 点阵，8 位数据接口
  lcd_write_command(0X0C);     //设置开显示，不显示光标
  lcd_write_command(0X06);     //写一个字符后，光标右移，地址指针加 1
  lcd_write_command(0X01);     //显示清 0，数据指针清 0
 }


/*--------------------------
    函数功能：液晶 LCD 写命令
    传入参数(com)：要写入的命令字
    传出参数：无
-------------------------- */
void lcd_write_command(unsigned char com)
 {
  lcdrw=0;      //选择写命令模式
  lcdrs=0;
  P2=com;      //将要写的命令字送到数据总线上
  delay_ms(5); //稍做延时以待数据稳定
  lcden=1;      //使能端给一高电平，因为初始化函数中已将 lcden 置为 0
  delay_ms(5);
  lcden=0;      //将使能端置 0 以完成负脉冲
 }


/*--------------------------
    函数功能：液晶 LCD 写数据
    传入参数(dat)：要写入的数据
    传出参数：无
-------------------------- */
void lcd_write_data(unsigned char dat)
```

```
{
lcdrw=0;      //选择写数据模式
lcdrs=1;
P2=dat;
delay_ms(5);
lcden=1;
delay_ms(5);
lcden=0;
}


/*--------------------------
  函数功能：液晶屏的 x 行 y 列显示相应内容
  传入参数(x)：在 x 行显示
  传入参数(y)：在 y 列显示
  传入参数(*str)：要显示的内容
  传出参数：无
--------------------------- */
void lcd_display(unsigned char x,unsigned char y ,unsigned char *str)
{
unsigned char length,addr,i;
x&=0X01;                        //x<2,x:0,即第一行；x:1，即第二行
if(x==0)
    addr=y+0X80;
else
    addr=y+0X80+0X40;
length=sizeof(str)+1;
lcd_write_command(addr);
for(i=0;i<=length;i++)
  {
      lcd_write_data(*str++);
      delay_ms(5);
  }
}
/*--------------------------
  函数功能：IIC 初始化
  传入参数: 无
  传出参数：无
--------------------------- */
void iicinit()
```

```
{
  sda=1;
  _nop5_( );
  scl=1;
  _nop5_( );
}


/*---------------------------
 函数功能：IIC 起始信号函数
 传入参数：无
 传出参数：无
------------------------- */
void iicStart( )
{
  scl=1;
  sda=1;
  _nop5_( );
  sda=0;
  _nop5_( );
}


/*---------------------------
 函数功能：IIC 停止信号函数
 传入参数：无
 传出参数：无
------------------------- */
void iicStop( )
{
  scl=0;
  sda=0;
  scl=1;
  _nop5_( );
  sda=1;
  _nop5_( );
}


/*---------------------------
 函数功能：IIC 从机应答信号函数
```

```
传入参数: 无
传出参数: 无
-------------------------- */
void ack( )
{
  unsigned char i;
  i=255;
  scl=1;
  while(sda==1)
  {
      if(i>0)
      i--;
      else return;
  }
    scl=0;
    _nop5_( );
}




/*--------------------------
  函数功能: IIC 主机给从机发送非应答信号
  传入参数: 无
  传出参数: 无
-------------------------- */
void send_no_ack( )
{
  scl=0;                        //SCL 线拉低, 以便让 SDA 线准备变化
  sda=1;                        //SDA 线拉高, 即将发送非应答信号给从机
  scl=1;                        //SCL 线拉高, 将应答信号发送过去
  _nop5_( );                    //SDA 线高电平持续 5 μs, 符合非应答信号要求(>4.7 μs)
}




  /*--------------------------
  函数功能: IIC 主机向从机写操作函数
  传入参数(dat): 希望写入的数据(地址)
  传出参数: 无
-------------------------- */
void iic_write_byte(unsigned char dat)
```

```
{
  unsigned char i;
  for(i=0;i<8;i++)
  {
      scl=0;                      //SCL 线拉低，以便让 SDA 线准备变化
      sda=(bit)(0X80&dat);        //取字节数据的最高位，发送到 SDA 线
      dat=dat<<1;                 //发送的数据都是由高位到低位顺序发送的，要将所
                                  //需发送的那位移到数据的最高位，发送到 SDA 线上
      scl=1;                      //SCL 线拉高，数据被发送过去
      _nop5_( );
  }
  scl=0;
  _nop5_( );
  sda=1;
  _nop5_( );
}




/*---------------------------
函数功能：主机向从机读操作的函数
传入参数：无
传出参数：无
--------------------------- */
unsigned char iic_read_byte(    )
{
  unsigned char i;
  unsigned char dat;              //定义一个字节变量，用来存储读出的从机数据
  dat=0;
  for(i=0;i<8;i++)
  {
      dat=dat<<1;                 //将位数据往高位移动，将位数据转换为字节数据
      scl=0;                      //SCL 线拉低，以便让 SDA 线准备变化
      dat=dat|(unsigned char)sda; //将位数据强制转换成字节数据存到 dat 中
      scl=1;                      //SCL 线拉高，接收下一位数据
  }
  return dat;                     //数据接收完毕，带数据返回
}
```

```
/*---------------------------
函数功能：向存储芯片 AT24C02 芯片的某个地址写入数据
传入参数(address)：向存储芯片 AT24C02 芯片写入数据的地址
传入参数(dat)：需要写入芯片的数据
传出参数：无
--------------------------- */
void at24c02SendByte(unsigned char address,unsigned char dat)
{
    iicStart();                          //起始
    iic_write_byte(AT24C02Addr);         //发送 AT24C02 设备地址，传输方向:写
    ack();                               //应答
    iic_write_byte(address);             //发送写入数据的目标地址
    ack();
    iic_write_byte(dat);                 //发送要写入的数据
    ack();
    iicStop();                           //停止
}


/*--------------------------------------------
函数功能：从存储芯片 AT24C02 芯片的某个地址读出数据
传入参数(address)：存储芯片 AT24C02 芯片的某个地址
传出参数：从芯片中读出的数据
------------------------------ ---------------------*/
unsigned char at24c02ReadData(unsigned char address)
{
    unsigned char dat;

    iicStart();                          //起始
    iic_write_byte(AT24C02Addr);         //发送 AT24C02 设备地址，传输方向:写
    ack();                               //应答
    iic_write_byte(address);             //发送读数据目标地址
    ack();

    iicStart();                          //重新起始
    iic_write_byte(AT24C02Addr+1);       //发送 AT24C02 设备地址，传输方向:读
    ack();
    dat=iic_read_byte();                 //读
    send_no_ack( );
    iicStop();                           //停止
```

```
    return dat;
}



/*------------------------
函数功能：向 PCF8591 发送控制字
传入参数(controlWord)：向 PCF8591 要发送的控制字
传入参数(dat)：需要写入芯片的数据
传出参数：无
------------------------ */
void pcf8591SendByte(unsigned char controlWord)
{
    iicStart();                          //起始
    iic_write_byte(PCF8591Addr);         //发送 PCF8591 设备地址，传输方向:写
    ack();                               //应答
    iic_write_byte(controlWord);         //发送 PCF8591 控制字
    ack();
    iicStop();                           //停止
}



/*------------------------
函数功能：从 PCF8591 中读出转换数据
传入参数：无
传出参数：模数转换结果
------------------------ */
unsigned char pcf8591ReadData(  )
{
unsigned char dat;

    iicStart();                          //起始
    iic_write_byte(PCF8591Addr+1);       //发送 PCF8591 设备地址，传输方向:读
    ack();                               //应答
    dat=iic_read_byte();                 //读
    ack();                               //应答
    iicStop();                           //停止

return dat;
```

```
}

/*-------------------------
函数功能：将 PCF8591 中读到的数据转换成便于液晶显示的字符串
传入参数(dat)：待转换数据
传入参数(*p)：转换之后的字符串(如"1.00V")
传出参数：无
------------------------- */
void convert_dat(unsigned char dat,unsigned char *p)
{
    float i;
    unsigned int j;
    unsigned char k,m;
    i=dat*5/255;            //求出对应的模拟信号大小
    j=i*100;                //将浮点数乘以 100，得到包括小数点后两位数的值
    k=j/100;                //得到小数点前的值
    m=j%100;                //得到小数点后两位的值
    p[0]=k+'0';             //将小数点前的数转换为 ASCII 码，便于 LCD 显示
    p[1]='.';               //添加小数点
    p[2]=m/10+'0';          //将小数点后两位的数转换为 ASCII 码，便于 LCD 显示
    p[3]=m%10+'0';
    p[4]='V';               //添加电压单位
}
```

五、调试与运行测试

1. 软件调试

在集成开发环境 Keil μVision4 中调试程序，直至没有错误，最后分别生成 HEX 文件。

2. 联合调试

按照硬件电路设计在仿真软件 Proteus 中绘制硬件电路图，将已经生成的 HEX 文件加载到主控芯片中。观察效果，关注是否可以监测到电压信号，监测到的电压是否与调试用的电压表的指示值吻合；调整待测信号时，是否能观察到电压实时值和历史峰值。如果与功能要求不符合，需要回到前面的步骤继续进行软件调试，直到符合任务描述要求。

3. 运行测试

上电运行，可以从液晶屏幕上观测到电压的实时值与峰值，如图 6.2.7 所示，峰值与实时值均为 0.60 V，此时电压表上显示为 0.60 V。由于转换计算的原因，如果液晶屏上的电压峰值与实时值和电压表上显示的电压值存在一定的误差，也是正常情况。进一步调整变阻器位置(相当于调整待测电压)，分别可以观测到电压的实时值与峰值变化，待测电压变

大时如图 6.2.8 所示，待测电压减少时如图 6.2.9 所示。

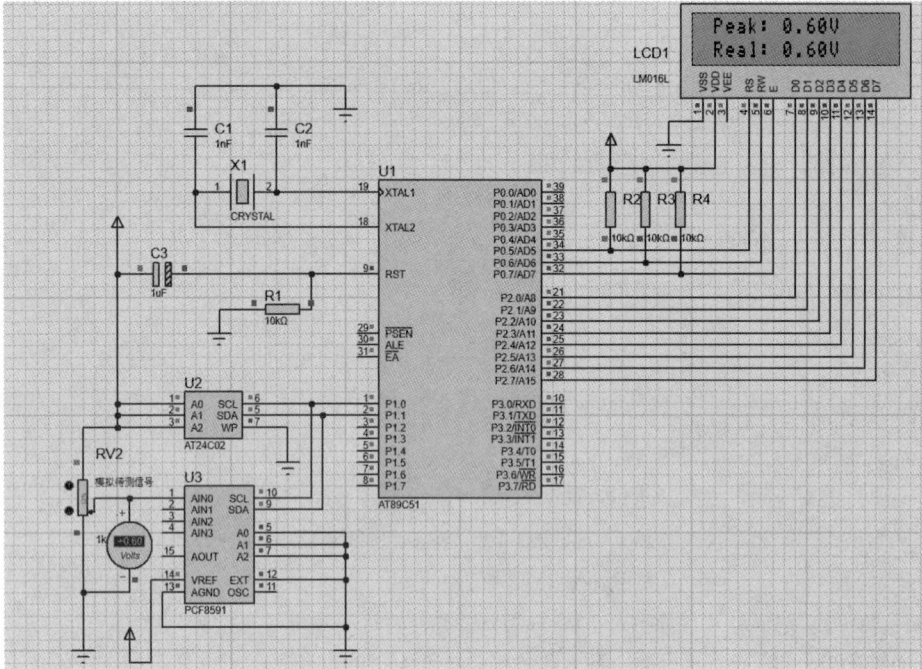

图 6.2.7　电压检测系统运行测试

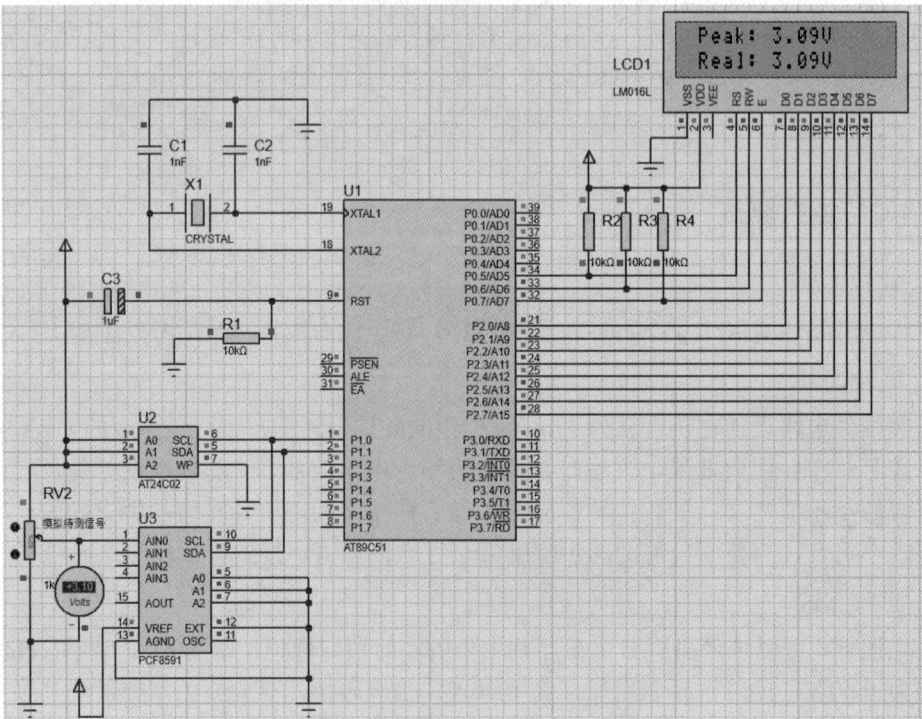

图 6.2.8　电压检测系统运行测试(被测电压增大)

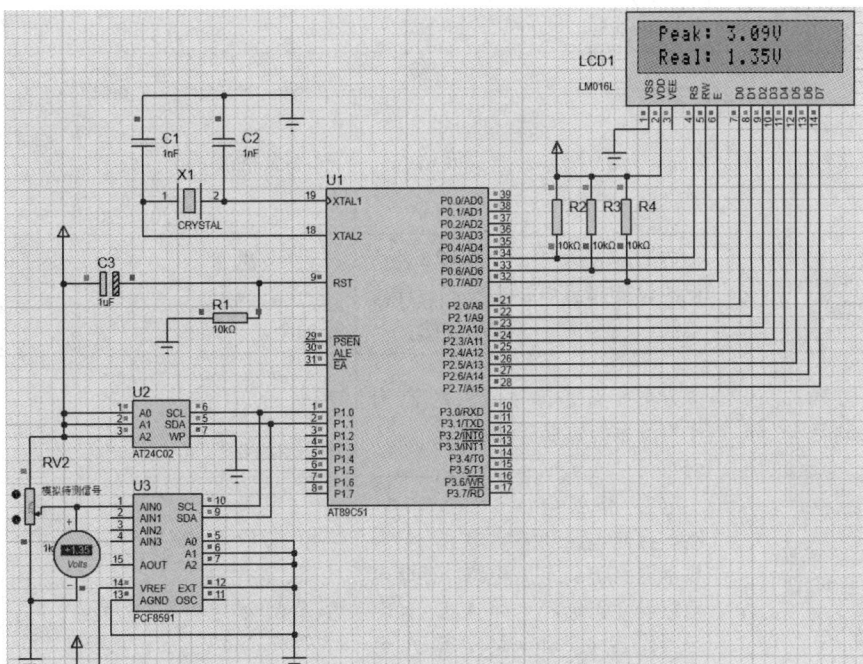

图 6.2.9　电压检测系统运行测试(被测电压减少)

六、技术文档撰写

以小组为单位，参考附录完成技术文档撰写。技术文档中应包含采用的技术方案、硬件原理图设计、软件设计思想、调试完成的软件程序以及调试成功后的运行效果情况等。

✓ 任务完成评价

采用表 6.2.2 所示的指标对项目任务完成情况进行评价，主要考核工作任务完成的效果以及完成过程中的职业素养、职业能力以及创新意识等。

表 6.2.2　工作任务完成情况评价表

评价项	评价指标	分值	评价等级			占比/%			考核得分	备注
			优	及格	不及格	自评	互评	教师评价		
						20	30	50		
过程中的职业素养评价(20分)	工作态度	5分	按时到岗，态度认真	按时到岗	不到岗					
	环境维护	5分	操作台面整洁，工作环境很干净	操作台面整洁，工作环境干净	操作台面零乱，卫生差					
	职业规范	5分	严格按照行业职业标准规范执行	基本符合行业职业标准规范	无视行业职业标准规范					

续表

评价项	评价指标	分值	评价等级			占比/%			考核得分	备注
			优	及格	不及格	自评	互评	教师评价		
						20	30	50		
	语言表达	5分	能清晰表达自己的设计思想与想法	能基本表达自己的设计思想与想法	设计思想与想法表达不清晰					
过程中的职业能力评价（40分）	方案制定	10分	方案能满足电压检测系统要求	方案较为合理	方案不合理，不能满足电压监测要求					
	硬件设计	10分	电压检测电路、存储电路及显示电路等单元电路设计正确，与主控芯片接口设计合理，完成原理图绘制	电压检测电路、存储电路及显示电路等单元电路设计完整	电压检测电路、存储电路及显示电路等单元电路不完整					
	软件设计	10分	软件程序结构清晰，函数功能定位准确	完成软件程序编写	未完成软件程序编写					
	软硬件调试	10分	能够根据调试中出现的现象自主分析原因，快速找到故障并排除，完成调试	能找到问题并排除，完成调试	找不到故障问题，调试不成功					
任务完成结果评价（40分）	功能实现	30分	实时监测到电压数据和记录历史峰值，显示友好，精度符合要求	能监测电压数据，完成显示	监测不到电压数据，无显示					
	技术文档编写	10分	充分表达设计思想，易于看懂	能表达出设计思想，可以看懂	设计思想表达不清楚，不易看懂					
加分项	创新与拓展	10分	设计思想方法创新或功能有拓展							

? 任务拓展与思考

尝试完成温室大棚光照监测系统设计。

项目七 综 合 设 计

项目背景

在智能家居、智慧农业、工业生产等场景中，常常需要对温度等环境参数进行监测。温度采集是实现智能监测必不可少的环节。光伏行业属于新能源行业，是"十四五"规划聚焦发展壮大的战略性新兴产业领域之一。作为极具发展潜力的新能源，光伏发电在电力生产中的占比正逐年递增，为推动能源低碳转型、促进双碳目标实现提供重要支撑。合理设计光伏逐日系统能提高光伏系统的发电效率，最大程度地获得太阳辐射的能量。

本项目为综合设计，分温度采集系统设计和光伏逐日系统设计两个综合设计任务，通过完成任务，读者能充分理解单片机嵌入式系统应用开发流程，习得单片机嵌入式工程师岗位需要的职业技能。

学习目标

知识目标

(1) 简述温度传感器的作用以及 DS18B20 的引脚、功能；
(2) 列举 DS18B20 的存储器类型和存储器对应操作指令；
(3) 描述 DS18B20 的时序与通信协议；
(4) 简述光传感器模块和舵机的工作原理；
(5) 归纳多文件模块设计方法和头文件编写方法；
(6) 描述 STC15F2K60S2 的内部结构和引脚分布；
(7) 简述 STC15 系列单片机 I/O 口的工作模式；
(8) 总结 PWM 信号输出的程序设计方法。

技能目标

(1) 会进行项目任务需求分析，确定整体设计方案；
(2) 能够看懂相关芯片引脚功能，进行接口电路设计；
(3) 能根据任务要求，完成系统硬件设计；
(4) 能根据已有硬件电路图，进行硬件电路分析；
(5) 能使用多文件模块化设计思想规划各程序模块以及接口参数；

（6）能使用思维导图和程序流程图等方法表达软件设计思想；

（7）能编写软件程序完成程序代码设计实现模块功能；

（8）能利用仿真软件、开发平台以及硬件设备完成软件、硬件调试；

（9）能编写技术开发文档。

素养目标

（1）培养良好的代码编写习惯和规范的代码编写意识；

（2）培养良好的团队合作精神；

（3）培养自主学习、勇于探究、独立解决问题的意识；

（4）培养工匠精神；

（5）培养创新意识；

（6）培养节能环保意识。

任务 7.1　温度采集系统设计

任务描述

有一个工厂进行产品生产时，温度是影响产品质量的重要参数，为了保证生产品的质量，需要对温度参数进行采集与监控。

请你设计一个温度采集系统，实现将采集到的温度数据传送至远端控制器上进行显示的功能，要求温度精确到小数点后一位数据。

知识准备

7.1.1　DS18B20 温度传感器

DS18B20 温度
传感器

温度传感器是指能感受温度并转换成可用输出信号的传感器。温度传感器作为传感器中的重要一类，占整个传感器总需求量的 40%以上，是温度测量仪表的核心部分，品种繁多。

DS18B20 是 Dallas 公司生产的单总线(1－Wire)数字温度传感器件，具有线路简单、体积小的特点。用 DS18B20 来组成一个温度采集系统时，一根通信线上可以挂很多个温度传感器，十分方便，被广泛用于多种温度测量场景。

DS18B20 温度传感器的精度为用户可编程的 9、10、11 或 12 位，分别以 0.5℃、0.25℃、0.125℃和 0.0625℃增量递增。

1. DS18B20 的引脚与功能

DS18B20 外形和引脚如图 7.1.1 所示，对应功能如表 7.1.1 所示。

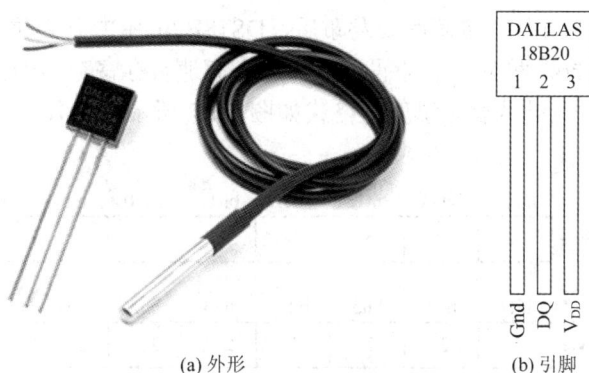

(a) 外形   (b) 引脚

图 7.1.1　DS18B20 外形和引脚

表 7.1.1　DS18B20 引脚功能

序号	名称	引脚功能描述
1	Gnd	地信号引脚
2	DQ	数据输入/输出引脚。开漏单总线接口引脚
3	V_{DD}	电源引脚，可选择的 V_{DD} 引脚

2. DS18B20 的存储器

DS18B20 中的存储器分为可电擦除 ROM 和高速暂存器 RAM 两大类。

1) 可电擦除 ROM

每只 DS18B20 都有一个唯一存储在 ROM 中的 64 位编码，这个编码可以看作是该 DS18B20 的地址序列号码，其排列如下：

8 位 CRC	48 位序列号	8 位系列码

其中，最低的 8 位系列码是产品类型标号；接着的 48 位是该 DS18B20 自身的序列号，出厂前被光刻好的，光刻 ROM 的作用是使每一个 DS18B20 都各不相同，这样就可以实现一根总线上挂多个 DS18B20 的目的；最后的 8 位是前面 56 位的循环冗余校验码(CRC)。

2) 高速暂存寄存器 RAM

高速暂存寄存器 RAM 由 9 个字节组成，分布如表 7.1.2 所示，主要包含温度寄存器(2 个字节)、高温限值寄存器、低温限值寄存器、配置寄存器、CRC 冗余校验寄存器以及 3 个保留寄存器。第 0 和第 1 字节是温度寄存器，第 4 字节是配置寄存器，第 8 字节是冗余校验寄存器。

表 7.1.2　高速暂存寄存器 RAM 中的寄存内容分布

寄存器内容	字节地址	寄存器内容	字节地址
温度值低字节(LS Byte)	0	保留	5
温度值高字节(MS Byte)	1	保留	6
高温限值(TH)	2	保留	7
低温限值(TL)	3	CRC 校验值	8
配置寄存器	4		

(1) 温度寄存器：当温度转换命令发布后，DS18B20 中的温度传感器完成对温度的测量，所产生的温度数据以两个字节补码形式存放在高速暂存寄存器的第 0 和第 1 字节中。

以精度为 12 位的转化为例，温度值格式如图 7.1.2 所示，以 16 位符号扩展的二进制补码形式提供。

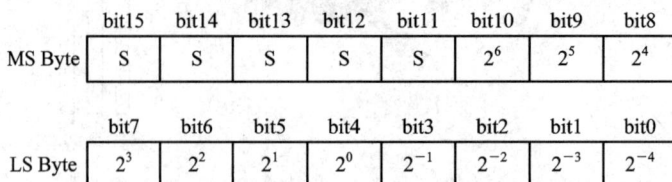

	bit15	bit14	bit13	bit12	bit11	bit10	bit9	bit8
MS Byte	S	S	S	S	S	2^6	2^5	2^4

	bit7	bit6	bit5	bit4	bit3	bit2	bit1	bit0
LS Byte	2^3	2^2	2^1	2^0	2^{-1}	2^{-2}	2^{-3}	2^{-4}

图 7.1.2　DS18B20 温度值格式

两个字节的前面 5 位 S 是符号位。当前 5 位为 1 时，读取的温度为负数；当前 5 位为 0 时，读取的温度为正数。温度为正时，将此时的输出二进制数转换成十进制数，再乘以 0.0625℃，即可得到此时的温度值；温度为负时，先将此时的二进制数取反后加 1，再转换成十进制数。

例：0X0550(十六进制数) ⟶ 1360(十进制数) ⟶ 1360 × 0.0625℃ = +85℃；

0XFC90(十六进制数) ⟶ 880(十进制数) ⟶ 880 × 0.0625℃ = −55℃。

实际温度与温度寄存器值的对应关系如表 7.1.3 所示。

表 7.1.3　DS18B20 的实际温度与温度寄存器值对应表

温度/℃	数据输出(二进制)	数据输出(十六进制)
+125	0000 0111 1101 0000	0X07D0
+85	0000 0101 0101 0000	0X0550
+25.0625	0000 0001 1001 0001	0X0191
+10.125	0000 0000 1010 0010	0X00A2
0.5	0000 0000 0000 1000	0X0008
0	0000 0000 0000 0000	0X0000
−0.5	1111 1111 1111 1000	0XFFF8
−10.125	1111 1111 0101 1110	0XFF5E
−25.0625	1111 1110 0110 1111	0XFE6F
−55	1111 1100 1001 0000	0XFC90

注：上电复位时温度寄存器默认值为+85℃。

(2) 配置寄存器：配置寄存器结构如下：

	bit7	bit6	bit5	bit4	bit3	bit2	bit1	bit0
配置寄存器	TM	R1	R0	1	1	1	1	1

其中，TM 是测试模式位，用于设置 DS18B20 是工作模式还是测试模式，在 DS18B20 出厂时该位被设置为 0，用户不用改它；低 5 位一直都是"1"；R1 和 R0 用来设置分辨率(DS18B20 出厂时被设置为 12 位)，如表 7.1.4 所示。

表 7.1.4　温度分辨率设置

R1　R0	分辨率	温度最大转换时间
0　0	9 位	93.75 ms
0　1	10 位	187.5 ms
1　0	11 位	375 ms
1　1	12 位	750 ms

3. 存储器操作指令

如果要对存储器进行操作，需要按照规定的指令进行。

1) ROM 操作指令

对 ROM 操作有五种指令，对应的指令代码与功能如表 7.1.5 所示。这些命令与各个从机设备的唯一 64 位 ROM 代码相关。比如，允许主机在单总线上连接多个从机设备时，指定操作某个从机设备；允许主机能够检测到总线上有多少个从机设备以及其设备类型，或者有没有设备处于报警状态等。

表 7.1.5　ROM 指令表

指令	约定代码	功　　能
读 ROM	0X33	读 DS18B20 温度传感器 ROM 中的编码
匹配 ROM	0X55	发出此命令后，接着发 64 位 ROM 编码，访问单总线上与该编码对应的 DS18B20，使之做出响应，为下一步对该 DS18B20 的读写做准备
搜索 ROM	0XF0	用于确定挂接在同一总线上 DS18B20 的个数和识别 64ROM 编码，为操作各器件做好准备
跳过 ROM	0XCC	忽略 64 位编码，直接向 DS18B20 发温度转换命令，适用于单片工作时
报警搜索	0XEC	执行后只有温度超过设定上限或下限的芯片才做出响应

2) RAM 操作指令

主机发出 ROM 命令去访问某个指定的 DS18B20，接着就需要发出 DS18B20 支持的某个功能命令即 RAM 指令，实现允许主机写入或读出 DS18B20 暂存器，启动温度转换以及判断从机的供电方式等。对 RAM 操作有 6 种指令，对应指令代码和功能如表 7.1.6 所示。

表 7.1.6　RAM 指令表

指令	约定代码	功　　能
温度转换	0X44	启动 DS18B20 进行温度转换，转换结果存入温度寄存器中
读暂存器	0XBE	读内部 RAM 的 9 个字节数据
写暂存器	0X4E	发出向内部 RAM 写上下限温度命令，紧跟着命令之后是要写入的两字节数据
复制暂存器	0X48	将内部 RAM 的第 2、3 字节中的内容复制到 EEPROM 中
重调 EEPROM	0XB8	将 EEPROM 中的内容恢复到内部 RAM 的第 2、3 字节
读供电方式	0XB4	读 DS18B20 的供电方式："1" 为外部电源供电；"0" 为寄生供电

7.1.2 DS18B20 信号时序与通信协议

DS18B20 单线通信功能是分时完成的，有着严格的时序概念，通过规定严格的通信协议来保证各位数据传输的正确性和完整性。该协议定义了几种信号时序：复位时序、读时序、写时序。

1. DS18B20 信号时序

1) 复位时序

基于单总线上的所有传输过程都是以初始化复位开始的，初始化复位由主机发出的复位脉冲和从机响应的应答脉冲组成。应答脉冲使主机知道总线上有从机设备，且准备就绪。

DS18B20 的复位时序如图 7.1.3 所示。主机发出复位脉冲，将数据线拉到低电平"0"；延时一段时间(480～960 μs 之间)，然后释放，数据线拉到高电平"1"；当 DS18B20 收到信号后延时等待15～60 μs 左右，如果初始化成功则产生一个由 DS18B20 返回的低电平"0"，主机据此进行判断，收到此信号表示复位成功。

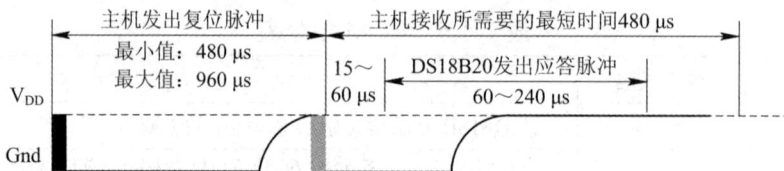

图 7.1.3 DS18B20 的复位时序

可由初始化函数实现复位时序，对应程序代码：

```
/*--------------------------------------------------
函数功能：对 DS18B20 进行复位
          每次对 DS18B20 进行操作之前，都要复位
传递参数：无
返回参数：无
 -------------------------------------------- */
void ds18b20_init()
{
    DQ=0;                    //拉低
    delay_ms(1);             //等待至少 480 μs
    DQ=1;                    //单片机释放总线
    while(DQ==1);            //单片机等待 DS18B20 在总线发出存在信号(存在信号为低电平)
    while(~DQ==1);           //DS18B20 发出存在信号后，单片机等待 DS18B20 释放总线
    delay_ms(1);             //释放总线后，延时一段时间，最好大于 480 μs
}
```

2) 读时序

DS18B20 只有在主机发出读时序后才会向主机发送数据。DS18B20 的读时序如图 7.1.4

所示，将数据线拉至低电平"0"；短延时；将数据线拉到高电平"1"；控制器采样，得到一个状态位，并进行数据处理，延时一段时间；重复之前步骤，直到读取完一个字节。

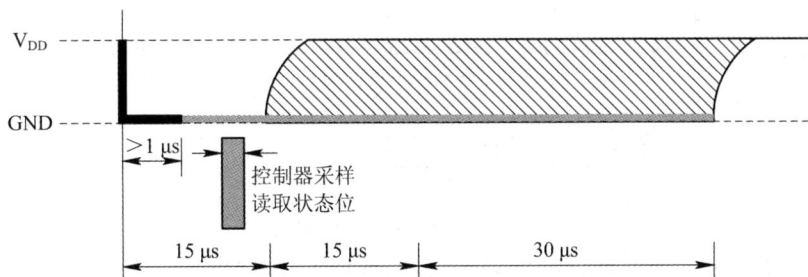

图 7.1.4 DS18B20 的读时序

可以用读数据函数将读数据时序表达出来，对应程序代码：

```
/*---------------------------------------------------------
    函数功能：单片机从 DS18B20 中读一个字节的数据
    传递参数：无
    返回数值：读到的一个字节数据
    ---------------------------------------------------*/
unsigned char ds18b20_read_byte()
{
unsigned char i;
unsigned char dat=0;            //用于接收读到的数据
for(i=8;i>0;i--)                //重复 8 次从 DS18B20 读出一个字节的数据
{
    DQ=0;                      //总线拉低，开始新的读时序
    dat>>=1;                   //右移 1 位，用最高位接收新收到的位数据
    _nop_();                   //拉低持续时间要大于 1 μs，但要小于 15 μs
    DQ=1;                      //释放总线，准备接收位数据
    if(DQ==1)                  //如果接收到的位数据为 1
    dat=dat|0X80;              //让 dat 的最高位为 1
    _nop60_();                 //读一位数据的时序时间要大于 60 μs
}
    return dat;
}
```

3）写时序

DS18B20 的写时序如图 7.1.5 所示，有两种写时序：写"0"时序和写"1"时序。总线主机使用写"1"时序向 DS18B20 写入逻辑 1，使用写"0"时序向 DS18B20 写入逻辑 0。所有的写时序必须有最少 60 μs 的持续时间，相邻两个写时序必须要有最少 1 μs 的恢复时间。

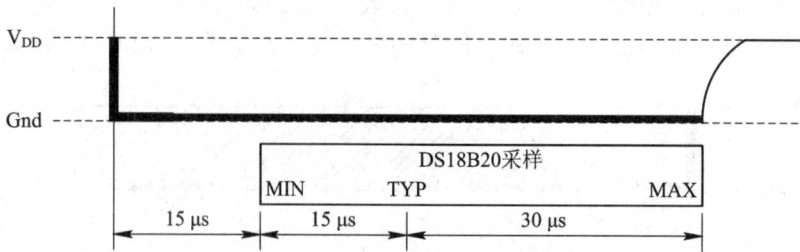

图 7.1.5　DS18B20 的写时序

可以用写数据函数将写数据时序表达出来，对应程序代码：

```c
/*-----------------------------------------------------
    函数功能：单片机向 DS18B20 发送(写)一个字节的数据
    传递参数(dat)：要发送的字节数据
    返回数值：无
-----------------------------------------------------*/
void ds18b20_write_byte(unsigned char dat)
{
unsigned char i;
bit b;                        //位变量，用来判断本次发送位数据为 1 还是为 0
for(i=8;i>0;i--)              //重复 8 次将一个字节的数据逐位发送出去
{
    b=dat&0X01;              //发送的数据是由低位到高位顺序发送的
    dat=dat>>1;             //右移 1 位，使要发送的位数据永远放在最低位
    if(b==0)                //如果本次要发送的数据为 0，那么就按写发送 0
    {
        DQ=0;               //总线拉低，开始新的写时序
        _nop60_();          //使总线拉低至少持续 60 μs
        DQ=1;               //释放总线，为传输下一位数据做准备
        _nop_();            //写每位数据之间至少要有 1 μs 的恢复时间
    }
    else                    //如果本次要发送的数据为 1，按如下的操作发送 1
    {
        DQ=0;               //总线拉低，开始新的写时序
        _nop_();            //拉低持续时间要大于 1 μs，但一定要小于 15 μs
        DQ=1;               //发送数据 1 到总线，DS18B20 将采样到此数据
        _nop60_();          //发送一位数据的时序时间要大于 60 μs
    }
}
}
```

2. DS18B20 通信协议

每次访问单总线器件，必须严格遵守通信协议，否则单总线器件不会响应主机。这个准则对于搜索 ROM 命令和报警搜索命令例外，在执行两者中任何一条命令之后，主机不能执行其后的功能命令，必须返回至第一步。

根据 DS18B20 的通信协议，主机(单片机)控制 DS18B20 完成温度转换必须经过三个步骤：

1) 初始化

每一次读写之前都要对 DS18B20 进行复位操作(即初始化 DS18B20)，否则 DS18B20 处于待机状态，无法成功读取。

2) 发送 ROM 指令

复位成功后发送一条 ROM 指令，然后跟随需要交换的数据。

3) 发送 RAM 指令

发送 RAM 指令，随后跟随相应需要交换的数据。

在以下程序段中，可以看到通信协议中的三个步骤。

```c
/*------------------------------------------------------------
    函数功能：DS18B20 进行温度转换并获取温度数据
    传递参数：无
    返回参数：温度数据(为整合后的 16 位数据)
    ------------------------------------------------------------*/
unsigned   int   get_temp_dat(void )
{
        unsigned char dataL,dataH; //用于接收从 DS18B20 读到的两个字节的数据
        unsigned int temp_dat=0;
        ds18b20_init();                          //初始化 DS18B20
        ds18b20_write_byte(0XCC);                //发送 ROM 指令：跳过 ROM 检查
        ds18b20_write_byte(0X44);        //发送 RAM 指令：启动温度转换命令
        while(DQ==0);                            //等待 DS18B20 温度转换结束

        ds18b20_init();                          //再次初始化
        ds18b20_write_byte(0XCC);                //发送 ROM 指令：跳过 ROM 检查
        ds18b20_write_byte(0XBE);                //发送 RAM 指令：读取 DS18B20 内部的 RAM 数据指令
        dataL=ds18b20_read_byte();        //读取温度数据的低 8 位
        dataH=ds18b20_read_byte();        //读取温度数据的高 8 位

        temp_dat=temp_dat|dataH;        //整合成 16 位的数据
        temp_dat=(temp_dat<<8)|dataL; //将高字节数据放到高 8 位，低字节数据放到低 8 位

        return temp_dat;
}
```

7.1.3　多文件模块化程序

当程序代码量较少时，一般将所有函数都放在同一 C 文件中。假如代码量很多时，会发现这样的程序调试很费力。这时可以采用 C 语言模块化的编程思想，将程序代码按照功能分成多个模块，每一个模块放在一个 .c 文件中，每一个文件中可能包含若干个函数，这样一个 C 程序就可能会由多个 .c 源文件组成，如图 7.1.6 所示。

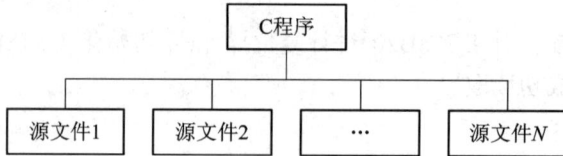

图 7.1.6　多文件组成的 C 程序

如图 7.1.7 所示，就是一个多文件编程的实例，整个程序由 4 个 .c 文件组成，分别是 ds18b20.c、lcd1602.c、serial.c、mainRec.c。当大程序分成若干文件模块后，可以对各文件模块分别编译，然后通过连接，把编译好的文件模块再合起来，生成可执行程序。

图 7.1.7　多文件编程实例

每个模块编写成结构清晰、接口简单、容易理解的程序段。模块化可以降低程序复杂度，每一个模块的代码量变少了，编写起来就快，既节省了时间，又让程序设计、调试和维护等操作简单化，同时也方便以后移植到其他类似场合，使用起来更方便。

当一个 C 语言程序由多个文件模块组成时，整个程序只允许有一个 main()函数，程序的运行从 main()函数开始。包含 main()函数的模块为主模块。

7.1.4　头文件编写

C51 中可以调用系统库函数，要使用#include 语句将某些头文件包含进去。其实头文件(*.h 文件)跟 .c 文件一样，是可以自己编写的。头文件是一种文本文件，使用文本编辑器将代码编写好之后，以扩展名 .h 保存就可以。使用#include 语句引用头文件时，相当于将头文件中的所有内容复制到#include 处。

为了避免因为重复引用而导致的编译错误，头文件的常用格式为：

```
#ifndef _xxxxxx_H_
#define _xxxxxx_H_
```

```
        //代码部分
#endif
```

其中，xxxxxx 为一个唯一的标号，命名规则跟变量的命名规则一样，常根据它所在的头文件名来命名。头文件中一般放一些重复使用的代码，例如函数声明、变量声明、常数定义、宏的定义等。

```
/*------ds18B20.h 头文件-----*/
#ifndef  _DS18B20_H_
#define  _DS18B20_H_


#include <reg51.h>
#include <intrins.h>
sbit DQ=   P1^3;                //DS18B20 与主控芯片接口定义
void delay_ms(unsigned int t) ;
void _nop5_();
void _nop20_();
void _nop60_();
void ds18b20_init();
void ds18b20_write_byte(unsigned char dat);
unsigned char ds18b20_read_byte();
unsigned int get_temp_data();
unsigned char * shift_data(int dat);


#endif
```

这里表示如果没有定义_DS18B20_H_，则定义_DS18B20_H_，并编译下面的代码部分，直到遇到#endif。当重复引用时，由于_DS18B20_H_已经被定义，则下面的代码部分就不会被编译了，这样就避免了重复定义。

使用#include 时，使用引号""与尖括号<>的意思是不一样的。使用引号""时，首先搜索工程文件所在目录，然后再搜索编译器头文件所在目录；而使用尖括号< >时，刚好是相反的搜索顺序。

任务实施

一、任务分析与方案制定

1. 任务分析

根据任务描述，本次任务有以下需求：

(1) 需要采集温度数据，在硬件上需要有温度传感器；

(2) 将温度数据传送至远端控制器；

任务：温度
采集系统

(3) 要将温度数据显示出来；

(4) 温度数据需要精确到小数点后一位。

2. 方案制定

(1) 本次任务设计拟采用仿真方式实现；

(2) 温度数据传送拟采用串行通信方式实现；

(3) 本次任务涉及的模块较多，有温度采集、数据传输、数据显示等，软件设计拟采用多文件模块化方法实现。

二、工作条件准备

硬件：计算机 1 台。

软件：Keil μVision4 开发环境，Proteus 仿真软件。

三、硬件原理图设计

温度采集系统硬件原理如图 7.1.8 所示，主控芯片为两块 STC89C51 单片机芯片，其中 U2 主要负责温度数据采集，U1 用于接收温度数据并进行显示，两个主控芯片之间采用串行通信方式，将它们的 RXD 和 TXD 交叉互连。温度数据采集采用数字型输出的温度传感器 DS18B20，它的数据信号线与 U2 的 P1.3 相连。数据显示部分采用液晶显示，液晶显示器芯片 LCD1602 的控制信号 RS、RW、E 分别与 U1 的 P2.4、P2.5、P2.6 相连，数据总线与 U1 的 P0 口相连。

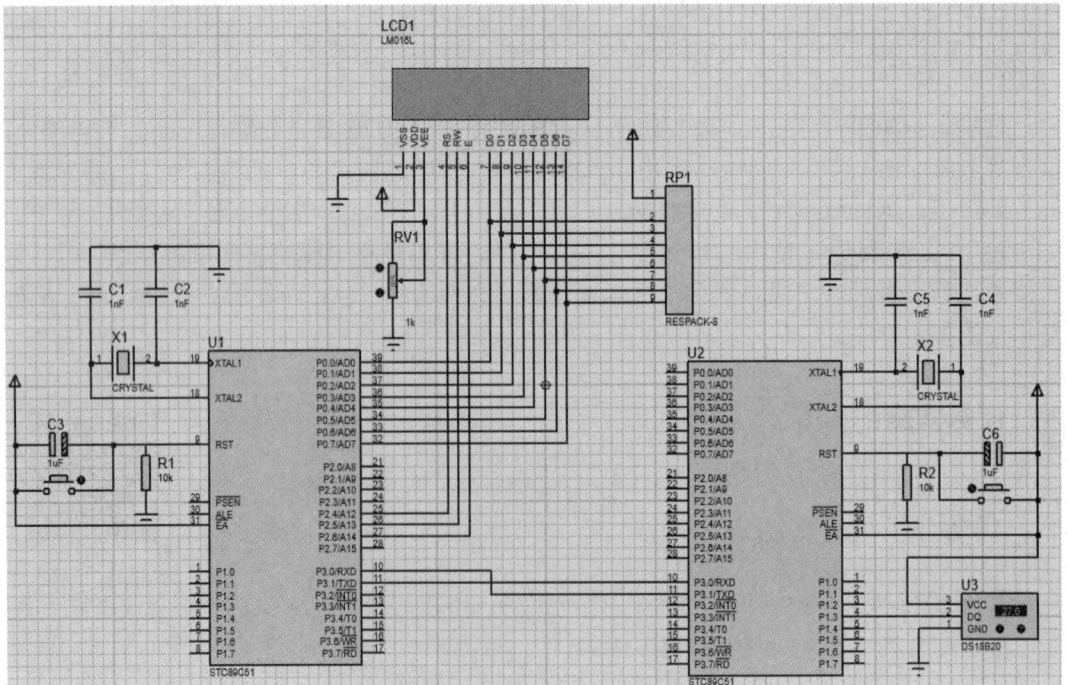

图 7.1.8　温度采集系统原理图

四、软件设计

1. 软件设计思想

软件采用模块化设计思想，将软件程序进行模块划分，如图 7.1.9 所示。将与温度采集相关的函数放在 ds18b20.c 中，将与串口通信有关的函数放在 serial.c 中，将与 LCD 显示有关的函数全部放在 lcd1602.c 中，以上 C 文件配套编写对应的.h 头文件，这样便于管理，也便于以后在其他类似的场合进行移植。主模块程序对应不同的主控，分为采集现场主程序和显示终端主程序。

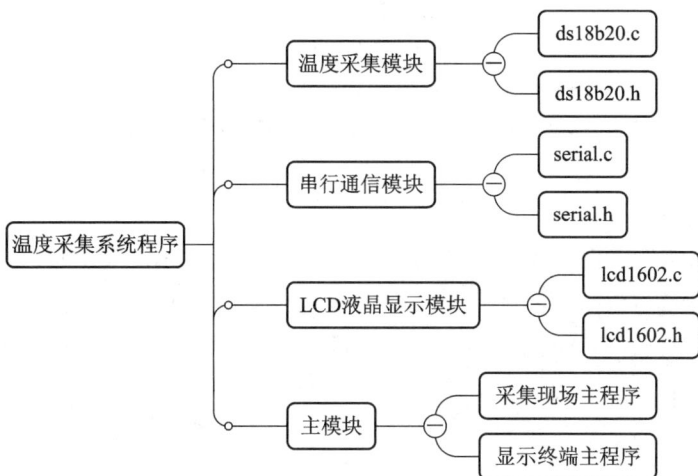

图 7.1.9　温度采集系统程序模块化设计

2. 采集现场主程序流程

采集现场主程序流程如图 7.1.10 所示，程序开始之后先对串口进行初始化，然后采集温度数据，将温度数据通过串口发送到显示终端主控板上。

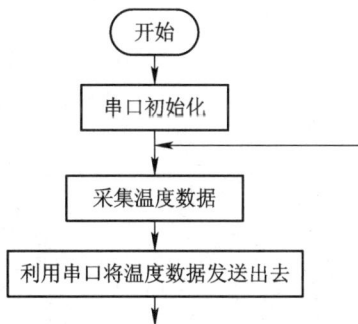

图 7.1.10　采集现场主程序流程

3. 显示终端主程序流程

显示终端主程序流程如图 7.1.11 所示，程序开始之后先对液晶、串口进行初始化，然后通过串口接收传送过来的温度数据，并将温度数据进行转换，最后将温度数据在液晶屏上显示出来。

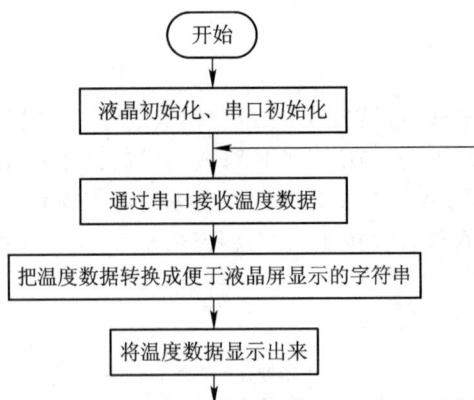

图 7.1.11　显示终端主程序流程

4. 软件参考程序

1) serial.h 内容

```
#ifndef   _serial_H
#define   _serial_H

#include <reg51.h>
#include <intrins.h>

 void Send_data(unsigned char dat) ;
 unsigned char Recv_data(void) ;
 void Snd_bulk(unsigned char *pt,unsigned char N);
 void Serial_init(void);

#endif
```

2) serial.c 内容

```
#include "serial.h"
#include <reg51.h>

/*----------------------------------
函数功能：串口初始化
传入参数：无
返回参数：无
----------------------------------*/
void Serial_init(void)
{
  SCON=0X50;        //串口工作于方式 2
```

```
   TMOD=0X20;        //T1 工作于方式 2
   PCON=0X00;        //波特率为 9600
   TH1=0XFD;         //定时器高 8 位
   TL1=0XFD;         //定时器低 8 位
   TR1=1;            //启动定时器
}


/*--------------------------------
函数功能：发送字节数据
传入参数：要发送的字节数据
返回参数：无
--------------------------------*/
void Send_data(unsigned char dat)
{
   SBUF=dat;         //将要发送的数据送入缓冲器中
   while(!TI);       //检测发送是否完毕
   TI=0;             //为下次发送做准备
}


/*--------------------------------
函数功能：发送 N 字节数据
传入参数 1(*pt)：要发送的数据起始地址
传入参数 2(N)：要发送的数据个数
返回参数：无
--------------------------------*/
void Snd_bulk(unsigned char *pt,unsigned char N) //发送 N 字节的数据
{
 unsigned char i;
 for(i=0;i<N;i++)
   Send_data(*(pt+i));
}


/*中-------------------------------
函数功能：接收数据
传入参数：无
返回参数：接收的数据
--------------------------------*/
unsigned char Recv_data(void)
{
```

```
    unsigned char dat;
    dat= SBUF;              //接收数据
    while(!RI);             //一帧数据没有接收完毕，则等待
    RI=0;                   //为下次接收做准备
    return dat;
}
```

3) lcd1602.h 内容

```
#ifndef   __LCD1602_H_
#define   __LCD1602_H_

#include <reg51.h>
//I/O 接口的声明
#define LCD1602_DB    P0
sbit LCD1602_RS = P2^4;
sbit LCD1602_RW = P2^5;
sbit LCD1602_EN = P2^6;

#define LCD_MODE_PIN8     0X38 //8 位数据口，两行，5*8 点阵
#define LCD_MODE_PIN4     0X28 //4 位数据口，两行，5*8 点阵

#define LCD_SCREEN_CLR    0X01 //清屏
#define LCD_CURSOR_RST    0X02 //光标复位

//显示开关控制指令
#define LCD_DIS_CUR_BLK_ON   0X0F //显示开，光标开，光标闪烁
#define LCD_DIS_CUR_ON       0X0E //显示开，光标开，光标不闪烁
#define LCD_DIS_ON           0X0C //显示开，光标关，光标不闪烁
#define LCD_DIS_OFF          0X08 //显示关，光标关，光标不闪烁

//显示模式控制
#define LCD_CURSOR_RIGHT     0X06 //光标右移，显示不移动
#define LCD_CURSOR_LEFT      0X04 //光标左移，显示不移动
#define LCD_DIS_MODE_LEFT    0X07 //操作后，AC 自增，画面平移
#define LCD_DIS_MODE_RIGHT   0X05 //操作后，AC 自增，画面平移

//光标、显示移动指令
#define LCD_CUR_MOVE_LEFT    0X10  //光标左移
#define LCD_CUR_MOVE_RIGHT   0X14  //光标右移
#define LCD_DIS_MOVE_LEFT    0X18  //显示左移
```

```
#define LCD_DIS_MOVE_RIGHT    0X1C    //显示右移

void LCDReadBF();
void LCDWriteCmd(unsigned char cmd);
void LCDWriteData(unsigned char dat);
void LCD_Init();
void LCD_Display(unsigned char x,unsigned char y,unsigned char *str);
void LCDShowStr(unsigned char x,unsigned char y,unsigned char *str);
#endif
```

4) LCD1602.c 内容

```
#include "lcd1602.h"
/*--------------------------------
函数功能：LCD 忙状态判断
传入参数：无
返回参数：无
---------------------------------*/
void LCDReadBF()
{
    unsigned char state;
    unsigned char i;
    LCD1602_DB = 0XFF;    //I/O 口置 1，做输入
    LCD1602_RS = 0;
    LCD1602_RW = 1;
    do
    {
        LCD1602_EN = 1;
        state = LCD1602_DB;
        LCD1602_EN = 0;
        i++;
        if(i>50)
            break;
    }
    while(state & 0X80);
}
/*--------------------------------
函数功能：LCD 写命令
传入参数：要写的命令
返回参数：无
---------------------------------*/
```

```
void LCDWriteCmd(unsigned char cmd)
{
    LCDReadBF();      // 等待忙检测，不忙时操作
    LCD1602_RS = 0;
    LCD1602_RW = 0;
    LCD1602_DB = cmd;
    LCD1602_EN = 1;
    LCD1602_EN = 0;
}
/*----------------------------------
函数功能：LCD 写数据
传入参数：要写的数据
返回参数：无
----------------------------------*/
void LCDWriteData(unsigned char dat)
{
    LCDReadBF();      // 等待忙检测，不忙时操作
    LCD1602_RS = 1;
    LCD1602_RW = 0;
    LCD1602_DB = dat;
    LCD1602_EN = 1;
    LCD1602_EN = 0;
}
/*----------------------------------
函数功能：液晶初始化
传入参数：无
返回参数：无
----------------------------------*/
void LCD_Init()
{

    LCDWriteCmd(0X38);        //显示模式设置：2行，5*8点阵
    LCDWriteCmd(0X0C);        //显示开，光标光
    LCDWriteCmd(0X06);        //光标右移
    LCDWriteCmd(0X01);        //清屏

}


/*----------------------------------
函数功能：显示字符串
```

传入参数 1(y)：显示位置在哪一行

传入参数 2(x)：显示位置在哪一列

传入参数 3(*str)：显示文本内容

-----------------------------------*/

```c
    void LCD_Display(unsigned char x,unsigned char y,unsigned char *str)
    {
        if(y==0)                      //显示在第一行
        {
            LCDWriteCmd(0X80+x);        //显示在第一列
            while(*str!='\0')           //显示字符串
            LCDWriteData(*str++);
        }


        else if(y==1)                 //显示在第二行
        {
            LCDWriteCmd(0X80+0X40+x);
            while(*str!='\0')
            LCDWriteData(*str++);
        }
    }
```

5）ds18b20.h 内容

```c
#ifndef   _DS18B201_H
#define   _DS18B201_H

#include <reg51.h>
#include <intrins.h>

sbit DQ=P1^3;        //DS18B20 数据位接口
void delay_ms(unsigned int t) ;
void _nop5_();
void _nop20_();
void _nop60_();
void ds18b20_init();
void ds18b20_write_byte(unsigned char dat);
unsigned char ds18b20_read_byte();
unsigned int get_temp_dat(void );
void shift_dat(int dat,unsigned char *str);
#endif
```

6) ds18b20.c 内容

```c
#include "ds18b20.h"
/*----------------------------------------------
函数功能：延时毫秒级时间
传递参数：延时时长
返回数值：无
---------------------------------------------- */
void delay_ms(unsigned int t)
{
    unsigned int a,b;
    for(a=0;a<t;a++)
    {
        for(b=0;b<113;b++);
    }
}
/*----------------------------------------------
函数功能：延时 5 μs
传递参数：无
返回数值：无
---------------------------------------------- */
void _nop5_()
{
    _nop_();
    _nop_();
    _nop_();
    _nop_();
    _nop_();
}
/*----------------------------------------------
函数功能：延时 20 μs
传递参数：无
返回数值：无
---------------------------------------------- */
void _nop20_()
{
    _nop5_();
    _nop5_();
    _nop5_();
    _nop5_();
```

```
}
/*--------------------------------------------
函数功能：延时 60 μs
传递参数：无
返回数值：无
-------------------------------------------- */
void _nop60_() //60 个机器周期的延时
{
    _nop20_();
    _nop20_();
    _nop20_();
}
/*--------------------------------------------
函数功能：对 DS18B20 进行复位(DS18B20 每次进行操作之前都要复位)
传递参数：无
返回数值：无
-------------------------------------------- */
void ds18b20_init()
{
    DQ=0;           //拉低
    delay_ms(1);    //等待至少 480 μs
    DQ=1;           //单片机释放总线
    while(DQ==1);   //单片机等待 DS18B20 在总线发出存在信号
    while(~DQ==1);  //DS18B20 发出存在信号后，单片机等待 DS18B20 释放总线
    delay_ms(1);    //释放总线后，延时一段时间，最好大于 480 μs
}
/*--------------------------------------------
函数功能：单片机向 DS18B20 发送(写)一个字节的数据
传递参数：要发送的字节数据
返回数值：无
--------------------------------------------*/
void ds18b20_write_byte(unsigned char dat)
{
    unsigned char i;
    bit b;                  //定义位变量，用来判断本次发送的位数据为 1 还是为 0
    for(i=8;i>0;i--)        //重复 8 次才能将一个字节的数据逐位发送出去
    {
        b=dat&0X01;         //发送的数据是由低位到高位顺序发送的
        dat=dat>>1;         //右移 1 位，使要发送的位数据永远放在最低位
```

```
        if(b==0)          //如本次要发送的数据为 0，那么就按如下操作发送 0
        {
            DQ=0;         //总线拉低，开始新的写时序
            _nop60_();    //使总线拉低至少持续 60 μs，使 DS18B20 可以采样到数据 0
            DQ=1;         //发送 0 完毕后，释放总线，为传输下一位数据做准备
            _nop_();      //写每位数据之间至少要有 1 μs 的恢复时间的间隔
        }
        else              //如本次要发送的数据为 1，那么就按如下操作发送 1
        {
            DQ=0;         //总线拉低，开始新的写时序
            _nop_();      //拉低持续时间要大于 1 μs，但一定要小于 15 μs
            DQ=1;         //发送数据 1 到总线，DS18B20 将采样到此数据
            _nop60_();    //发送一位数据的时序时间要大于 60 μs
        }
    }
}
/*------------------------------------------------------
    函数功能：单片机从 DS18B20 读一个字节的数据
    传递参数：无
    返回数值：读到的一个字节数据
    ----------------------------------------------------*/
unsigned char ds18b20_read_byte()
{
    unsigned char i;
    unsigned char dat=0;      //用于接收读到的数据
    for(i=8;i>0;i--)          //重复 8 次才能从 DS18B20 读出一个字节的数据
    {
        DQ=0;                 //总线拉低，开始新的读时序
        dat>>=1;              //右移 1 位，用最高位接收新收到的位数据
        _nop_();              //拉低持续时间要大于 1 μs，但要小于 15 μs
        DQ=1;                 //释放总线，准备接收位数据
        if(DQ==1)             //如果接收到的位数据为 1
        dat=dat|0X80;         //让 dat 的最高位为 1
        _nop60_();            //读一位数据的时序时间要大于 60 μs
    }
    return dat;
}
```

```
/*---------------------------------------------------------
   函数功能：DS18B20 进行温度转换并获取温度数据
   传递参数：无
   返回参数：温度数据为整合后的 16 位数据
   ---------------------------------------------------------*/
int   get_temp_dat(void )
{
    unsigned char dataL,dataH;         //用于接收从 DS18B20 读到的两个字节的数据
    unsigned int temp_dat=0;
    ds18b20_init();                    //初始化
    ds18b20_write_byte(0XCC);          //只有一个 DS18B20，跳过 ROM 检查
    ds18b20_write_byte(0X44);          //启动温度转换命令
    while(DQ==0);                      //等待 DS18B20 温度转换结束

    ds18b20_init();                    //再次初始化
    ds18b20_write_byte(0XCC);          //跳过检查
    ds18b20_write_byte(0XBE);          //读取 DS18B20 内部 RAM 数据
    dataL=ds18b20_read_byte();         //读取温度数据的低 8 位
    dataH=ds18b20_read_byte();         //读取温度数据的高 8 位

    temp_dat=temp_dat|dataH;           //整合成 16 位的数据
    temp_dat=(temp_dat<<8)|dataL;      //将高字节放到高 8 位，低字节放到低 8 位

    return temp_dat;
}
```

7) U1 主控芯片主程序

```
#include <reg51.h>
#include "lcd1602.h"
#include "serial.h"


unsigned char code seg[]=" Temperature is:";


extern   void LCD_Init();
extern   void LCD_Display(unsigned char x,unsigned char y,unsigned char *str);
extern   void Serial_init(void);
extern   unsigned char Recv_data(void) ;
extern   void delay_ms(unsigned int t) ;
```

```c
void convert_dat(unsigned int dat,unsigned char *str);

void main(void)
{
    unsigned char Temp_dat1[2];
    unsigned char temp[8]="        ";
    unsigned int T;
        LCD_Init();
        Serial_init( );
        LCD_Display(0,0,seg);

    while(1)
    {
    Temp_dat1[0]=Recv_data();          //通过串口接收温度数据
    Temp_dat1[1]=Recv_data();
    T=((unsigned int)Temp_dat1[1])<<8+Temp_dat1[0];
    convert_dat(T,temp);               //将温度数据转换成 ACSII 码
    LCD_Display(2,1,temp);             //液晶显示温度
    }
}


/*-------------------------------
函数功能：把采集到的温度值转换成为采用 ACSII 码表示的温度数据
传入参数(dat)：经过温度传感器采集到的温度数据(两个字节表示)
传入参数(*str)：ACSII 码表示的温度数据串
返回参数：无
--------------------------------*/
void convert_dat(unsigned int dat,unsigned char *str)
{
    unsigned int integer;
    unsigned char decimal;

    decimal=dat&0X0F;             //取小数部分
    decimal=0.625*decimal;        //得到小数点后第一位小数

    integer=dat>>4;               //取整数部分
    str[0]=integer/100+'0';       //得到百位数字的 ASCII 码
    str[1]=integer%100/10+'0';    //得到十位数字的 ASCII 码
```

```
    str[2]=integer%100%10+'0';    //得到个位数字的 ASCII 码
    /* if(str[0]==0X30)
    {
    str[0]=' ';                        //如果百位数字是 0，则不显示
        if(str[1]==0X30)
            str[1]=' ';                // 如果百位数字是 0，十位数字也为 0 时，则不显示
     } */
    str[3]='.'      ;
    str[4]= decimal+'0';
    str[5]=' ';
    str[6]='C';
}
```

8) U2 主控芯片主程序

```c
#include <reg51.h>
#include "ds18b20.h"
#include "serial.h"


extern     void Serial_init(void);
extern     void Snd_bulk(unsigned char *pt,unsigned char N) ;
extern     unsigned   int get_temp_dat();
extern     void delay_ms(unsigned int t) ;

void main(void)
{
    unsigned int T;
    unsigned char temp_dat[2];
     Serial_init( );

    while(1)
    {
     T=get_temp_dat();                //读取温度数据(两个字节)
     temp_dat[0]=T&0XFF;              //低字节
     temp_dat[1]=T>>8;                //高字节
     Snd_bulk(temp_dat,2);            //通过串口将数据发送出去，低字节在前，高字节在后
     delay_ms(1000) ;
    }
}
```

五、调试与运行测试

1. 软件调试

在集成开发环境 Keil μVision4 中调试两个主程序，直至没有错误，最后生成 HEX 文件。

2. Proteus 仿真调试

将两个程序生成的 HEX 文件分别加载在 U1 和 U2 上，点击"运行"按钮，观察运行效果，关注软件程序实现的功能是否与任务描述要求一致。如果不一致，需要回到前面的步骤继续进行软件功能调试，直到符合任务描述要求。

3. 运行测试

上电运行，可以观测到采集到温度数据，仿真运行效果如图 7.1.12 所示.

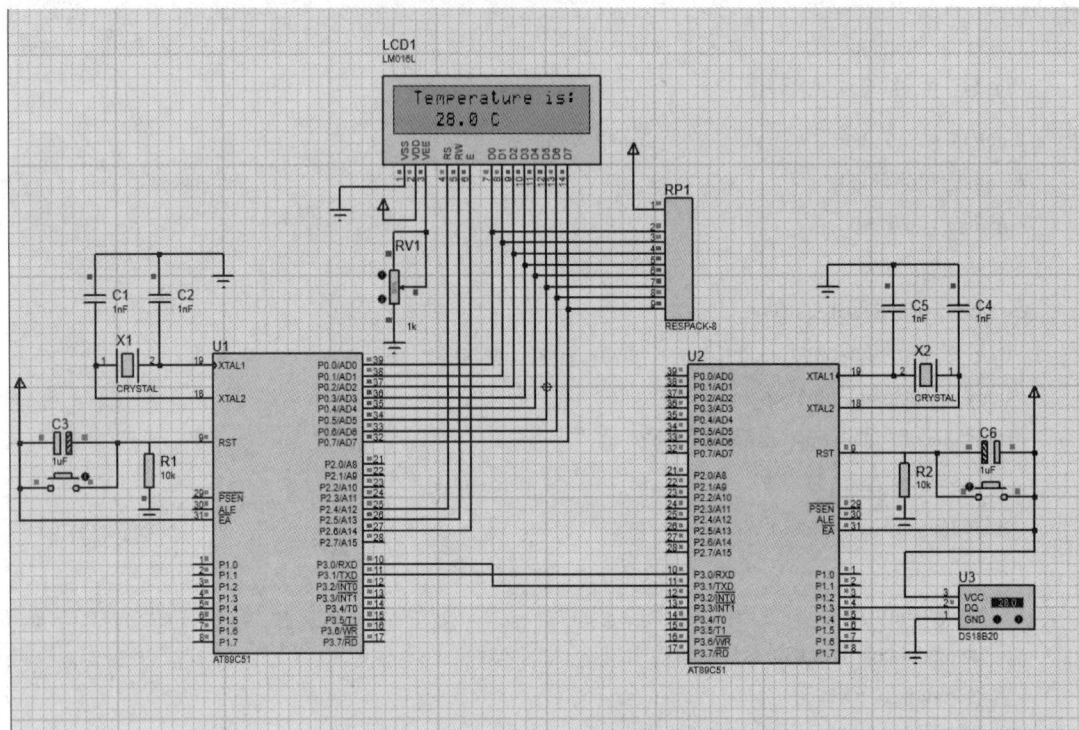

图 7.1.12　仿真实验效果

六、撰写技术开发文档

以小组为单位，参考附录完成本小组技术开发文档撰写。

✅ 任务完成评价

采用表 7.1.7 所示的评价表对任务完成情况进行评价，主要考核工作任务完成的效果以及完成过程中的职业素养、职业能力以及创新意识等。

表 7.1.7 工作任务完成情况评价表

评价项	评价指标	分值	评价等级			占比/%			考核得分	备注
			优	及格	不及格	自评	互评	教师评价		
						20	30	50		
过程中的职业素养评价(20分)	工作态度	5分	按时到岗,态度认真	按时到岗	不到岗					
	沟通合作	5分	主动与组员沟通,主导合作共同完成任务	能与组员沟通,合作共同完成任务	不与所在组成员配合					
	环境维护	5分	操作台面整洁,工作环境很干净	操作台面整洁,工作环境干净	操作台面零乱,卫生差					
	软件编写规范	5分	格式统一,命名规范,可读性强,注释有效简洁	格式不够规范,但具有可读性	格式凌乱,可读性差,无注释					
过程中的职业能力评价(40分)	方案制定	10分	制定的方案吻合温度采集要求	方案制定较为合理	方案制定不合理,不能满足温度采集要求					
	硬件设计	10分	温度传感器、显示器件等与主控芯片接口设计合理,完成原理图绘制	完成温度传感器、显示器件与主控芯片接口设计,完成原理图绘制	温度传感器、显示器件与主控芯片接口设计不合理					
	软件设计	10分	能运用多文件模块化设计思想完成软件程序设计	完成了软件程序编写	未完成软件程序编写					
	软硬件调试	10分	快速找到问题并排除,完成调试	能找到问题并排除,完成调试	找不到故障问题,调试不成功					
任务完成结果评价(40分)	功能实现	30分	实时采集到温度数据,显示友好,精度符合要求	能本地采集到温度数据,完成显示	采集不到温度数据					
	技术文档编写	10分	充分表达设计思想,易于客户看懂	能表达出设计思想,客户可以看懂	设计思想表达不清楚,不易看懂					
加分项	创新与拓展	10分	软件设计思想方法创新或功能有拓展							

任务拓展与思考

1. 将采集到的温度数据在 PC 机上打印出来显示，以方便后台计算机监看。
2. 尝试通过改变数据传输方式、采用无线通信协议(比如蓝牙、ZigBee 等)等实现远程无线温度采集。

任务7.2　光伏逐日系统设计

任务描述

太阳辐射能作为一种自然能源，储量丰富且无污染性。尽管太阳辐射到地球大气层的能量仅为其总辐射能量的 22 亿分之一，但已高达 173000 TW，也就是说，太阳每秒钟照射到地球上的能量相当于 500 万吨煤。

光伏板组件暴露在阳光下会产生直流电。为了提高光伏系统的发电效率，就要最大程度地获得太阳辐射的能量，即使入射光线尽量垂直照射到光伏板组件上。

请设计一个光伏逐日系统，通过改变光伏板组件的倾角，主动跟踪光源，使其跟随光线入射角的变化而变化，始终与入射光线保持最佳的倾角，从而提高光伏发电效率。

使用光传感器模块采集光源的光照强度，控制光伏板组件的倾角，实现光伏逐日系统，在东、西两个方向跟踪光源运行，跟踪角度分辨率为 4.5°，最大跟踪角度为东、西各 60°。其中，光伏逐日系统圆盘的初始状态为东 60° 和南 42°。

注意：圆盘水平时，作为东西方向和南北方向的 0°。

知识准备

7.2.1　光传感器模块

光传感器模块的工作电压为 3.3～5 V，电路原理图如图 7.2.1 所示。光传感器模块安装在圆盘下方，光敏电阻穿过圆盘开孔感知光照，电路板尺寸为 3.2 cm × 1.4 cm，东、西、南、北方向各 1 个，共计 4 个，如图 7.2.2 所示。

光传感器模块采用灵敏型光敏电阻传感器检测光照强度，使用宽电压 LM393M 比较器输出，信号干净，波形好，驱动能力强，超过 15 mA。在光照强度达不到设定阈值时，DO 端输出高电平；当光照强度超过设定阈值时，DO 端输出低电平。受地域的影响，各地的光照情况不尽相同，所以模块中配备了可调电位器用于设定光照强度阈值。DO 输出端可以与单片机 I/O 引脚直接相连，单片机通过读取 I/O 引脚的高低电平来检测光照强度的变化。

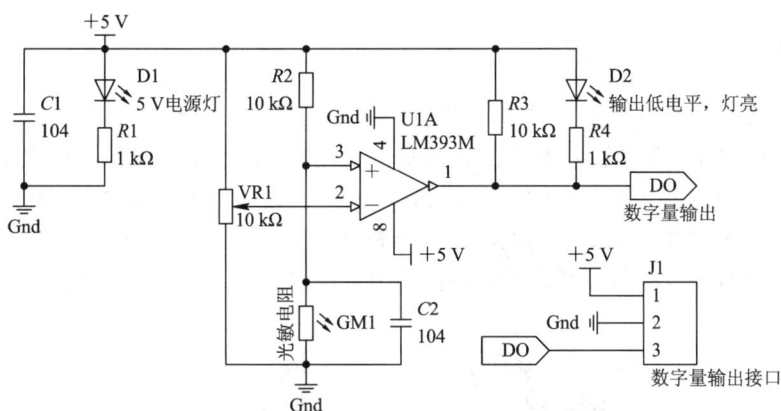

图 7.2.1 光传感器模块电路原理图

图 7.2.2 光传感器模块电路板

光敏电阻是用硫化镉或硒化镉等半导体材料制成的特殊电阻器，其工作原理是基于内光电效应，如图 7.2.3 所示，光照愈强，阻值就愈低，随着光照强度的升高，电阻值迅速降低，亮电阻值可小至 1 kΩ 以下；在无光照时，呈高阻状态，暗电阻一般可达 1.5 MΩ。

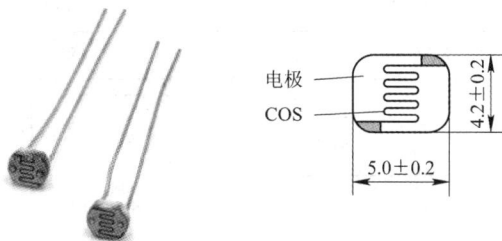

图 7.2.3 光敏电阻传感器

光传感器模块有 2 个指示灯。其中一个是电源指示灯，只要接通 5 V 电源，指示灯就点亮。另一个是光照强弱数字量输出指示灯，光照弱时，光敏电阻阻值偏大，比较器 LM393M 输出高电平，光照强弱指示灯不亮；光照强时，光敏电阻阻值偏小，比较器 LM393M 输出低电平，光照强弱指示灯点亮。

☞ **小提示**：为了保证模块正确地输出光照强弱，一定要将 VR1 的触头调整到合适的位置。如果触头调整至合适位置，则光照弱的时候，光照强弱数字量输出指示灯不亮，所以只有电源指示灯点亮；光照强的时候，两个指示灯都会点亮。

7.2.2　舵机

　　舵机是一个微型的伺服控制系统，集成了直流电机、电机控制器和减速器等部件，工作电压为 4.8～7.2 V，舵机的位置由脉宽调制信号控制。信号线可以与单片机的 I/O 引脚直接相连，I/O 口工作模式要设置为强推挽模式，单片机通过 I/O 引脚输出 PWM 信号控制舵机的转动。模拟舵机需要给它不停地发送 PWM 信号，才能让它保持在规定的某个位置，数字舵机则只需要发送一次 PWM 信号就能保持在规定的位置。舵机外形及接插件引脚分布如图 7.2.4 所示。

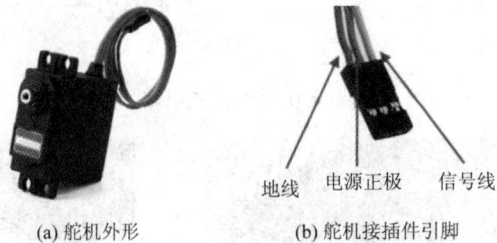

(a) 舵机外形　　　　　　　　(b) 舵机接插件引脚

图 7.2.4　舵机外形及接插件引脚分布

　　舵机由一个周期为 20 ms 的时基脉冲控制，脉冲的高电平时间为 0.5～2.5 ms，高电平的时间决定了舵机的角度。以 180° 角度舵机为例，高电平时间与舵机转角的对应关系如表7.2.1 所示，舵机位置与 PWM 信号的对应关系如图 7.2.5 所示。

表 7.2.1　高电平时间与舵机转角的对应关系

高电平时间/ms	舵机转角
0.5	0°
1.0	45°
1.5	90°
2.0	135°
2.5	180°

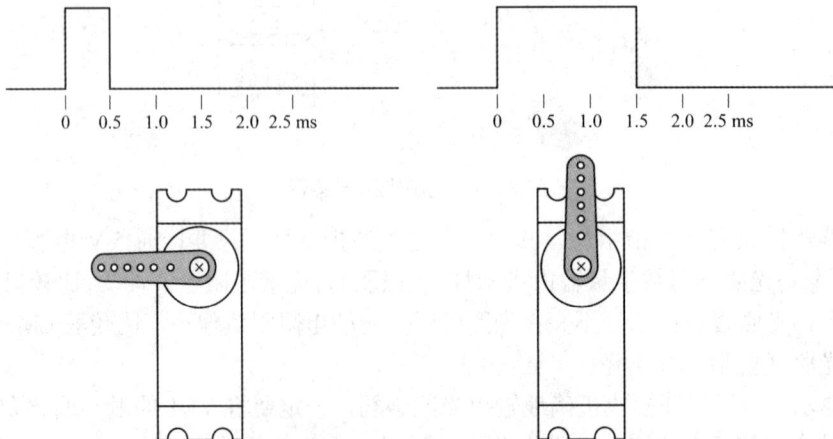

图 7.2.5　舵机位置与 PWM 信号的对应关系

如果舵机的转角为 $x°$，控制信号的高电平时间为 y ms，则

$$\frac{45°-0°}{1-0.5}=\frac{x°-0°}{y-0.5}$$

可得，舵机转角 30° 的控制信号高电平时间约为 0.83 ms，48° 的控制信号高电平时间约为 1.03 ms，150° 的控制信号高电平时间约为 2.17 ms。

光伏逐日系统圆盘的转动由 2 个舵机控制，分别实现南北方向和东西方向的转动，如图 7.2.6 所示。

图 7.2.6　光伏逐日系统使用的舵机

☞**小提示：**

(1) 安装舵机时，在东西方向上，由东向西，舵机的转角是逐渐增大的，即舵机的 0° 转角在东边水平位置，舵机的 180° 转角在西边水平位置；在南北方向上，由南向北，舵机的转角是逐渐增大的，即舵机的 0° 转角在南边水平位置，舵机的 180° 转角在北边水平位置。

(2) 圆盘水平时，作为东西方向和南北方向的 0°，其实对应舵机的转角是 90°。由此我们可以推出，东 60° 对应舵机的转角是 30°，西 60° 对应舵机的转角是 150°，南 42° 对应舵机的转角是 48°。

7.2.3　主控芯片

STC15F2K60S2 系列单片机是 STC 生产的单时钟机器周期(1T)单片机，是高速、高可靠、低功耗、超强抗干扰的新一代 8051 单片机，采用 STC 第八代加密技术，无法解密，指令代码完全兼容传统的 8051，但速度快 8～12 倍。STC15F2K60S2 内部集成高精度 R/C 时钟(±0.3%)，±1% 温漂(-40～＋85℃)，常温下温漂±0.6%(-20～＋65℃)，5～35 MHz 宽范围可设置，可彻底省掉外部昂贵的晶振和外部复位电路(内部已集成高可靠复位电路，ISP 编程时 8 级复位门槛电压可选)。同时，包含 3 路 CCP/PWM/PCA，8 路高速 10 位 A/D 转换(30 万次／秒)，内置 2 KB 大容量 SRAM，2 组超高速异步串行通信端口(UART1/UART2，可在 5 组管脚之间进行切换，分时复用可作 5 组串口使用)，1 组高速同

步串行通信端口 SPI，可针对多串行口通信、电机控制、强干扰场合。STC15F2K60S2 系列芯片内部结构框图如图 7.2.7 所示，管脚图如图 7.2.8 所示。

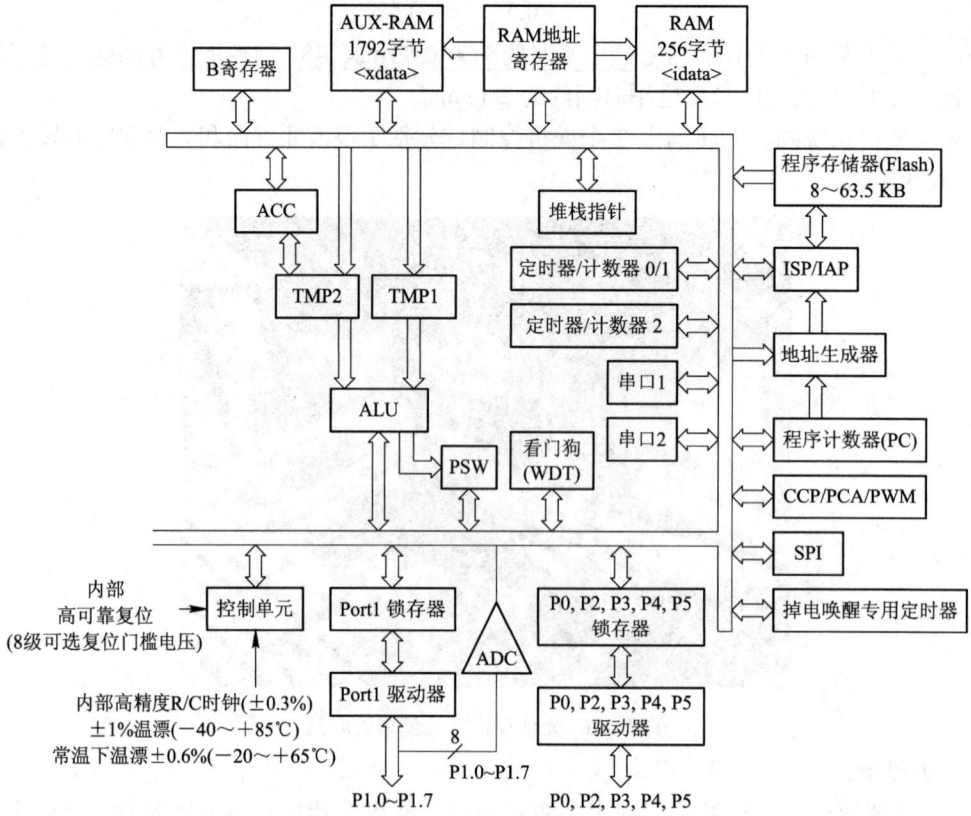

图 7.2.7　STC15F2K60S2 系列单片机内部结构框图

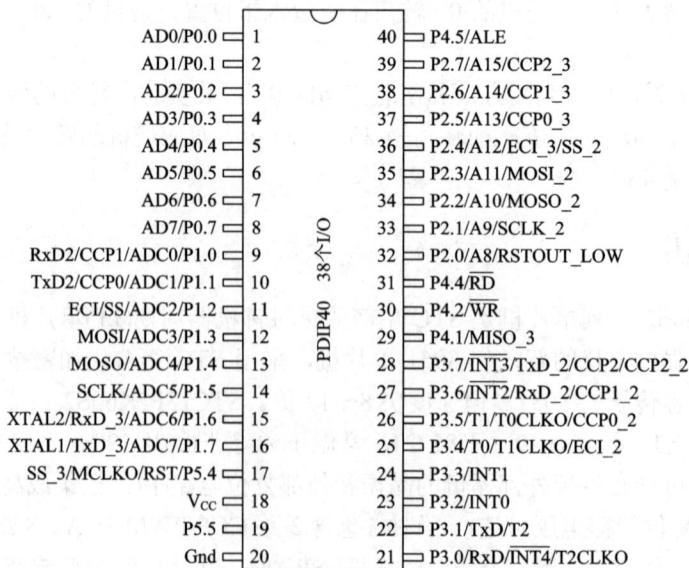

图 7.2.8　STC15F2K60S2 系列单片机管脚图

7.2.4 I/O 口模式

STC15 系列单片机最多有 46 个 I/O 口(如 48-pin 单片机): P0.0～P0.7, P1.0～P1.7, P2.0～P2.7, P3.0～P3.7, P4.0～P4.7、P5.0～P5.5。其所有 I/O 口均可由软件配置成 4 种工作类型中的一种。4 种工作类型分别为: 准双向口 / 弱上拉(标准 8051 输出模式)、推挽输出 / 强上拉、仅为输入(高阻)和开漏输出。每个口由 2 个控制寄存器中的相应位控制每个引脚的工作类型。P0 和 P4 口的工作类型设定如表 7.2.2 和表 7.2.3 所示。

注意: 单片机上电复位后 I/O 口为准双向口 / 弱上拉(传统 8051 的 I/O 口)模式。每个 I/O 口驱动能力均可达到 20 mA,但 40-pin 及 40-pin 以上单片机的整个芯片最大不要超过 120 mA,20-pin 以上及 32-pin 以下(包括 32-pin)单片机的整个芯片最大不要超过 90 mA。

表 7.2.2 P0 口工作类型设定

P0 口(P0.7, P0.6, P0.5, P0.4, P0.3, P0.2, P0.1, P0.0 口)(P0 口地址: 0X80)

P0M1[1:0]寄存器 P0M1 地址为 93H	P0M0 [1:0]寄存器 P0M0 地址为 94H	I/O 口模式
0	0	准双向口(传统 8051 的 I/O 口模式),灌电流可达 20 mA,拉电流为 270 μA,由于制造误差,实际为 270～150 μA
0	1	推挽输出(强上拉输出,可达 20 mA,要加限流电阻)
1	0	仅为输入(高阻)
1	1	开漏(Open Drain),内部上拉电阻断开。开漏模式既可读外部状态也可对外输出(高电平或低电平)。如要正确读外部状态或需要对外输出高电平,需外加上拉电阻,否则读不到外部状态,也对外输不出高电平

举例: P0M1=0X0F;

P0M0=0X00;

P0.7、P0.6、P0.5、P0.4 为准双向口 / 弱上拉,P0.3、P0.2、P0.1、P0.0 为高阻输入。

表 7.2.3 P4 口工作类型设定

P4 口(P4.7, P4.6, P4.5, P4.4, P4.3, P4.2, P4.1, P4.0 口)(P4 口地址: 0XC0)

P4M1[7:0]寄存器 P4M1 地址为 93H	P4M0[7:0]寄存器 P4M0 地址为 B4H	I/O 口模式
0	0	准双向口(传统 8051 的 I/O 口模式),灌电流可达 20 mA,拉电流为 270 μA,由于制造误差,实际为 270～150 μA
0	1	推挽输出(强上拉输出,可达 20 mA,要加限流电阻)
1	0	仅为输入(高阻)
1	1	开漏(Open Drain),内部上拉电阻断开。开漏模式既可读外部状态也可对外输出(高电平或低电平)。如要正确读外部状态或需要对外输出高电平,需外加上拉电阻,否则读不到外部状态,也对外输不出高电平

举例：P4M1=0X00;

　　　　P4M0=0X06;

P4.7、P4.6、P4.5、P4.4、P4.3、P4.0 为准双向口 / 弱上拉，P4.2、P4.1 为推挽输出 /
强上拉。

任务实施

一、任务分析与方案制定

1. 任务分析

根据任务描述，本次任务有以下需求：

(1) 需要采集光照强度，在硬件上需要有光敏电阻传感器；

(2) 将光照强度数据通过光传感器模块送给控制器；

(3) 控制器根据光照强弱输出 PWM 信号控制舵机，舵机驱动圆盘往光照强的方向
转动；

(4) 转动角度分辨率为 4.5°。

2. 方案制定

(1) 本次设计拟采用光伏逐日系统硬件设备实现；

(2) 光照强度数据和舵机控制信号传送拟采用并行 I/O 口实现。

二、工作条件准备

硬件：计算机 1 台，光伏逐日系统 1 套。

软件：Keil μVision4 以上版本开发环境，STC-ISP 下载软件。

三、系统硬件分析

光伏逐日系统控制板原理图如图 7.2.9 所示。系统外接电源为 24 V，通过 MP1584 降
压电路将 24 V 电压降至 6.6 V 供舵机使用，再由 HT7350 稳压电路将 6.6 V 电压稳压输出
5 V 供单片机使用。主控芯片为 STC15F2K60S2 单片机芯片。北、南、西、东方向的光照
强弱数字量信号分别由各个方向的光传感器模块输出，通过 J5 分别送至单片机的 P0.0、
P0.1、P0.2、P0.3。4 个光传感器模块的电源+5 V 集中连接至 J5 的+5 V 处，Gnd 集中连
接至 J5 的 Gnd 处。单片机通过 P4.1(J10)、P4.2(J7)分别控制东西方向舵机、南北方向舵
机的转动。光伏逐日系统硬件如图 7.2.10 所示。

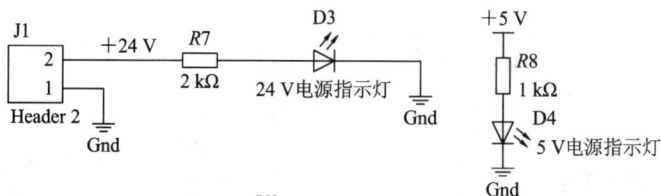

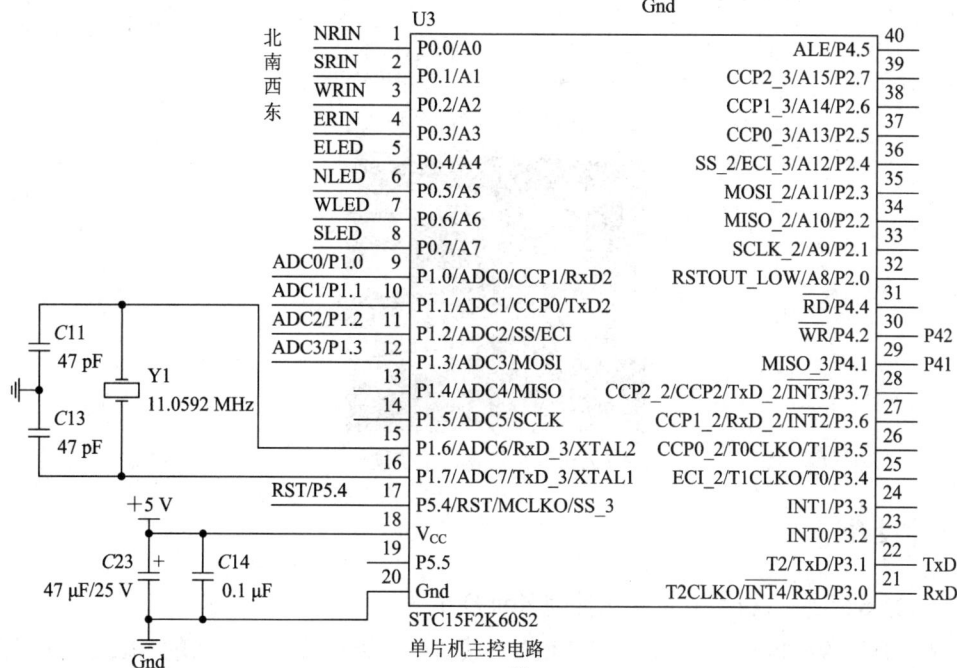

单片机主控电路

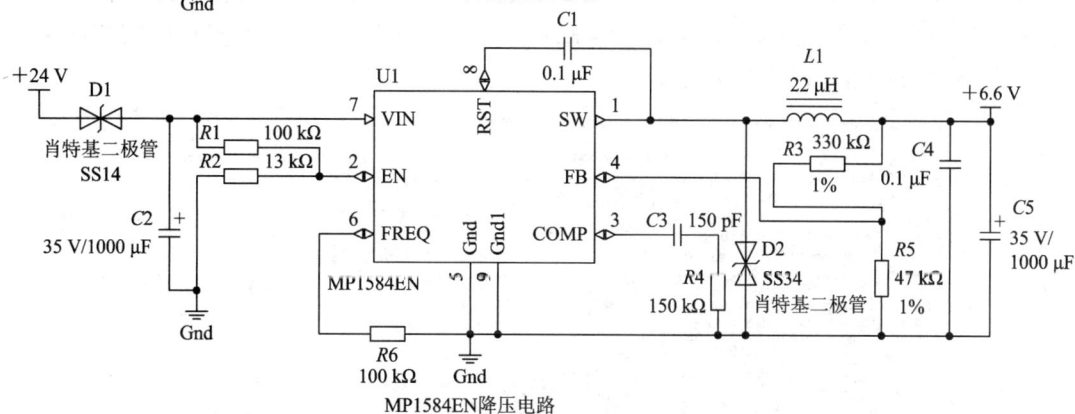

MP1584EN降压电路

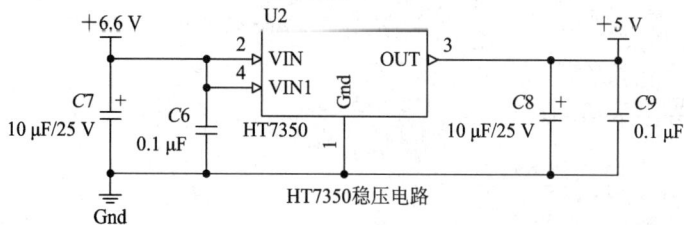

HT7350稳压电路

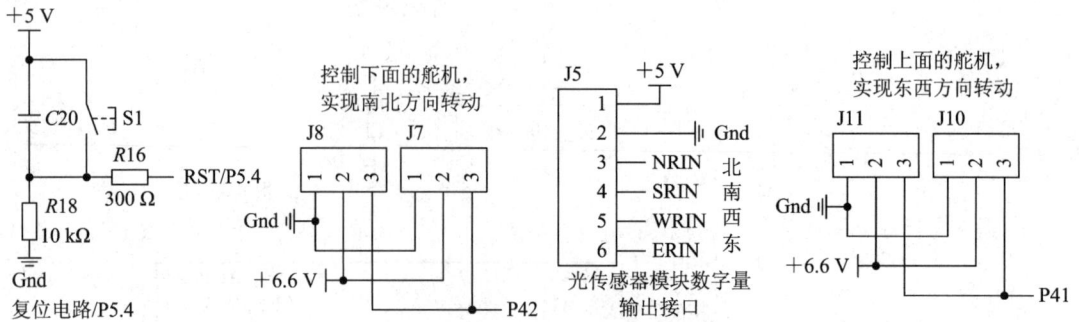

图 7.2.9　光伏逐日系统控制板原理图

图 7.2.10　光伏逐日系统硬件

四、软件设计

1. 添加 STC 单片机型号及头文件到 Keil C 中

首先，打开 V6.86 以上版本的 STC-ISP 下载软件，接着选择右上角的"Keil 仿真设置"选项卡，然后点击"添加型号和头文件到 Keil 中"按钮，最后，选择 Keil C 的安装目录即可。下载软件界面如图 7.2.11 所示。

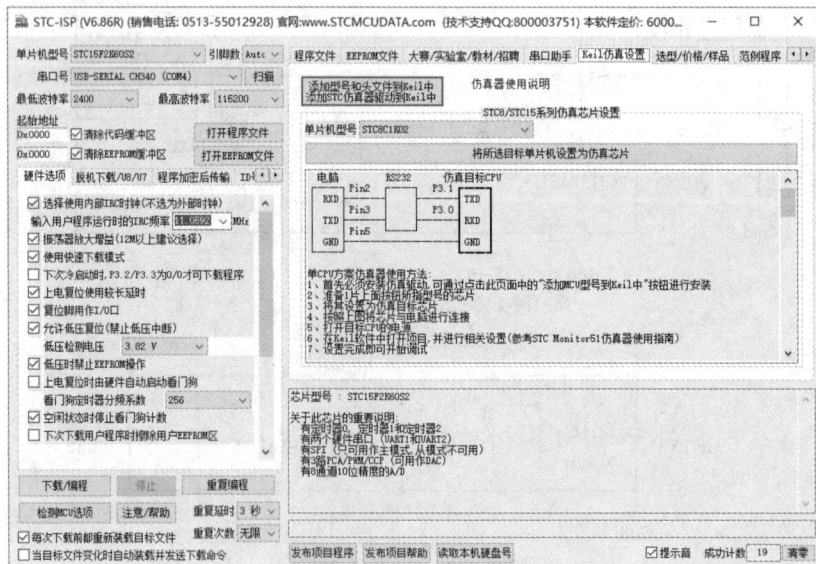

图 7.2.11　下载软件界面

添加操作完成后，在 Keil C 的安装目录中就有了 STC15.H 文件，如图 7.2.12 所示。用记事本打开 STC15.H 文件，里面有对 P0 口和 P4 口的定义。

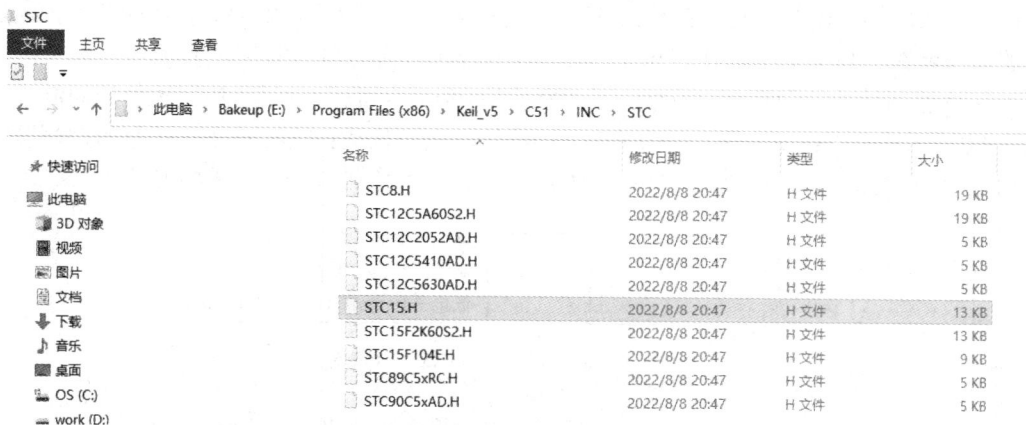

图 7.2.12　添加到安装目录的 STC15.H 文件

同时，在 Keil C 中就有了 STC 单片机型号的数据库，如图 7.2.13 所示。

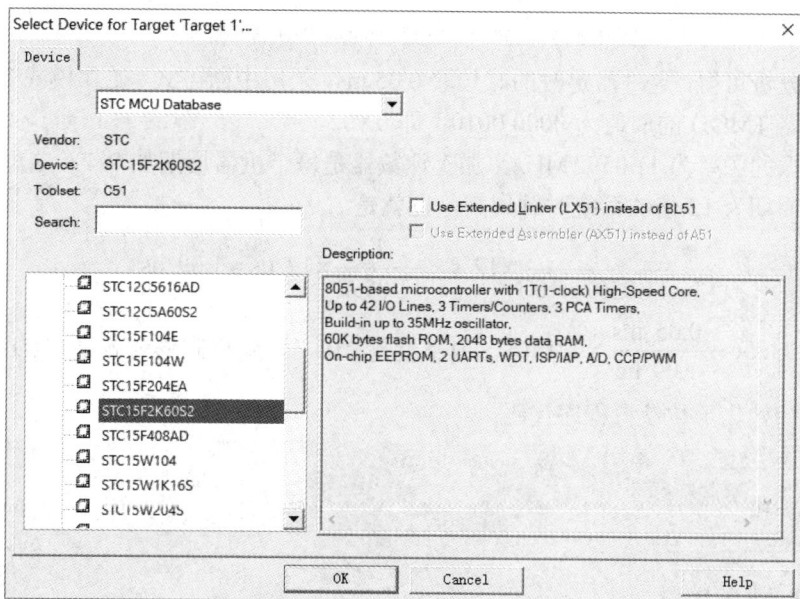

图 7.2.13　单片机型号选择界面

2. 光伏逐日系统工作流程

光伏逐日系统工作流程如图 7.2.14 所示。程序开始之后，首先对定时器进行初始化，接着对 P0 口和 P4 口的工作模式进行设置，然后将圆盘位置初始化到东 60°、南 42°，最后系统持续跟踪光源运行。

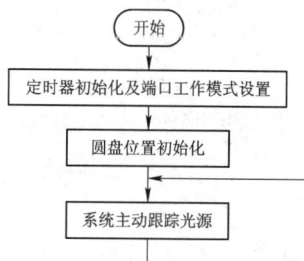

图 7.2.14　光伏逐日系统工作流程

3. 舵机控制脉冲生成

光伏逐日系统跟踪角度分辨率为 4.5°，即舵机转动一次跨过的角度是 4.5°。假设舵机由东向西转动，现在舵机的转角为 45°，则转动一次后的转角为 49.5°，即两次控制脉冲的差别就在于高电平相差 0.05 ms，因此，0.05 ms 可作为最小的时间单元。

舵机控制脉冲的周期为 20 ms，即 400 个 0.05 ms，可得，舵机 45° 转角的控制脉冲就由 20 个 0.05 ms 的高电平和 380 个 0.05 ms 的低电平构成；舵机 49.5° 转角的控制脉冲就由 21 个 0.05 ms 的高电平和 379 个 0.05 ms 的低电平构成，如图 7.2.15 所示。

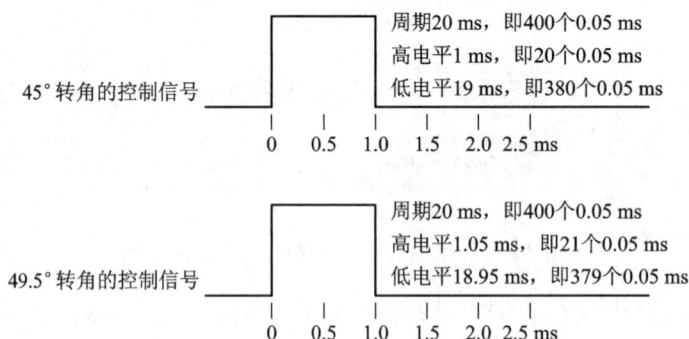

图 7.2.15 45° 和 49.5° 转角的舵机控制信号

由以上分析可得，定时器定时的时长取 0.05 ms，采用中断方式、工作模式 2 进行定时，故方式寄存器 TMOD 的取值为 0000 0010，即 0X02。

系统晶振的频率为 11.0592 MHz。加 1 计数器是每个机器周期加个 1，这里采用 12 T，即 1 个机器周期为 12 倍的系统时钟周期，也就是

$$\frac{1}{11.0592 \times 10^6} \times 12 \ \text{s} = \frac{1}{11.0592} \times 12 \ \mu\text{s} = 1.09 \ \mu\text{s}$$

定时器初值为 $256 - \dfrac{0.05 \ \text{ms}}{1.09 \ \mu\text{s}} = 210.13$，取整就是 210，十六进制形式就是 0XD2。

定时器初始化函数参考程序代码：

```
/*---------------------
定时器初始化
---------------------*/
void   Timer_Init( )
{
    TMOD=0X02;      //晶振为 11.0592 MHz，角度分辨率为 4.5°
                    //T0 定时 50 μs，采用方式 2
    TH0=0XD2;       //初值：210
    TL0=0XD2;
    ET0=1;
    EA=1;

}
```

定义变量 Count_INT 来统计中断的次数，也就是统计 0.05 ms 的个数。舵机控制脉冲的周期为 20ms，需要 400 个 0.05ms，也就意味着 Count_INT 的取值范围为 0 到 400，所以定义为无符号整型。

进入中断服务函数体执行，就意味着 0.05ms 到了，那么 Count_INT 就要加 1，因此，只有 1 条语句。T0 中断服务函数的程序代码：

```
typedef unsigned int u16;
xdata    u16    Count_INT=0;    //中断次数 0.05 ms 的个数
                                //控制信号周期的起点和终点
/*--------------------
T0 中断服务函数 50 μs
--------------------*/
void timer0( ) interrupt 1 using 1
{
    Count_INT++;
}
```

另外，定义变量 HCount_EW 和 HCount_SN 表示舵机控制脉冲高电平时间所对应的 0.05 ms 的个数，EW 是东西方向的，SN 是南北方向的。控制脉冲高电平时间在 0.5ms 至 2.5ms 之间，也就意味着这两个变量的取值范围为 10 到 50，所以定义为无符号字符型。

光伏逐日系统圆盘的初始状态为东 60° 和南 42°，且东南为小角度，可得东西方向舵机的转角为 30°，高电平时间为 0.83ms，需要约 17 个 0.05ms；南北方向舵机的转角为 48°，高电平时间为 1.03ms，需要约 21 个 0.05ms。所以，HCount_EW 初始化为 17，HCount_SN 初始化为 21。

20ms 舵机控制脉冲的生成在 Wait_PWM 函数里完成。计时从 0 开始，所以给 Count_INT 赋 0 值，TL0 也重新装载初值。20ms 周期没有到，即 Count_INT 小于等于 400，就要继续输出，所以要用循环结构来实现，这里使用的是 while 语句。如果 Count_INT 小于等于 HCount_EW，说明还处于高电平的时间范围内，所以东西方向舵机接口 EW_PWM 要输出高电平；如果 Count_INT 大于 HCount_EW，说明已超出高电平的时间范围，所以东西方向舵机接口 EW_PWM 要输出低电平。南北方向的实现与东西方向是一样的。

Wait_PWM 函数参考程序代码：

```
typedef unsigned char u8;
xdata    u8    HCount_EW=17;    //东西角度对应的高电平时间，即 0.05 ms 的个数
                                //初始状态为东 60°，即舵机转角为 30°
xdata    u8    HCount_SN=21;    //南北角度对应的高电平时间，即 0.05 ms 的个数
                                //初始状态为南 42°，即舵机转角为 48°
/*--------------------
20 ms 矩形波输出
--------------------*/
void Wait_PWM( )
{
```

```
    Count_INT=0;      //从 0 开始
    TL0=0XD2;         //重新装载初值
    TR0=1;            //计数器加 1，开始
    while(Count_INT<=400)    //定时时间为 50 μs，400×50 μs=20 ms
    {
        if(Count_INT<=HCount_EW)   //东西方向的控制脉冲
            EW_PWM=1;
        else
            EW_PWM=0;
        if(Count_INT<=HCount_SN)   //南北方向的控制脉冲
            SN_PWM=1;
        else
            SN_PWM=0;
    }
    TR0=0;//计数器加 1，停止
}
```

4. 系统主动跟踪光源功能实现

光伏逐日系统在东、西两个方向跟踪光源运行时包含四种情况：

(1) 如果 E_Din 为低电平、W_Din 为高电平，说明光照东强西弱，那么圆盘就要往东转，每次转 4.5°，由西向东，舵机的转角是逐渐减小的，因此 HCount_EW 要减 1，也就是控制信号的高电平时间减少 0.05 ms。

注意：东 60° 是极限，所以 HCount_EW 的最小值为 17。

(2) 如果 E_Din 为高电平、W_Din 为低电平，说明光照东弱西强，那么圆盘就要往西转，每次转 4.5°，由东向西，舵机的转角是逐渐增大的，因此 HCount_EW 要加 1，也就是控制信号的高电平时间增加 0.05 ms。

注意：西 60° 是极限，所以 HCount_EW 的最大值为 43。

(3) 如果 E_Din 为高电平、W_Din 为高电平，说明光照东西都弱，那么圆盘就往初始的东 60° 位置转，每次转 4.5°。

如果 HCount_EW<17，要往西转，HCount_EW 要加 1；如果 HCount_EW>17，要往东转，HCount_EW 要减 1；否则，说明已经在东 60° 位置了，HCount_EW 的值保持不变。

(4) 如果 E_Din 为低电平、W_Din 为低电平，说明光照东西都强，圆盘不需要转动，HCount_EW 的值保持不变。

HCount_EW 的值确定后，调用函数 Wait_PWM( )输出周期为 20 ms 的舵机控制信号，东西方向的舵机就会向东或向西转 4.5°，或者不转动。逐日函数的程序代码：

```
sbit N_Din=P0^0;      //北光强数字量输入口
sbit S_Din=P0^1;      //南光强数字量输入口
sbit W_Din=P0^2;      //西光强数字量输入口
sbit E_Din=P0^3;      //东光强数字量输入口
```

```
/*---------------------
逐日函数
---------------------*/
void   Run_toSun( )
{
    if(E_Din==0&&W_Din==1)   //东光线强，西光线弱
    {
        HCount_EW--;
        if(HCount_EW==16)HCount_EW=17;       //最小转角，东60°
    }
    else if(E_Din==1&&W_Din==0)   //西光线强，东光线弱
    {
        HCount_EW++;
        if(HCount_EW==44)HCount_EW=43;       //最大转角，西60°
    }
    else   if(E_Din==1&&W_Din==1)   //东西光线都弱
    {
        if(HCount_EW>17)       //东60°
        {
            HCount_EW--;
        }
        else   if(HCount_EW<17)
        {
            HCount_EW++;
        }
    }

    Wait_PWM( );  //生成20ms的舵机控制脉冲
}
```

5. 软件参考程序

```
#include<stc15.h>
typedef unsigned char u8;
typedef unsigned int u16;
sbit N_Din=P0^0;        //北光强数字量输入口
sbit S_Din=P0^1;        //南光强数字量输入口
sbit W_Din=P0^2;        //西光强数字量输入口
sbit E_Din=P0^3;        //东光强数字量输入口
sbit EW_PWM=P4^1;   //东西舵机控制口
```

```
sbit SN_PWM=P4^2;   //南北舵机控制口

xdata  u16   Count_INT=0;      //中断次数，即 0.05 ms 的个数，控制信号周期的起点和终点
xdata  u8   HCount_EW=17;      //东西角度对应的高电平时间，即 0.05 ms 的个数
                               //初始状态为东 60°，即舵机转角为 30°

xdata  u8   HCount_SN=21;      //南北角度对应的高电平时间，即 0.05 ms 的个数
                               //初始状态为南 42°，即舵机转角为 48°

/*---------------------
延时微秒
---------------------*/
void WaitUS (u16 count)
{
    for (;count>0;count--);
}

/*---------------------
初始化端口
---------------------*/
void   StartPort   (void)
{
    P0=0XFF;
    P1=0XFF;
    P2=0XFF;
    P3=0XFF;
    P4=0XFF;
    P5=0XFF;
    WaitUS    (50000);
}

/*---------------------
定时器初始化
---------------------*/
void   Timer_Init   (void)
{
    TMOD=0X02;     //晶振为 11.0592 MHz，角度分辨率为 4.5°
                   //T0 定时 50 μs，采用方式 2
```

```
    TH0=0XD2;        //初值：210
    TL0=0XD2;
    ET0=1;
    EA=1;
}
```

```
/*--------------------
初始化端口工作模式
--------------------*/
void    Port_Mode    (void)
{
    P0M1=0X0F;      //P0.0 P0.1 P0.2 P0.3   光强数字量输入口(仅输入  1  0)
    P0M0=0X00;
    P4M1=0X00;      //P4.1 P4.2    舵机控制口(强推挽输出   0  1)
    P4M0=0X06;
}
```

```
/*--------------------
初始化程序
--------------------*/
void   Start  (void)
{
    StartPort(); //初始化端口
    Timer_Init();//定时器初始化
    Port_Mode(); //初始化端口工作模式
}
```

```
/*--------------------
T0 中断服务函数 50μs
--------------------*/
void timer0()interrupt 1 using 1
{
    Count_INT++;
}
```

```
/*--------------------
20 ms 矩形波输出
--------------------*/
```

```
void Wait_PWM( )
{
    Count_INT=0; //从 0 开始
    TL0=0XD2; //重新装载初值
    TR0=1;     //计数器加 1，开始
    while(Count_INT<=400)//定时时间为 50 μs，400 × 50 μs=20 ms
    {
        if(Count_INT<=HCount_EW)    //东西方向的控制脉冲
                EW_PWM=1;
        else
                EW_PWM=0;

        if(Count_INT<=HCount_SN)    //南北方向的控制脉冲
                SN_PWM=1;
        else
                SN_PWM=0;
    }
    TR0=0;//计数器加 1，停止
}


/*----------------------
逐日函数
-------------------*/
void    Run_toSun()
{
    if(E_Din==0&&W_Din==1)  //东光线强，西光线弱
    {
        HCount_EW--;
        if(HCount_EW==16)HCount_EW=17;       //最小转角，东 60°
    }
    else if(E_Din==1&&W_Din==0)    //西光线强，东光线弱
    {
        HCount_EW++;
        if(HCount_EW==44)HCount_EW=43;       //最大转角，西 60°
    }
    else    if(E_Din==1&&W_Din==1) //东西光线都弱
    {
        if(HCount_EW>17)         //东 60°
```

```
        {
            HCount_EW--;
        }
        else    if(HCount_EW<17)
        {
            HCount_EW++;
        }
    }

    Wait_PWM( ); //生成 20 ms 的舵机控制脉冲
}


/*---------------------
主函数
---------------------*/
void main()
{
    Start();                //初始化
    Wait_PWM();             //调整到东 60°、南 42°
    while(1)    Run_toSun();         //持续逐日
}
```

五、调试与运行测试

1. 软件调试

在集成开发环境中调试两个主程序，直至没有错误，最后生成 HEX 文件。

2. 运行测试

打开 STC-ISP 下载软件将 HEX 文件烧写到单片机中，接着用手机电筒模拟太阳光，将光传感器模块的 VR1 触头调整到合适位置，然后拔掉下载器，最后外接 24 V 电源，就可以观测到系统圆盘主动跟踪手机电筒光源的效果了。

六、撰写技术开发文档

以小组为单位，参考附录完成本小组技术开发文档撰写。

✔ 任务完成评价

采用表 7.2.4 所示的评价表对任务完成情况进行评价，主要考核工作任务完成效果以及完成过程中的职业素养、职业能力以及创新意识等。

表7.2.4　工作任务完成情况评价表

评价项	评价指标	分值	评价等级			占比/%			考核得分	备注
			优	及格	不及格	自评	互评	教师评价		
						20	30	50		
过程中的职业素养评价(20分)	工作态度	5分	按时到岗,态度认真	按时到岗	不到岗					
	沟通合作	5分	主动与组员沟通,主导合作共同完成任务	能与组员沟通,合作共同完成任务	不与所在组成员配合					
	环境维护	5分	操作台面整洁,工作环境很干净	操作台面整洁,工作环境干净	操作台面零乱,卫生差					
	节能环保意识	5分	严格按照流程操作,设备完好无损	基本能按照流程操作,设备接线少量损坏	不清楚操作流程,设备损坏严重					
过程中的职业能力评价(40分)	硬件分析	10分	能合理调节光传感器模块的电位器,相关接线无误	能合理调节光传感器模块的电位器,不能修正相关接线错误	不能调节光传感器模块的电位器,不能修正相关接线错误					
	软件设计	20分	完成了软件程序编写,且无语法错误	完成了软件程序编写,但有少数语法错误	未完成软件程序编写					
	系统运行调试	10分	能快速找到问题并排除,完成调试	能找到问题并排除,完成调试	找不到故障问题,调试不成功					
任务完成结果评价(40分)	功能实现	30分	系统能跟踪光源,精度符合要求	系统能跟踪光源,但精度不符合要求	系统不能跟踪光源					
	技术文档编写	10分	充分表达设计思想,易于客户看懂	能表达出设计思想,客户可以看懂	设计思想表达不清楚,不易看懂					
加分项	创新与拓展	10分	软件设计思想方法创新或功能有拓展							

任务拓展与思考

1. 如果无论光照强或弱，光传感器模块上始终只有 1 个+5 V 电源 LED 灯亮，你知道是怎么回事吗？你知道正确的效果是怎样的吗？如何做，才能达到正确的效果呢？

2. 在东西方向上，光照一边强一边弱，圆盘往弱的方向转，也就是系统不是跟踪光源而是背离光源。你知道是哪里出了问题吗？如何修正呢？

3. 编程实现光伏逐日系统主动跟踪光源，用光传感器模块输出的数字量信号实现光伏逐日系统在东、西、南、北 4 个方向跟踪光源运行，跟踪角度分辨率为 4.5°，最大跟踪角度为东、西、南、北各 60°。其中，光伏逐日系统圆盘的初始状态为东 60°和南 42°。

注意：圆盘水平时，作为东西方向和南北方向的 0°。

附录　技术文档编写参考格式

一、项目任务策划

所属项目	
任务名称	
项目任务组成员	
人员姓名	分工与职责

二、项目任务需求分析与设计方案

目的、内容、功能或者性能要求：

设计方案描述：

设计开发所必需的其他要求：

1. 需配备相应的测试设备以及软件环境。

2. 相应元器件以及各种材料的采购工作。

三、硬件设计

1. 绘制硬件框图。
2. 绘制硬件原理图。
3. 列出元器件清单。
4. 绘制印制电路板图。
5. 制作印制电路板。
6. 硬件电路调试。

四、软件设计

1. 软件设计思路与流程。
2. 软件结构与模块划分。
3. 各模块设计说明。
4. 软件程序。

五、性能测试

测试目的：
测试内容：
测试结果：

参 考 文 献

[1]　彭芬. 单片机应用技术基础(C 语言)[M]. 2 版. 西安：西安电子科技大学出版社，2021.

[2]　王静霞. 单片机应用技术(C 语言版)[M]. 4 版. 北京：电子工业出版社，2019.

[3]　王静霞. 单片机基础与应用(C 语言版)[M]. 2 版. 北京：高等教育出版社，2021.

[4]　郭天祥. 新概念 51 单片机 C 语言教程：入门、提高、开发、拓展全攻略[M]. 2 版. 北京：电子工业出版社，2018.

[5]　http://www.stcmcudata.com/.

[6]　https://ww.keil.com/.

[7]　https://www.csdn.net/.

[8]　https://www.icve.com.cn/portal_new/courseinfo/courseinfo.html?courseid= dqinaiatxq9 mhfsfqjopa.

[9]　智慧新能源实训系统实训教程. 浙江瑞亚能源科技有限公司，2016.